面向工业4.0的

工业4.0的

智能制造技术与应用

孙巍伟　卓奕君　唐　凯　等 编著

化学工业出版社

·北京·

内容简介

本书主要介绍智慧工厂必备环节的理论知识，同时结合微型化智慧工厂实例进行说明。全书共分为十章，主要内容包括智能管理系统、柔性制造系统、智能物流系统、工业机器人系统、数字控制与先进加工、机器视觉检测与识别、通信机制、状态监测与环境控制、虚拟仿真技术等，基本涵盖了智能制造、智慧工厂的核心关键技术，内容丰富，实例典型，可以同时满足教学和科研的需求，起到"产学研用"相结合的效果，实现以智慧工厂为入口，达到认识工业4.0的目的。

本书可作为高等院校及职业院校智能制造、机械工程等相关专业教材，也可供智能制造相关企业技术人员阅读参考。

图书在版编目（CIP）数据

面向工业4.0的智能制造技术与应用／孙巍伟等编著.
-- 北京：化学工业出版社，2022.7（2025.6重印）
ISBN 978-7-122-41125-9

Ⅰ. ①面… Ⅱ. ①孙… Ⅲ. ①智能制造系统 Ⅳ.
①TH166

中国版本图书馆 CIP 数据核字（2022）第 055504 号

责任编辑：雷桐辉
文字编辑：宫丹丹　袁宁
责任校对：宋玮
装帧设计：王晓宇

出版发行：化学工业出版社
　　　　　（北京市东城区青年湖南街 13 号　邮政编码 100011）
印　　装：北京天宇星印刷厂
787mm×1092mm　1/16　印张 16½　字数 393 千字
2025 年 6 月北京第 1 版第 5 次印刷

购书咨询：010-64518888
售后服务：010-64518899
网　　址：http://www.cip.com.cn
凡购买本书，如有缺损质量问题，本社销售中心负责调换。

定　　价：79.80 元　　　　　版权所有　违者必究

 ## 编写人员名单

（按姓氏笔画排序）

马　飞

王文胜

王海燕

刘相权

孙巍伟

卓奕君

胡　欢

唐　凯

前言

随着物联网、大数据和移动应用等新一轮信息技术的发展，全球化工业革命开始提上日程，工业转型开始进入实质阶段。在中国，中国制造2025等战略的相继出台，表明国家开始积极行动起来，把握新一轮工业发展机遇，实现工业化转型。智慧工厂作为工业智能化发展的重要实践模式，已经引发行业的广泛关注。

智慧工厂是在数字化工厂的基础上，利用物联网技术和监控技术加强信息管理服务，提高生产过程可控性，减少生产线人工干预，以及合理计划排程。同时，集初步智能手段和智能系统等新兴技术于一体，构建高效、节能、绿色、环保、舒适的人性化工厂。

本书在介绍智慧工厂主要必备环节的理论知识上，结合微型化智慧工厂实例进行说明，可以同时满足教学和科研的需求，起到"产学研用"相结合的效果，实现以智慧工厂为入口，达到认识工业4.0的目的。本书适用于高等院校及职业院校智能制造、机械工程等相关专业。

全书共分10章：第1章简要介绍智能制造相关的一些背景资料及微型化智慧工厂的构成，使读者对相关基础知识有所了解。第2章分析智慧工厂的智能管理系统，包括制造资源计划（ERP）和制造执行系统（MES）。第3章论述智慧工厂中柔性制造系统的理论知识与实际应用。第4章对智能物流系统进行了概述，介绍智能仓储系统、AGV系统和传输系统。第5章对工业机器人进行了概述，介绍工业机器人的主要组成部分及其应用范围。第6章对数字控制技术与先进加工技术进行了概述，介绍了数字控制技术、数控系统和数控机床的相关概念，并说明其在智慧工厂中的应用等。第7章主要介绍了机器视觉在现代化生产和智慧工厂中的理论知识和应用。第8章主要介绍计算机网络技术和有线、无线通信技术相关知识。第9章主要介绍智慧工厂中的状态监测与环境控制。第10章主要介绍了虚拟仿真技术相关知识，同时对微型化智慧工厂中的虚拟仿真系统进行了介绍。

本书由北京信息科技大学孙巍伟、卓奕君、王海燕、刘相权、唐凯、马飞、王文胜、胡欢编著。其中，孙巍伟执笔编写了第1章，第4章的4.1、4.3及4.4节，第9章，第10章；卓奕君和王海燕共同执笔编写了第2章和第3章；

刘相权执笔编写了第 4 章的 4.2 节、第 5 章的 5.1 及 5.4 节；唐凯执笔编写了第 6 章的 6.2 节、第 8 章；马飞执笔编写了第 6 章的 6.1 节、第 5 章的 5.2 及 5.3 节；王文胜执笔编写了第 7 章的 7.1 及 7.2 节；胡欢执笔编写了第 7 章的 7.3～7.5 节。书中所列举的微型化智慧工厂来源于深圳市广智信息科技有限公司自主研发的智慧工厂教学与科研综合实训平台，感谢该公司金忠在此过程中给予的支持和帮助！

由于笔者理论和技术水平有限，本书不妥之处，敬请同行和读者批评指正。

编著者

目录

第 3 章
柔性制造系统　053

第 4 章
智能物流系统 080

第 5 章
工业机器人系统 113

第 6 章
数字控制与先进加工 140

第 7 章
机器视觉检测与识别 156

第 8 章
通信机制 185

第 9 章
状态监测与环境控制 224

第 10 章
虚拟仿真技术　　241

第1章

绪 论

进入 21 世纪，以信息网络技术深度融合应用为显著特征的新一轮科技革命和产业变革正在孕育、兴起，全球科技创新呈现出以信息网络技术为支撑平台的发展态势和特征。从 18 世纪 60 年代蒸汽机的发明引爆第一次工业革命开始，制造业经历机械化、电气自动化、数字化三个阶段，进入以网络化、智能化为代表的工业 4.0 发展阶段，如图 1.1 所示。

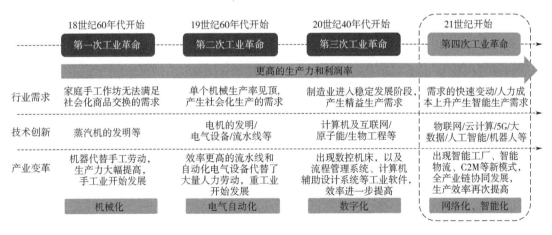

图 1.1 四次工业革命

美国工业互联网、德国工业 4.0、中国制造 2025 均以其各自的应有之义，开启了本国的新工业革命进程，但它们都拥有一个共同的发展方向——智能制造。

1.1 智能制造

智能制造（intelligent manufacturing，IM）源于人工智能的研究。一般认为智能是知识和智力的总和，前者是智能的基础，后者是获取和运用知识求解的能力。智能制造应当包含智能制造技术和智能制造系统，智能制造系统不仅能够在实践中不断地充实知识库，而且还具有自学习功能，还有搜集与理解环境信息和自身的信息，并进行分析、判断和规划自身行为的能力。

国内在工业和信息化部公布的"2015年智能制造试点示范专项行动"中，智能制造被定义为基于新一代信息技术，贯穿设计、生产、管理、服务等制造活动各个环节，具有信息深度自感知、智慧优化自决策、精准控制自执行等功能的先进制造过程、系统与模式的总称，具有以智慧工厂为载体、以关键制造环节智能化为核心、以端到端数据流为基础、以网络互联为支撑等特征。实现智能制造可以缩短产品研制周期、降低资源能源消耗、降低运营成本、提高生产效率、提升产品质量。

美国"智能制造创新研究院"对智能制造的定义是：智能制造是先进传感、仪器、监测、控制以及过程优化的技术和实践的组合，它们将信息和通信技术与制造环境融合在一起，实现企业中能量、生产率、成本的实时管理。

1.1.1 智能制造的制造原理

智能制造系统的本质特征是个体制造单元的"自主性"与系统整体的"自组织能力"，其基本格局是分布式、多自主体智能系统。从智能制造系统的本质特征出发，在分布式制造网络环境中，根据分布式集成的基本思想，应用分布式人工智能中多 Agent 系统的理论与方法，实现个体制造单元的柔性智能化与基于网络的制造系统柔性智能化的集成。根据分布式系统的结构特征，在智能制造系统的一种局域实现形式的基础上，实际也反映了基于Internet的全球制造网络环境下智能制造系统的实现模式。

1.1.2 智能制造系统

智能制造系统是一种由智能机器和人类专家共同组成的人机一体化智能系统，它在制造过程中能以一种高度柔性与集成度高的方式，借助计算机模拟人类专家的智能活动进行分析、推理、判断、构思和决策等，从而取代或者延伸制造环境中人的部分脑力劳动。同时，收集、存储、完善、共享、集成和发展人类专家的智能。由于这种制造模式突出了知识在制造活动中的价值地位，而知识经济又是继工业经济后的主体经济形式，所以智能制造就成为影响未来经济发展过程的制造业的重要生产模式。智能制造系统是智能技术集成应用的环境，也是智能制造模式展现的载体。

一般而言，智能制造系统在概念上认为是一个复杂的相互关联的子系统的整体集成，从制造系统的功能角度，可将智能制造系统细分为设计、计划、生产和系统活动四个子系统。在设计子系统中，智能制造突出了产品的概念设计过程中消费需求的影响；功能设计关注了产品可制造性、可装配性和可维护及保障性。另外，模拟测试也广泛应用于智能技术。在计划子系统中，数据库构造将从简单信息型发展到知识密集型。在排序和制造资源计划管理中，模糊推理等多类的专家系统将集成应用；智能制造的生产系统将是自治或半自治系统。在监测生产过程、生产状态获取和故障诊断、检验装配中，将广泛应用智能技术。从系统活动角度，神经网络技术在系统控制中已开始应用，同时应用分布技术、多元代理技术、全能技术，并采用开放式系统结构，使系统活动并行，解决系统集成。

由此可见，智能制造系统（intelligent manufacturing system，IMS）理念建立在自组织、分布自治和社会生态学机理上，目的是通过设备柔性和计算机人工智能控制，自动地完成设计、加工、控制管理过程，旨在解决适应高度变化环境制造的有效性。

1.1.3 智能制造系统的综合特征

和传统的制造相比，智能制造系统具有以下特征：

① 自律能力。即搜集与理解环境信息和自身的信息，并进行分析、判断和规划自身行为的能力。具有自律能力的设备称为"智能机器"，"智能机器"在一定程度上表现出独立性、自主性和个性，甚至相互间还能协调运作与竞争。强有力的知识库和基于知识的模型是自律能力的基础。

② 人机一体化。IMS不单纯是"人工智能"系统，而是人机一体化智能系统，是一种混合智能。基于人工智能的智能机器只能进行机械式的推理、预测、判断，它只能具有逻辑思维（专家系统），最多做到形象思维（神经网络），完全做不到灵感（顿悟）思维，只有人类专家才同时真正具备以上三种思维能力。因此，想以人工智能全面取代制造过程中人类专家的智能，独立承担起分析、判断、决策等任务是不现实的。人机一体化一方面突出人在制造系统中的核心地位，同时在智能机器的配合下，更好地发挥出人的潜能，使人机之间表现出一种平等共事、相互"理解"、相互协作的关系，使二者在不同层次上各显其能，相辅相成。

因此，在智能制造系统中，高素质、高智能的人将发挥更好的作用，机器智能和人的智能将真正地集成在一起，互相配合、相得益彰。

③ 虚拟现实技术。这是实现虚拟制造的支持技术，也是实现高水平人机一体化的关键技术之一。虚拟现实技术（virtual reality，VR）是以计算机为基础，融合信号处理、动画技术、智能推理、预测、仿真和多媒体技术为一体，借助各种音像和传感装置，虚拟展示现实生活中的各种过程、物体等，因而也能拟实制造过程和未来的产品，从感官和视觉上使人获得完全如同真实的感受。但其特点是可以按照人们的意愿任意变化，这种人机结合的新一代智能界面，是智能制造系统的一个显著特征。

④ 自组织超柔性。智能制造系统中的各组成单元能够依据工作任务的需要，自行组成一种最佳结构，其柔性不但突出在运行方式上，而且突出在结构形式上，所以称这种柔性为超柔性，如同一群人类专家组成的群体，具有生物特征。

⑤ 学习与维护。智能制造系统能够在实践中不断地充实知识库，具有自学习功能。同时，在运行过程中能自行诊断故障，并具备对故障自行排除、自行维护的能力。这种特征使智能制造系统能够进行自我优化并适应各种复杂的环境。

1.1.4 智能制造关键技术

智能制造就是面向产品全生命周期，实现泛在感知条件下的信息化制造。智能制造技术是在现代传感技术、网络技术、自动化技术、拟人化智能技术等先进技术的基础上，通过智能化的感知、人机交互、决策和执行技术，实现设计过程、制造过程和制造装备智能化，是信息技术、智能技术与装备制造技术的深度融合与集成。它把制造自动化的概念更新，扩展到柔性化、智能化和高度集成化。

传统的制造系统在前三次工业革命中主要围绕着它的5个核心要素进行技术升级，它包含了：

① material——材料，包括特性和功能等；

② machine——机器，包括精度、自动化和生产能力等；

③ method——方法，包括工艺、效率和产能等；

④ measurement——测量，包括六西格玛、传感器监测等；

⑤ maintenance——维护，包括使用率、故障率、运维成本等。

这些改善活动都是围绕着人的经验开展的，人是驾驭这5个要素的核心。生产系统在技术上无论如何进步，运行逻辑始终是：出现问题→人根据经验分析问题→人根据经验调整5个要素→解决问题→人积累经验。

而智能制造系统区别于传统制造系统最重要的要素在于新增了第6个要素，也就是建模（modeling——数据和知识建模，包括监测、预测、优化和防范等），并且通过第6个要素来驱动其他5个要素，从而解决和避免制造系统的问题。

因此，智能制造运行的逻辑是：出现问题→模型（或在人的帮助下）分析问题→模型调整5个要素→解决问题→模型积累经验并分析问题的根源→模型调整5个要素→避免问题。

智能制造所要解决的核心问题是知识的产生与传承过程，其关键技术分别为：

① 识别技术。识别功能是智能制造环节中关键的一环，需要的识别技术主要有射频识别技术、基于深度三维图像识别技术，以及物体缺陷自动识别技术。基于深度三维图像识别技术的任务是识别出图像中有什么类型的物体，并给出物体在图像中所反映的位置和方向，是对三维世界的感知理解。在结合了人工智能科学、计算机科学和信息科学之后，基于深度三维图像识别技术是在智能制造系统中识别物体几何情况的关键技术。

② 实时定位系统。实时定位系统可以对多种材料、零件、工具、设备等资产进行实时跟踪管理，在生产过程中，需要监视在制品的位置行踪，以及材料、零件、工具的存放位置等。这样，在智能制造系统中需要建立一个实时定位系统，以完成生产全过程中资产的实时位置跟踪。

③ 信息物理融合系统。信息物理融合系统也称为"虚拟网络-实体物理"生产系统，它将彻底改变传统制造业逻辑。在这样的系统中，一个工件就能算出自己需要哪些服务。通过数字化逐步升级现有生产设施，生产系统可以实现全新的体系结构。

④ 网络安全技术。数字化推动了制造业的发展，在很大程度上得益于计算机网络技术的发展，与此同时也给工厂的网络安全带来了威胁。以前习惯于纸质文件的工人，现在越来越依赖于计算机网络、自动化机器和无处不在的传感器，而技术人员的工作就是把数字数据转换成物理部件和组件。制造过程的数字化技术资料支撑了产品设计、制造和服务的全过程，必须予以保护。

⑤ 系统协同技术。这需要大型制造工程项目复杂自动化系统的整体方案设计技术、安装调试技术、统一操作界面和工程工具的设计技术、统一事件序列以及报警处理技术、一体化资产管理技术等相互协同来完成。

1.2 工业 4.0、工业互联网与中国制造 2025

1.2.1 工业 4.0

工业 4.0（Industry 4.0）是德国人提出的概念，是指利用信息物理融合系统（cyber-physical system，CPS）将生产中的供应、制造、销售信息数据化、智慧化，最后达到快速、有效、个性化的产品供应。他们认为制造业未来只能通过智能化的生产创造价值，即制造本身是创造价值的。德国在工业发展的不同阶段均处于全球制造装备领域领头羊的地位，所以德国提出的工业 4.0 主要聚焦于制造业的高端产业和高端环节。工业 4.0 是德国面向未来竞争的总体战略方案，也是德国政府《高技术战略 2020》确定的十大未来项目之一，已上升为国家战略，并在 2013 年 4 月的汉诺威工业博览会上正式推出，旨在支持工业领域新一代革命性技术的研发与创新，提高德国工业的竞争力。

工业 4.0 的概念包含了由集中式控制向分散式增强型控制的基本模式转变，目标是建立一个高度灵活的个性化和数字化的产品与服务的生产模式。在这种模式中，传统的行业界限将消失，并会产生各种新的活动领域和合作形式。创造新价值的过程正在发生改变，产业链分工将被重组。

工业 4.0 可以概括为：一个核心、两个重点、三大集成、四个特征和六项措施。

① 一个核心。互联网＋制造业，将信息物理融合系统（CPS）广泛深入地应用于制造业，构建智能工厂，实现智能制造。

② 两个重点。领先的供应商策略，成为智能生产设备的主要供应者；主导的市场策略，设计并实施一套全面的知识和技术转化方案，引领市场的发展。

③ 三大集成。企业内部灵活且可重新组合的纵向集成，企业之间价值链的横向集成，全社会价值链的端到端工程数字化集成。

④ 四个特征。生产可调节，可自我调节以应对不同形势；产品可识别，可以在任何时候把产品分辨出来；需求可变通，可以根据临时的需求变化而改变设计、构造、计划、生产和运作，并且仍有获利空间；过程可监测，可以实时针对商业模式的全过程进行监测。

⑤ 六项措施。实现技术标准化和开放标准的参考体系；建立复杂模型管理系统；建立一套综合的工业宽带基础设施；建立安全保障机制和规章制度；创新工作组织和设计方式；加强培训和持续职业教育。

"工业 4.0"项目主要分为三大主题：

一是"智能工厂"，重点研究智能化生产系统及过程，以及网络化分布式生产设施的实现。

二是"智能生产"，主要涉及整个企业的生产物流管理、人机互动以及 3D 技术在工业生产过程中的应用等。该计划将特别注重吸引中小企业参与，力图使中小企业成为新一代智能化生产技术的使用者和受益者，同时也成为先进工业生产技术的创造者和供应者。

三是"智能物流"，主要通过互联网、物联网、物流网整合物流资源，充分发挥现有物流资源供应方的效率，而需求方则能够快速获得服务匹配，得到物流支持。

智能制造和"工业 4.0"异曲同工，"工业 4.0"的本质是通过充分利用 CPS，将制造业推向智能化。而智能制造是一种新的制造模式，从智能制造系统由低层级向高层级逐步演进发展的角度来看，智能制造的内涵包含了"工业 4.0"的三大主题。

1.2.2　工业互联网

"工业互联网"（industrial internet）——开放、全球化的网络，将人、数据和机器连接起来，属于泛互联网的目录分类。它是全球工业系统与高级计算、分析、传感技术及互联网的高度融合。

"工业互联网"的概念最早由通用电气于 2012 年提出，随后美国五家行业龙头企业联手组建了工业互联网联盟（IIC），将这一概念大力推广开来。除了通用电气这样的制造业巨头，加入该联盟的还有IBM、思科、英特尔和AT&T等IT企业。

美国于2012年启动的《先进制造业国家战略计划》中，被称为"再工业化"的思路得到全面阐释。其中提出要发展先进生产技术平台、先进制造工艺及设计与数据基础设施等先进数字化制造技术，其核心是鼓励创新，并通过信息技术来重塑工业格局，激活传统产业。这种从CPU、系统、软件、互联网等信息端，通过大数据分析等工具"自上而下"地重塑制造业，与德国的从制造业出发，利用信息技术等手段"自下而上"地改造制造业的思路完全不同。近年来GE（美国通用电气公司）等制造业公司倡导的将重心放在互联网上的"工业互联网"策略，以及谷歌等高科技公司向机器人、汽车等制造业领域的渗透，可以说是美国工业4.0思路的一种体现。

工业互联网的本质和核心是通过工业互联网平台把设备、生产线、工厂、供应商、产品和客户紧密地连接、融合起来，可以帮助制造业拉长产业链，形成跨设备、跨系统、跨厂区、跨地区的互联互通，从而提高效率，推动整个制造体系智能化。同时，还要有利于推动制造业融通发展，实现制造业和服务业之间的跨越发展，使工业经济的各种要素资源能够高效共享。

从工作流程上来看，工业互联网通过三个步骤实现其效能：工业数据的获取、工业数据的分析、调度执行，分别对应于物联网、云计算和大数据、专网通信，这是工业互联网的关键元素。

1.2.3　中国制造2025

制造业是国民经济的主体，是立国之本、兴国之器、强国之基。打造具有国际竞争力的制造业，是我国提升综合国力、保障国家安全、建设世界强国的必由之路。改革开放以来，我国制造业持续快速发展，建成了门类齐全、独立完整的产业体系，有力推动了工业化和现代化进程，显著增强了综合国力。然而，与世界先进水平相比，中国制造业在一些方面差距明显，转型升级和跨越发展的任务紧迫而艰巨。

2015年5月，国务院正式印发《中国制造2025》，部署全面推进实施制造强国战略，是中国实施制造强国战略第一个十年的行动纲领。中国制造2025的核心和实质就是我们通常提到的"两化融合"：以信息化带动工业化、以工业化促进信息化，走新型工业化道路。有些企业或行业还处于工业2.0时代，大部分企业处于工业3.0初级阶段，与世界先进水平相比，中国制造业仍然大而不强，在自主创新能力、资源利用效率、产业结构水平、信息化程度、质量效益等方面差距明显，《中国制造2025》是对制造业转型升级的整体谋划，不仅提出了培育发展新兴产业的路径和措施，还加大了对量大面广的传统产业的改造升级力度，同时还要解决制造业创新能力、产品质量、工业基础等一系列阶段性的突出矛盾和问题。

《中国制造2025》可以概括为"一、二、三、四、五五、十"的总体结构：

"一"就是从制造业大国向制造业强国转变，最终实现制造业强国的一个目标。

"二"就是通过两化融合发展来实现这一目标。党的十八大提出了用信息化和工业化两化深度融合来引领和带动整个制造业的发展，这也是我国制造业所要占据的一个制高点。

"三"就是要通过"三步走"的战略，大体上每一步用十年左右的时间来实现我国从制造业大国向制造业强国转变的目标。

"四"就是确定了四项原则。第一项原则是市场主导、政府引导。第二项原则是既立足当前，又着眼长远。第三项原则是全面推进、重点突破。第四项原则是自主发展、合作共赢。

"五五"就是有两个"五"。第一个"五"就是有五条方针，即创新驱动、质量为先、绿色发展、结构优化和人才为本。还有一个"五"就是实行五大工程，包括制造业创新中心建设的工程、强化基础的工程、智能制造工程、绿色制造工程和高端装备创新工程。

"十"就是十大领域，包括新一代信息技术产业、高档数控机床和机器人、航空航天装备、海洋工程装备及高技术船舶、先进轨道交通装备、节能与新能源汽车、电力装备、农机装备、新材料、生物医药及高性能医疗器械等十个重点领域。

智能制造是《中国制造2025》的主攻方向，因为新一代信息技术和人工智能的快速发展，引起了人们的关注。这就给中国制造业追赶处于发展前列的美国、德国、日本制造业提供了机会，如果抓住机会，将新一代信息技术的发展和中国制造业转型升级的迫切需求结合起来，就会大幅提升中国制造的水平。

中国制造2025、德国工业4.0与美国工业互联网对比如图1.2所示。

类别	中国制造2025	德国工业4.0	美国工业互联网
发起者	工信部牵头，中国工程院起草	联邦教研部与联邦经济技术部资助，德国工程院、弗劳恩霍夫协会、西门子公司建议	智能制造领袖联盟-SMLC，26家公司，8个生产财团，6所大学和1个政府实验室组成
发起时间	2015年	2013年	2012年
定位	国家工业中长期发展战略	国家工业升级战略，第四次工业革命	美国"制造业回归"的一项重要内容
特点	信息化和工业化的深度融合	制造业和信息化的结合	工业互联网革命，倡导将人、数据和机器连接起来
目的	增强国家工业竞争力，在2025年迈入制造业强国行列，建国100周年时占据世界强国的领先地位	增强国家制造业竞争力	专注于制造业、出口、自由贸易和创新，提升美国竞争力
主题	互联网+、智能制造	智能工厂、智能生产、智能物流	智能制造
实现方式	通过智能制造，带动产业数字化水平和智能化水平的提高	通过价值网络实现横向集成，工程端到端数字集成横跨整个价值链，垂直集成和网络化的制造系统	以"软"服务为主，注重软件、网络、大数据等对于工业领域的服务方式的颠覆
实施进展	规划出台阶段	已在某些行业实现	已在某些行业实现
重点技术	制造业互联网化	CPS	工业互联网
实施途径	已提出目标，没有列出具体实施途径	有部分具体途径	有具体途径

图1.2 中国制造2025、德国工业4.0与美国工业互联网对比

三个国家的战略侧重点不同，但是核心却是相同的，那就是信息物理融合系统，如图1.3所示。

信息物理融合系统是一个综合计算、通信、网络、控制和物理环境的多维复杂系统。CPS是由传感器、嵌入式终端系统、智能控制系统、通信设施共同组成的智能网络，使人与人、人与机器、机器与机器以及服务与服务之间能够互联，可以将资源、信息、物体以及人紧密联系在一起，从而创造物联网及相关服务，并将生产工厂转变为一个智能环境。

图1.3 CPS系统

1.3 智慧工厂

智慧工厂是现代工厂信息化发展的新阶段，是在数字化工厂的基础上，利用物联网的技术和设备监控技术加强信息管理和服务，清楚掌握产销流程，提高生产过程的可控性，减少生产线上人工的干预，即时正确地采集生产线数据，以及合理的生产计划编排与生产进度。同时，集绿色智能的手段和智能系统等新兴技术于一体，构建一个高效节能的、绿色环保的、环境舒适的人性化工厂。

智慧工厂重点研究智能化生产系统及过程，以及网络化分布式生产设施的实现。主要通过互联网、物联网、物流网整合物流资源，充分发挥现有物流资源供应方的效率，而需求方则能够快速获得服务匹配，得到物流支持，甚至可以建立在"云计算"及"云制造"的基础上，为企业建设一个智能管理平台。

智慧工厂概念首先由美国 ARC 顾问集团提出，智慧工厂实现了数字化产品设计、数字化产品制造、数字化管理生产过程和业务流程，以及综合集成优化的过程，可以用工程技术、生产制造、供应链三个维度描述智慧工厂模型。智慧工厂概念模型如图 1.4 所示。

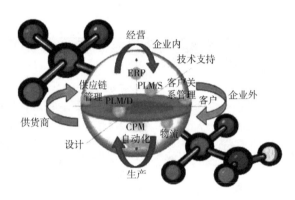

图 1.4　智慧工厂概念模型

1.3.1 主要特征

① 利用物联网技术实现设备间高效地信息互联，数字工厂向"物联工厂"升级，操作人员可实时获取生产设备、物料、成品等相互间的动态生产数据，满足工厂 24 小时监测需求。

② 基于庞大数据库实现数据挖掘与分析，使工厂具备自我学习能力及维护能力。通过系统的自我学习能力，在制造过程中落实资料库补充、更新及自动执行故障诊断，并具备对故障排除与维护，或通知对应的系统执行的能力，并在此基础上完成能源消耗的优化、生产决策的自动判断等任务。

③ 引入基于计算机数控机床、机器人等高度智能化的自动化生产线，满足个性化定制、柔性化生产的需求，有效缩短产品生产周期，并同时大幅降低产品成本。

④ 配套的智能物流仓储系统。通过自动化仓库、自动输送分拣系统、智能仓储管理系统等实现仓库管理过程中各环节数据录入的实时性以及对于货物出入库管理的高效性。

⑤ 整体可视技术的实践。结合信号处理、推理预测、仿真及多媒体技术，将实境扩增（增强现实，AR）展示现实生活中的设计与制造过程。

⑥ 人机共存的系统。人机之间具备互相协调合作关系，各自在不同层次之间相辅相成。

1.3.2　基本架构

智慧工厂拥有三个层次的基本架构，分别为顶层的计划层、中间层的执行层以及底层的设备控制层，大致可对应为 ERP 系统（企业资源计划）、MES 系统（制造执行系统）以及 PCS 系统（过程控制系统），如图 1.5 所示。

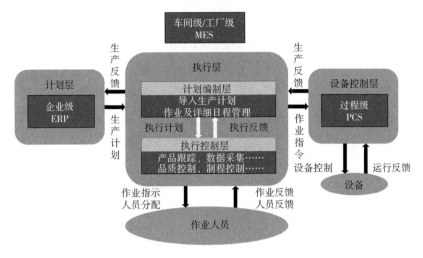

图 1.5　基本架构

智慧工厂是实现智能制造的重要载体，主要通过构建智能化生产系统、网络化分布式生产设施，实现生产过程的智能化。智慧工厂已经具有了自主能力，可采集、分析、判断、规划等；通过整体可视技术进行推理预测，利用仿真及多媒体技术，利用实境扩增展示设计与制造过程。系统中各组成部分可自行组成最佳系统结构，具备协调、重组及扩充特性，已具备了自我学习、自行维护能力。因此，智慧工厂实现了人与机器的相互协调合作，其本质是人机交互。人机料法环体系构架如图 1.6 所示。

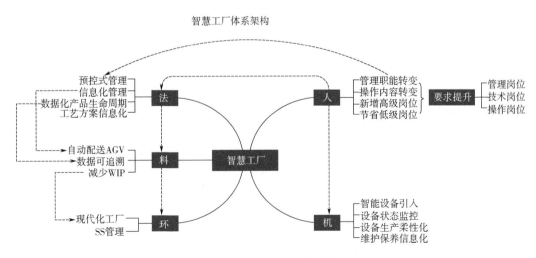

图 1.6　人机料法环体系构架

人机料法环是全面质量管理理论中五个影响产品质量的主要因素的简称。"人"指制造产品的人员;"机"指制造产品所用的设备;"料"指制造产品所使用的原材料;"法"指制造产品所使用的方法;"环"指产品制造过程中所处的环境。而智能生产就是以智慧工厂为核心,将人、机、料、法、环连接起来,多维度融合的过程,如图1.7所示。

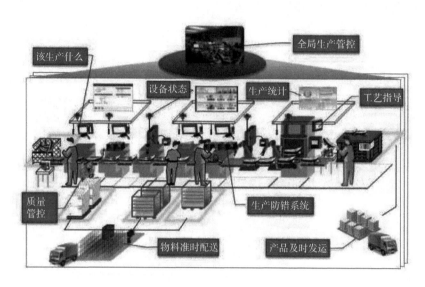

图 1.7　智能生产多维度融合过程

在智慧工厂的体系架构中,质量管理的五要素也相应地发生变化,因为在未来智慧工厂中,人员、机器和资源能够互相通信。智能产品"知道"它们被制造过程中的细节,也"知道"它们的用途。它们将主动回答制造流程,诸如"我什么时候被制造的""对我进行处理应该使用哪种参数""我应该被传送到何处"等问题。

企业基于 CPS 和工业互联网构建的智慧工厂原型,主要包括物理层、信息层、大数据层、工业云层、决策层。其中,物理层包含工厂内不同层级的硬件设备,从最小的嵌入式设备和基础元器件开始,到感知设备、制造设备、制造单元和生产线,相互间均实现互联互通。以此为基础,构建了一个"可测可控、可产可管"的纵向集成环境。信息层涵盖企业经营业务的各个环节,包含研发设计、生产制造、营销服务、物流配送等各类经营管理活动,以及由此产生的众创、个性化定制、电子商务、可视追踪等相关业务。在此基础上,形成了企业内部价值链的横向集成环境,实现数据和信息的流通和交换。

纵向集成和横向集成均以 CPS 和工业互联网为基础,产品、设备、制造单元、生产线、车间、工厂等制造系统互联互通,及其与企业不同环节业务的集成统一,则是通过大数据层和工业云层实现,并在决策层基于产品、服务、设备管理支撑企业最高决策。这些共同构建了一个智慧工厂完整的价值网络体系,为用户提供端到端的解决方案。

由于产品制造工艺过程的明显差异,离散制造业和流程制造业在智慧工厂建设的重点内容有所不同。对于离散制造业而言,产品往往由多个零部件经过一系列不连续的工序装配而成,其过程包含很多变化和不确定因素,在一定程度上增加了离散型制造生产组织的难度和配套的复杂性。企业常常按照主要的工艺流程安排生产设备的位置,以使物料的传输距离最小。面向订单的离散型制造企业具有多品种、小批量的特点,其工艺路线和设备的使用较灵活，因此，离散型制造企业更加重视生产的柔性，而智慧工厂建设的重点是智能制造生产线。

1.3.3 基本功能模块

① 智能仓储：自动备料、自动上料。
② 智能车间：自动生产、组装、包装。
③ 智能品质管控：自动管控品质。
④ 集成其他系统：与 ERP、MES 系统集成。
⑤ 追溯管理：对材料、生产环节、品质管控等各个环节的追溯。

1.3.4 主要建设模式

由于各个行业生产流程不同，加上各个行业智能化情况不同，智慧工厂有以下几种不同的建设模式。

第一种模式是从生产过程数字化到智慧工厂。在石化、钢铁、冶金、建材、纺织、造纸、医药、食品等流程制造领域，企业发展智能制造的内在动力在于产品品质可控，侧重从生产数字化建设起步，品控需求从产品末端控制向全流程控制转变。

因此，智慧工厂建设模式为：一是推进生产过程数字化——在生产制造、过程管理等单个环节信息化系统建设的基础上，构建覆盖全流程的动态透明可追溯体系，基于统一的可视化平台实现产品生产全过程跨部门协同控制；二是推进生产管理一体化——搭建企业 CPS 系统，深化生产制造与运营管理、采购销售等核心业务系统集成，促进企业内部资源和信息的整合和共享；三是推进供应链协同化——基于原材料采购和配送需求，将 CPS 系统拓展至供应商和物流企业，横向集成供应商和物料配送协同资源和网络，实现外部原材料供应和内部生产配送的系统化、流程化，提高工厂内外供应链运行效率；四是整体打造大数据化智慧工厂，推进端到端集成，开展个性化定制业务。

第二种模式是从智能制造生产单元（装备和产品）到智慧工厂。在机械、汽车、航空、船舶、轻工、家用电器和电子信息等离散制造领域，企业发展智能制造的核心目的是拓展产品的价值空间，侧重从单台设备自动化和产品智能化入手，基于生产效率和产品效能的提升实现价值增长。

因此，其智慧工厂建设模式为：一是推进生产设备（生产线）智能化，通过引进各类符合生产所需的智能装备，建立基于 CPS 系统的车间级智能生产单元，提高精准制造、敏捷制造能力；二是拓展基于产品智能化的增值服务，利用产品的智能装置实现与 CPS 系统的互联互通，支持产品的远程故障诊断和实时诊断等服务；三是推进车间级与企业级系统集成，实现生产和经营的无缝集成以及和上下游企业间的信息共享，开展基于横向价值网络的协同创新；四是推进生产与服务的集成，基于智慧工厂实现服务化转型，提高生产效率和核心竞争力。

第三种模式是从个性化定制到互联工厂。在家电、服装、家居等距离用户最近的消费品制造领域，企业发展智能制造的重点在于充分满足消费者多元化需求的同时实现规模经济生产，侧重通过互联网平台开展大规模个性定制模式创新。

因此，其智慧工厂建设模式为：一是推进个性化定制生产，引入柔性化生产线，搭建互联网平台，促进企业与用户深度交互，广泛征集用户需求，基于需求数据模型开展精益生产；二是推进设计虚拟化，依托互联网逆向整合设计环节，打通设计、生产、服务数据链，采用虚拟仿真技术优化生产工艺；三是推进制造网络协同化，变革传统垂直组织模式，以扁平化、虚拟化的新型制造平台为纽带集聚产业链上下游资源，发展远程定制、异地设计、当地生产的网络协同制造新模式。

1.3.5 发展重点环节

智能生产的侧重点在于将人机互动、3D打印等先进技术应用于整个工业生产过程，并对整个生产流程进行监控、数据采集，便于进行数据分析，从而形成高度灵活、个性化、网络化的产业链。

(1) 3D打印

3D打印是一项颠覆性的创新技术，被美国自然科学基金会称为20世纪最重要的制造技术创新。制造业的全流程都可以引入3D打印，起到节约成本、加快进度、减少原材料浪费等效果。在设计环节，借助3D打印技术，设计师能够获得更大的自由度和创意空间，可以专注于产品形态创意和功能创新，而不必考虑形状复杂度的影响，因为3D打印几乎可以完成任何形状的物品构建。在生产环节，3D打印可以直接从数字化模型生成零部件，不需要专门的模具制作等工序，既节约了成本，又能加快产品上市。此外，传统制造工艺在铸造、抛光和组装部件的过程中通常会产生废料，而相同部件使用3D打印则可以一次性成形，基本不会产生废料。在分销环节，3D打印可能会挑战现有的物流分销网络。未来，零部件不再需要从原厂家采购和运输，而是直接从制造商的在线数据库中下载3D打印模型文件，然后在本地快速打印出来，由此可能会导致遍布全球的零部件仓储与配送体系失去存在的意义。

整个3D打印行业的产业链大概可分为三个部分：上游基础配件行业；3D打印设备生产企业、3D打印材料生产企业和支持配套企业；下游主要是3D打印的各大应用领域。通常意义上的3D打印行业主要是指3D打印设备、材料及服务企业。

3D打印已经形成了一条完整的产业链，如图1.8所示。产业链的每个环节都聚集了一批领先企业。从全球范围来看，以Stratasys、3D Systems为代表的设备企业在产业链中占据了主导地位，且这些设备企业通常能够提供材料和打印服务业务，故具有较强的话语权。

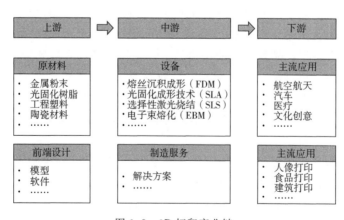

图1.8　3D打印产业链

（2）人机交互

未来各类交互方式都会进行深度融合，使智能设备更加自然地与人类生物反应及处理过程同步，包括思维过程、动觉，甚至一个人的文化偏好等，这个领域充满着各种各样新奇的可能性，如图 1.9 所示。

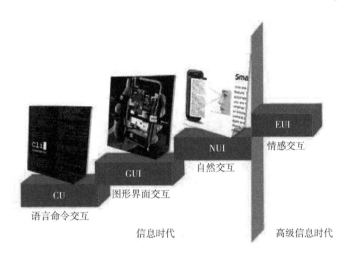

图 1.9　人机交互模式演进

人与机器的信息交换方式随着技术融合步伐的加快向更高层次迈进，新型人机交互方式被逐渐应用于生产制造领域，具体表现在智能交互设备柔性化和智能交互设备工业领域应用这两个方面。在生产过程中，智能制造系统可独立承担分析、判断、决策等任务，突出人在制造系统中的核心地位，同时在工业机器人、无轨 AGV 等智能设备的配合下，更好地发挥人的潜能。机器智能和人的智能真正地集成在一起，互相配合、相得益彰，本质是人机一体化。

（3）传感器

如果把智慧工厂比作一个人的话，那么传感器就是一个人的耳、鼻、口，承载着一个人的所有感官，是数据的收集者，有些还是命令的执行者。企业的生产线和物流需要多种多样的传感器，利用传感器可以实现数据的采集、数据的处理和数据的传输，在此过程中如何更智能地去运行，对将来大数据和工厂自动化的融合至关重要。在第四次工业革命中，传感器起到了一定的作用，促进了智能搜集和分析海量数据技术的进步。为了实现智慧工厂，需要大量的传感器智能地搜集、提供和分析海量的数据，这些传感器必须能够与互联网或者云端进行信息互通。简言之，它们本身就必须是智能化的。

智能制造所需的传感器跟传统的传感器相比：第一，需要有更灵活的接口，传感器不仅要能够在控制器层通信，而且需要实现更高数据层的通信。附加的数据或软件系统接口让传感器可以执行新的分析任务及新的功能。这些能力可提高生产的灵活性、质量、效率和透明度，彻底地改变工业金字塔结构。第二，传感器需要智能。智能传感器提供的数据越紧凑、越实用，整个系统利用数据源的效率也将越高，分析结果也越准确。在内部就可以对数据直接进行预处理、压缩和滤波的智能传感器将完美满足工业 4.0 的要求。

（4）工业软件

智慧工厂的建设离不开工业软件的广泛应用。工业软件包括基础和应用软件两大类，其中系统、中间件、嵌入式属于基础软件范围，并不与特定工业管理流程和工艺流程紧密相关，以下提到的工业软件主要指应用软件，包括运营管理类、生产管理类和研发设计类等软件。

(5) 云制造

云制造即制造企业将先进的信息技术、制造技术以及新兴物联网技术等交叉融合，使工厂产能、工艺等数据都集中于云平台，制造商可在云端进行大数据分析与客户关系管理，发挥企业最佳效能。

云制造为制造业信息化提供了一种崭新的理念与模式，云制造作为一种初生的概念，其未来具有巨大的发展空间。但云制造的未来发展仍面临着众多关键技术的挑战，除了对于云计算、物联网、语义 Web、高性能计算、嵌入式系统等技术的综合集成，基于知识的制造资源云端化、制造云管理引擎、云制造应用协同、云制造可视化与用户界面等技术均是未来需要攻克的。

1.3.6 发展趋势

智慧工厂代表了高度互联和智能化的数字时代，工厂的智能化通过大数据、数字化、互联互通、智能供应链与智能装备五大关键领域得以体现，每个领域的特征如下。

(1) 大数据

大数据，是一种规模大且在获取、存储、管理、分析方面大大超出传统数据库软件工具处理能力范围的数据集合，从大数据、物联网的硬件基础、连接技术到中间数据存储平台、数据分析平台形成了整个大数据的架构，实现了底层硬件数据采集到顶层数据分析的纵向整合。

大数据的战略意义不在于掌握庞大的数据信息，更重要的是对数据进行专业化处理，将来自各专业的各类型数据进行提取、分割、建立模型并进行分析，深度挖掘数据背后的潜在问题和贡献价值。数据采集方面毫无疑问做得很好，但数据也仅仅停留在形成报表的层面，无法直接利用与分析、识别出问题并进行整改，直接反映出数据分析和数据应用人才的缺失，尤其是与专业相结合，需要既了解专业又懂得建模和算法的数据分析人才，这也是大数据面临的重要挑战，亟需企业和学校联合，共同培养，且从取消手工的数据处理着手开展逐步积累，同时也反映了 IT 与制造的融合与同步不足。

(2) 数字化

数字化包含两方面内容，一方面是指智慧工厂在工厂规划设计、工艺装备开发及物流等方面全部应用三维设计与仿真；通过仿真分析，消除设计中存在的问题，将问题提前进行识别，减少后期改进、改善的投入，从而达到优化设计质量与控制成本，实现数字化制造和灵活生产的目标，实现真正的精益生产。另一方面，在传感器、定位识别、数据库分析等物联网基础数字化技术的帮助下，数字化贯穿产品创造价值链和智慧工厂制造价值网络，从研发到运营，乃至商业模式也需要数字化的贯通，从某种程度而言，数字化的实现程度也成为智能制造战略能否成功的关键。

(3) 互联互通

互联互通是通过 CPS 系统将人、物、机器与系统进行连接，以物联网为基础，通过传感器、RFID、二维码和无线局域网等实现信息的采集，通过 PLC 和本地及远程服务器实现人机界面的交互，在本地服务器和云存储服务器实现数据读写，在 ERP、PLM、MES 和 SCADA 等平台实现无缝对接，从而达到信息的畅通，人机的智能。一方面，通过这些技术实现智慧工厂内部从订单、采购、生产到设计等的信息实时处理与通畅；另一方面相关设计供应商、采购供应商、服务商和客户等与智慧工厂实现互联互通，确保生产信息、服务信息等同步，采购供应商随时可以提取生产订单信息，客户随时可以提交自己的个性化订单且可以查询自己订单的生产进展，服务商随时保持与客户等的沟通与相关事务处理。

(4) 智能供应链

智能供应链重点包含供应物流、生产物流、整车物流。各相应环节实施物流信息实时采集、同步传输、数据共享，并驱动物流设备运行，实现智能物流体系，达到准时化、可视化的目的，确保了资源的有效共享，也确保了订单的准时交付。在订单准确的同时减小了存储，最大限度地避免了仓储及二次转运的费用，降低了生产成本，也是主机厂和供应商之间紧密合作下的质量和价格的优化，达到双赢的效果。

(5) 智能装备

智能装备通过智能产品、人机界面、RFID 射频识别技术、插入技术、智能网络及 APP 等具备可感知、可连接功能，形成了集群环境，最终形成"可感知-自记忆-自认知-自决策-自重构"的核心能力，如谷歌旗下公司开发的 AlphaGo 一样具备深度学习能力，根据实际形势的输入可自动分析判断、逻辑推理，思考下一步的落子，在人工智能领域形成了对人类围棋选手的绝对优势。AlphaGo 的出现象征着计算机技术已进入人工智能的新信息技术时代（新 IT 时代），未来将与医疗等行业进行深度合作，作为人工智能的代表也预示智能装备时代的来临，充分证明智能装备是智慧工厂物联网和数字化制造的基础，也是物联网实现的关键要素。

1.3.7 微型化智慧工厂建设案例

创新的教学理念及人才培养模式需要一个创新的教学实践平台来支撑，建设一个满足智能制造高端复合型人才培养的平台至关重要。实验作为教学、科研的重要环节，越来越受到重视。国内外的许多发现、发明都与实验有着密切关系，许多科学数据和科学结论均来源于实验。作为实验主体与手段的实验设备，越来越广泛地受到各大院校和科研机构的重视。国家各部委每年都投入大量资金用于实验设备的改造，随着国家对教育投入逐年增加，高校实验室的设备质量和体量也不断提升，对实验教学和科研支持的能力也不断增加，而随之而来的设备能源的消耗、环境噪声的污染，特别是实验室场地不足等问题越来越突出。因此，在满足教学和科研要求的前提下，设备的微型化具有非常积极的现实意义。

在分析目前国内大学工业实验室智能硬件系统和控制管理软件系统的基础上，整合自动化仓储系统、AGV 自动导引车、数控系统、RFID 射频识别系统、工位看板、MES 软件、ERP、车辆在线追踪功能的运输管理模块，结合高校实验室的环境特点，进而构建具有智慧工厂特性的微型化智慧工厂。

微型化智慧工厂的主要特点体现在以下几个方面：

① 可以减少硬件资金的投资。微型化使得动力及机械结构尺寸大幅降低，材料及加工成本较低，同时运输及包装费用也相应减少，硬件成本可以减少约 50%。

② 节省占地空间。微型化与大型设备空间相比，可减少约 70% 的设备占地空间。

③ 降低能耗。由于动力大幅降低，用电量及用气量也大幅减少，能源消耗可以减少约 80%。

④ 安全性提高。大型设备载荷大，运动部件重量大，安全性要求高；微型化产品载荷

小，运动要求低，设备故障对人体的危害性小，便于教学及科研中动手操作，真正达到教学与科研的工程目的。

书中所列举的微型智慧工厂教学与科研综合实训平台以工业 4.0 概念为主导思想，以智能制造、智慧物流、生产运作管理系统为研究对象，主要用于研究智慧工厂/智能制造的资源配置、生产流程与运作过程的控制、经营和管理的工程领域。微型化智慧工厂教学与科研综合实训平台是以印章为加工对象，可实现工件的智能仓储、智能加工、智能检测和智能装配的全过程仿真，如图 1.10 所示。

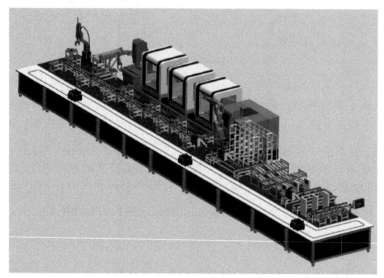
（a）布局

（b）产品

图 1.10　微型化智慧工厂教学与科研综合实训平台布局与产品

该平台主要由智能制造模块、智慧物流模块和虚拟仿真教学实验模块三大部分组成。

（1）智能制造模块

该模块由先进的智能制造技术和智能制造控制系统组成。配备有高精度的数控车床、铣床、工业机器人、柔性生产系统、装配机器人、智能检测系统等生产制造设备，并搭配智能制造控制软件系统。模块贯穿设计、生产、管理、服务等制造活动的各个环节，是具有信息深度自感知、智慧优化自决策、精准控制自执行等功能的一种智能制造方式。

该模块使用智能装备（如数控机床、机器人等）、传感器、过程控制、智能物流、制造执行系统、信息物理融合系统组成人机一体化系统，按照工艺设计要求，实现整个生产制造过程的智能化生产、有限能力排产、物料自动配送、状态跟踪、优化控制、智能调度、设备运行状态监控、质量追溯和管理、车间绩效等。对生产、设备、质量的异常做出正确的判断和处置，实现制造执行与运营管理、研发设计、智能装备的集成以及实现设计制造一体化，管控一体化。

该模块的特点在于其深度融合了信息技术等高新技术和传统制造技术，将信息化、智能化渗透到柔性制造（FMS）的整个过程中，从而实现模块的完全自动化、智能化、高效、高质量生产。

（2）智慧物流模块

该模块以工业 4.0 概念为主导思想，以智慧物流系统为研究对象，主要用于研究物流系统的资源配置、物流运作过程控制、经营和管理的工程领域。平台通过互联网、物联网、物流网，整合物流资源，充分发挥现有物流资源供应方的效率，而需求方则能够快速获得服务匹配，得到物流支持。

智慧物流是实现智能制造的核心与关键。微型化智慧工厂教学与科研综合实训平台在布局上采用智慧物流与智能制造并存的方式，在信息系统的指挥下，智慧物流系统实现了物料在智能制造生产工序间流转，支持智能制造系统高效运行。

平台主要分为制造商、原材料供应商、客户、物流中心四大部分。对于学生可通过智慧物流模块并结合理论知识模拟企业生产物流活动的过程，以及观察实际生产物流活动来复习物流知识，了解物流专业知识的具体运用，体会物流管理专业知识的作用，同时，该模块也为学生提供了参与物流管理活动的机会，论文发表使学生能够直接感受到物流管理活动规律，促使学生运用物流管理知识完成物流管理活动。

模块包括自动导引车 AGV、自动化仓库、电子标签辅助拣选系统、自动分拣系统、RFID 无线射频识别、条形码、ZigBee 和 Wi-Fi 等无线传感与通信技术等内容。

智慧物流模块是以符合工业 4.0 标准的生产实践和物流组织方式为基础构建的，是一个适应现代物流教学、符合未来智慧物流/智慧工厂对专业人才培养需求的综合性实验、实践教学平台。可通过实际的操作深化学生对物联网、智慧物流、智慧工厂的理解，学习并了解包括自动导引车 AGV、自动化仓库、电子标签辅助拣选系统、自动分拣系统、RFID 无线射频识别、条形码、ZigBee 和 Wi-Fi 等无线传感与通信技术的实际应用，培养学生对智慧物流、智慧工厂的分析、规划和综合应用能力。

（3）虚拟仿真教学实验模块

虚拟现实应用于教育是教育技术发展的一个飞跃。它营造了"自主学习"的环境，由传统的"以教促学"的学习方式代之为学习者通过自身与信息环境的相互作用来得到知识、技能的新型学习方式。虚拟现实技术以自身强大的教学优势和潜力，将在教育培训领域广泛应用并发挥重要作用。虚拟模型与微型化智慧工厂教学与科研综合实训平台实物保持一致。主要包括如图 1.11 所示子系统。

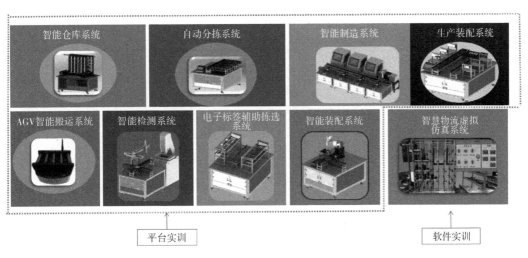

图 1.11　智慧工厂子系统

微型化智慧工厂教学与科研综合实训平台是基于物联系统采用先进的物联网技术、自动化技术、网络技术和先进的实验教学理念，将"先进制造""工业工程"学科与"企业应用"三方面有机地融合于实验教学系统，通过让学生参与实践，在课堂教学现场感受工业现场，对智慧工厂有一个全面的感性认识和理性认识，以智慧工厂为入口达到认识工业 4.0 的目的，具有非常重要的实践教学和科研意义。

1.4　本章小结

本章主要介绍了智能制造相关的一些背景资料，同时对美国工业互联网、德国工业 4.0、中国制造 2025 进行了对比。最后，介绍了本书中所列举的微型化智慧工厂的构成。

第**2**章

智能管理系统

随着制造系统的升级发展，传统的管理监控系统已不能满足日益复杂的管理需求。智能管理系统利用先进的计算机网络技术与智能技术，实现管理流程的自动化、可控制与可追踪，全面管理生产流程的各个环节。智慧工厂中，一般由企业资源计划（ERP）负责整体供应链的协同，由制造执行系统（MES）负责顶层 ERP 系统与底层过程控制系统（PCS）的连接。

2.1 企业资源计划（ERP）

2.1.1 ERP 的定义

企业资源计划（enterprise resource planning，ERP）是由著名咨询公司——高德纳（Gartner Group）在 1979 年提出的企业管理概念。ERP 最初被定义为应用软件，但迅速为全世界商业企业所接受，现在已经发展成为一个重要的现代企业管理理论，也是一个实施企业流程再造的重要工具。ERP 是一个创建在信息技术基础上的系统化管理思想，同时也是为企业决策层及员工提供决策运行手段的管理平台。

不同组织、研究机构对于 ERP 的定义有很多，典型的有：

定义 1：ERP 是用于改善企业业务流程性能的一系列活动的集合，由基于模块的应用程序支持，它集成了从产品计划、零件采购、库存控制、产品分销到订单跟踪等多个职能部门的活动。

定义 2：ERP 是一种对企业所有资源进行计划和控制的方法，这种方法以完成客户订单为目标，涉及订单签约、制造、运输以及成本核算等多个业务环节，广泛应用于制造、分销、服务等多个领域。

定义 3：ERP 是一个工业术语，它是由多个模块的应用程序支持的一系列活动组成的。ERP 可以帮助制造企业或者其他类型的企业管理主要的业务，包括产品计划、零件采购、库存维护、与供应商交流沟通、提供客户服务和跟踪客户订单等。

定义 4：ERP 系统是一种集成了所有制造应用程序以及与制造应用程序相关的其他应用程序，用于整个企业的信息系统。

定义 5：ERP 系统是一种商业软件包，允许企业自动化和集成主要的业务流程、共享通用的数据且分布在整个企业范围内，并且提供了生成和访问业务信息的实时环境。

定义 6：ERP 系统是一种商业战略，它集成了制造、财务和分销职能以便实现动态地平衡和优化企业的资源。

定义 7：ERP 是一个信息技术工业术语，它是集成的、基于多模块的应用软件包，为企业的各种相关业务职能提供服务。ERP 系统是一个战略工具，它通过集成业务流程可以帮助企业提高经营和管理水平，有助于企业优化可以利用的资源。ERP 系统有助于企业更好地理解涉及业务、指导资源利用和制定未来计划。ERP 系统允许企业根据当前行业的最佳管理实践标准化其业务流程。

从以上各种定义可以看出，ERP 是一个集成了各种模块，用于管理企业主要业务流程的系统，其主要功能模块如图 2.1 所示。

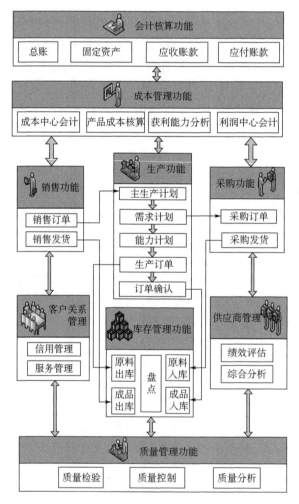

图 2.1　ERP 系统主要功能模块关系图

ERP 系统的目标是改进和提高企业的内部业务流程，提高企业的管理水平、降低成本以及增加效益。ERP 系统的构成包括 ERP 软件（实现产品计划、零部件采购、库存管理、产品分销、订单跟踪、财务管理和人力资源管理等职能）、流线化的业务流程（包括战略计划层、管理控制层和业务操作层）、终端用户（高层、中层、底层业务员）、支持 ERP 软件的硬件和操作系统等四部分。ERP 在不同层次都有其作用，在业务操作层可以降低业务成本；在管理控制层可以促进实时管理的实施；在战略计划层可以支持战略计划。ERP 系统的核心思想是对整个供应链资源进行管理，能够进行事先计划与事中控制，并随着时代发展，体现精益生产、并行工程和敏捷制造的思想。

2.1.2　ERP 的发展历程

ERP 从订货点法、物料需求计划（material requirement planning，MRP）、闭环 MRP、制造资源计划（manufacturing resource planning，MRP Ⅱ）等逐步发展而来。

订货点法始于 20 世纪 30 年代，主要针对某种物料或产品，由于生产或销售的原因使库存量逐渐减少，当库存量降低到某一预先设定的点时，即开始发出订货单（采购单或加工单）来补充库存，直至库存量降低到安全库存量时，发出的订货单所定购的物料（产品）刚好到达仓库，补充前一时期的消耗，此一订货的数值点，即称为订货点，如图 2.2 所示。

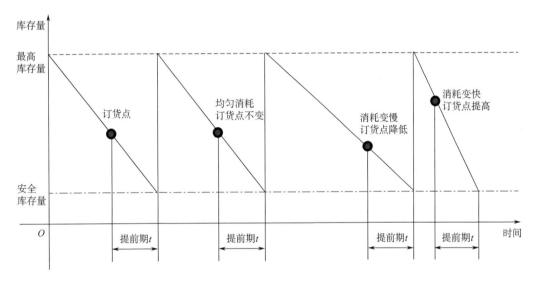

图 2.2　订货点法

订货点法适用于消耗稳定、供应稳定、需求独立、价格不高的情况，跟现实中很多实际情况不符合，比如需求不稳定导致的消耗不稳定、物料供应时各种意外状况等使供应也不可能稳定，这些情况导致订货点的量设置越来越高，从而造成了库存积压。再加上有些需求属于相关需求，不独立，有些关键物料比如 A 类零件价值较大，积压库存占用了过多流动资本，导致企业缺乏竞争力。

20 世纪 60 年代，IBM 公司的管理专家约瑟夫·奥利佛博士提出了把对物料的需求分为独立需求与相关需求的概念。独立需求是指与其他任何项目中的物料需求无关的物料，是由市场决定需求量的物料（即出厂产品）。相关需求是指与其他物料或产品需求相关的物料，是由出厂产品决定需求量的各种加工和采购物料，如原材料、不用于直接销售的采购或自制的零件或部件、附件等。在订货点法的基础上发展成物料需求计划 MRP。如图 2.3 所示，最终销售的方桌属于独立需求，由市场决定需求量。而板材、方木、螺钉、胶、油漆等属于原材料，面、框、桌面、桌腿等属于零部件，这些都属于相关需求，由出厂产品决定需求量。

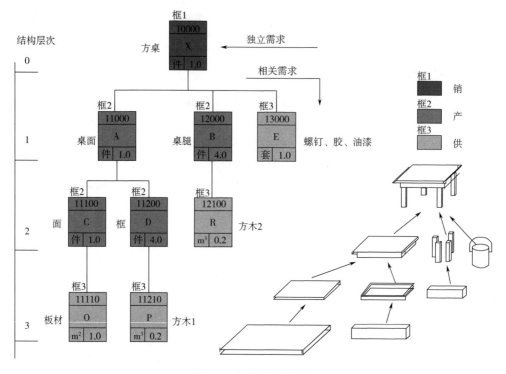

图 2.3　方桌产品结构图

　　MRP 是在产品结构的基础上，运用网络计划原理，根据产品结构各层次物料从属和数量关系的物料表（bill of material，BOM，也称物料清单），以每个物料为计划对象，以主生产计划中的完工日期为时间基准并结合提前期倒排计划，使所有物料在需用时刻都能配套备齐，而在不需要的时候不会过早积压，从而达到减少库存量和占用资金的目的，与订货点法相比，其具有很大的优越性。如图 2.4 X 产品的生产示例所示，其中，X 代表最终成品，A、B、C、D 代表生产过程中由原材料加工而成的零部件，E、O、P、R 代表采购的原材料。假定 X 的市场需求时间（即主生产计划中的完工日期）为 T，装配时间为（2），则倒推 A、B、E 的准备完毕时间应该为 $T-2$，再分别倒推其他物料或零部件的准备时间。比如 E 采购提前期为 5，则采购订单的发出时间应该不迟于 $T-2-5$；A 由 C、D 经过装配时间（4）装配完成，所以 C 和 D 的最晚完工时间为 $T-2-4$；D 由原材料 P 生成，所需时间为（2），所以 P 准备完毕时间应该为 $T-2-4-2$；采购 P 所需提前期为（20），所以采购订单不能晚于 $T-2-4-2-20=T-28$。其他类推。可以看出，在该案例中，原材料 P 的采购订单应该最早发出，最晚发出的是原材料 E。

　　MRP 是根据市场需求和主生产计划制定的针对生产和采购的建议计划，但如果在实际执行中生产能力有问题或是计划细化时发现产能不足的情况，则之前的计划不可行，需要对 MRP 进行调整，形成可行计划。因此，在 MRP 系统的基础上，把能力需求计划和执行及

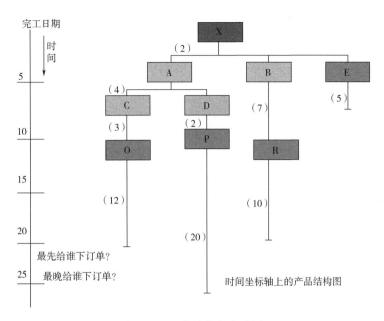

图 2.4　X产品的生产示例

控制计划的功能也包括进来，形成一个环形回路，称为闭环 MRP。其逻辑流程如图 2.5 所示。

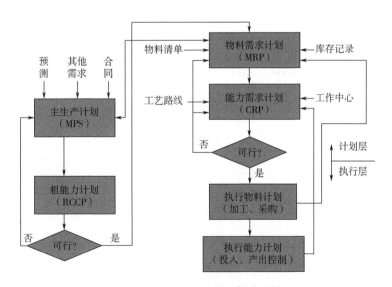

图 2.5　闭环 MRP 的逻辑流程图

闭环 MRP 理论认为主生产计划与物料需求计划应该考虑能力的约束，即在满足能力需求的前提下，保证物料需求计划的执行和实现。因此，企业必须对投入与产出进行控制，即对企业的能力进行校检、执行和控制，其能力需求报表的生成过程如图 2.6 所示。

闭环 MRP 解决了物料的计划与控制问题，实现了物料信息的集成，但是没有说明计划执行的结果为企业带来的效益是否符合企业的整体目标，因此需要系统在处理物料需求计划

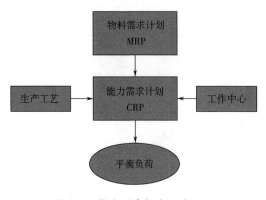

图 2.6　能力需求报表生成过程

信息的同时，同步地处理财务信息，将企业的经营状况和效益用资金表达出来。即用金额表示销售收入，对物料进行报价、计算成本，对能力、采购和外协编制预算，把库存表示成资金占用等，这样把物料信息和资金信息集成起来，即把成本和财务系统纳入到系统中来，以生产计划为主线，实现物流、信息流、资金流的集成，这是 MRP Ⅱ 区别于 MRP 的一个重要标志。MRP Ⅱ 的系统结构如图 2.7 所示。

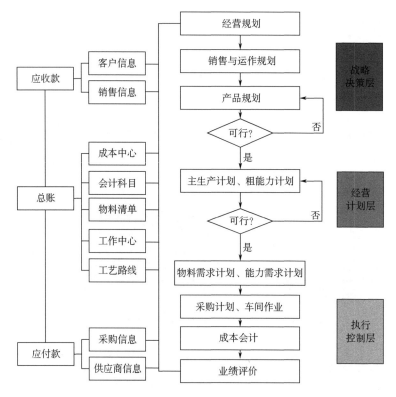

图 2.7　MRP Ⅱ 的系统结构

MRP Ⅱ 通过以下两种方式把物流和信息流集成起来：

第 1 种方式是为每个物料定义标准成本科目，建立物料和资金的静态关系，如图 2.8 所示。其中，层级越高，成本积累值越高。原材料 O、P、R、E 需要进行购买，所以成本为材料费＋采购间接费用，零部件 C、D、A、B 消耗人工费和间接费以及低层的费用，如 A 的成本包含生成 A 的人工费及间接费＋生成 C 的人工费及间接费＋生成 D 的人工费及间接费＋O 的材料费及采购间接费＋P 的材料费及采购间接费，而成品 X 的最终成本取决于本层人工费及间接费＋其余 3 层的费用。其中，人工费＝工时×人工费，间接费＝工时×间接费率。费率的计算根据生产实际和历史经验推算。

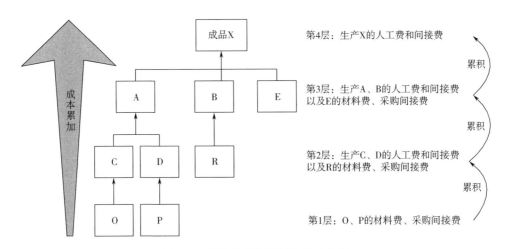

图 2.8　计算产品的物料价值（成本）

第 2 种方式是为各种库存服务，即物料的移动（实际的或逻辑的）或数量、价值的调整，建立凭证，定义相关的会计科目和借贷关系，来说明物流和资金流的动态关系，如图 2.9 所示。物料的移动大体上可以归纳为四种状态，即位置变化、数量变化、价值变化和状态变化。每一项变化在 ERP 系统里相当于进行一次交易，或称"事务处理"，与"账务处理"相呼应。例如，从仓库领料到车间，即是位置的变化，同时又伴随数量的变化；物料存放不当或者超过保质期，造成锈蚀变质，物料从一级品降为三级品甚至报废，发生了价值的变化；物料经过加工，改变了性能或功能，发生了增值变化；已经下达采购订单并预付了定金的物料，是一种订单状态；开始发运，正在途中，是在途状态；到达仓库，尚未质检验收是待验状态；验收合格入库是库存状态。每种状态都会对应一定的会计科目，并设定好科目和借贷关系。同时赋予每一项事务处理一个代码（或直接使用处理某项事务的程序号），同时定义与此代码相关的会计科目（可以是一对一或一对多）和各个科目的借贷关系，通过这样的处理模式实现物流和资金流的动态集成关系。

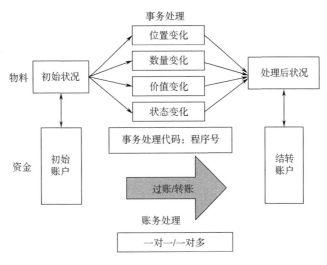

图 2.9　物料信息与资金信息的动态集成

MRPⅡ不是各个信息孤岛的组合，而是相关业务信息的集成，是整个企业制造资源的集成。但是随着时代发展和竞争的加剧，企业之间不仅是竞争关系，也是合作关系，信息的共享需要从企业内辐射到整个供应链的视角，这是MRPⅡ不能实现的。新的管理思想和方法涌现，JIT（准时制生产）、TQC（全面质量控制）、OPT（优化生产技术）等工业工程方法在企业的应用越来越广。MRPⅡ逐步吸收和融合这些先进思想来完善和发展自身理论，在20世纪90年代发展到一个新的阶段：ERP（企业资源计划）。其简要功能结构如图2.10所示。

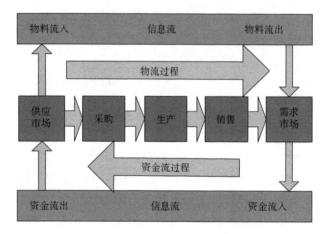

图 2.10　ERP 简要功能结构图

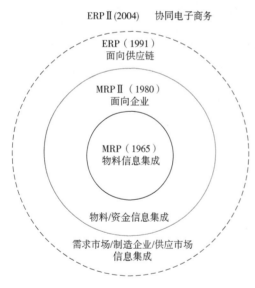

图 2.11　ERP 思想的发展变化

ERP的核心思想是体现对整个供应链资源进行管理；体现精益生产、同步工程和敏捷制造的思想；体现事先计划与事中控制的思想。但是，ERP系统不是一个完全成熟的系统，还需要不断地发展和完善。高德纳（Gartner Group）又提出一个新的概念——ERPⅡ，管理范围更加扩大，运用最先进的计算机技术，继续支持与扩展企业的流程重组。与ERP系统相比，ERPⅡ系统的最大优点是集成了协同电子商务，允许位于多个不同地理位置的合作伙伴公司以基于电子商务的形式交换信息。

因此，ERP系统的管理思想和管理内容在不断发展变化，如图2.11所示。ERP系统的实施过程和实际应用也在不断完善，未来应结合新的技术如物联网、数字孪生、区块链等不断前进。

2.1.3　ERP 的体系架构与功能

在高德纳公司最早对ERP的设想中，系统可用于管理整个供应链的必要条件，同时也是系统的核心，被称为两个集成——内部集成（internal integration）和外部集成（external integration）。其中，内部集成包含了产品研发、核心业务、数据采集；外部集成包括企业与供应链上合作伙伴的集成。各模块所包含的具体功能如表 2.1 所示。

表 2.1 Gartner Group 设想的 ERP 体系

内部集成	产品研发	成组技术（GT） 计算机辅助设计（CAD） 计算机辅助工艺设计（CAPP） 产品数据管理（PDM） 产品生命周期管理（PLM） 电子商务支持下的协同产品商务（CDC）
	核心业务	MRP Ⅱ 基础 制造执行系统（MES） 人力资源管理（HR） 企业资产管理（EAM） 办公自动化（OA）
	数据采集	（质量）统计过程控制（SPC） 结合流程控制的分布控制系统（DCS） 射频识别技术（RFID）
外部集成		客户关系管理（CRM） 供应链管理（SCM） 供应商关系管理（SRM） 供应链例外事件管理（SCEM） 仓库管理系统（WMS）

随着时间的推移，经济和社会环境在不断变化，信息化技术也在不断增强，ERP 系统的体系及功能与 Gartner Group 最初的设想不再完全一致，但业界达成共识的是：ERP 是一种企业内部所有业务部门之间，以及企业同外部合作伙伴之间交换和分享信息的系统；是集成供应链管理的工具、技术和应用系统；而原本的 MRP Ⅱ 模块则是 ERP 系统中最为核心的部分，企业其他部门或业务因为和核心部分产生了关联，也逐步拓展成为 ERP 系统的一部分。要了解 ERP 系统的体系架构和功能，必须从这几个核心模块出发。

（1）核心——MRP Ⅱ 系统

一个生产企业最为核心的是产供销部分，而从制造业的角度出发又将生产作为中心，这就是最初的 MRP 系统。企业的销售中包含直接的订单数据，也会根据历史销售数据以及对市场需求的把握进行需求预测。整合不同渠道的销售数据以确定主生产计划，一般来说这是对于产品时间及对应数量的判定。根据产品结构图能够获得各型号产品的物料清单，与主生产计划结合则得到了相应的物料需求计划（即最早的 MRP），原料的需求时间、数量以及车间生产的安排也就确定了。

而在 MRP 应用过程中，上一层面计划可行而展开至下一层面生产能力不足的现象时有发生，因而又将能力计划结合到系统中。此外，在生产中尽管产供销在系统中都得到了体现，但这些数据都未能体现在成本、财务的计算中。计划效果究竟如何，成本究竟是降低了还是增加了，缺乏相关的数据和信息；另一方面，销售、生产和采购涉及资金的使用，所以也出现过计划时对资金考虑不足而无法按时采购到物料的情况，因此在MRPⅡ中也将财务的部分考虑进去，不仅对生产过程进行了成本核算，还对产供销环节进行了财务管理（应收账、应付账、总账）。

除了让企业维持正常的生产，这些功能的设置可以为企业发挥更大的作用——通过数据分析为企业提供决策。作为管理者而言，可以查看系统中的各项数据，也可以通过这些数据所反映出的信息对之后的生产进行安排，甚至可以进行更长远的决策，比如是否需要研发新产品、是否增加生产线等。

至此，作为ERP系统核心的MRPⅡ系统中就包含了最基本的产供销及相应的物流、信息流及资金流管理，这一点在上一节中也有相应说明。如图2.12所示。

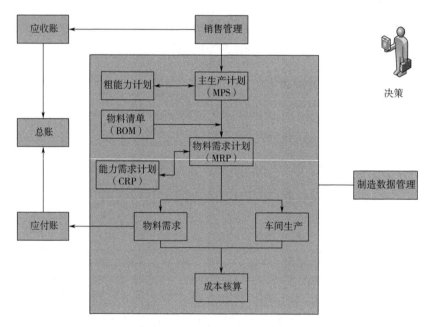

图 2.12　MRPⅡ架构及功能

（2）内部关联业务——拓展模块

MRPⅡ系统包含的是产供销环节中最为基本的物流、资金流和信息流。随着经济社会的发展，企业、顾客之间以及企业之间的关联增强，对企业的管理水平也提出了更高要求，相关业务也需要纳入系统中进行统筹管理。

物料需求在企业内涉及两个方面，即物料的存储及采购，因此其功能拓展为两个功能模块：采购管理模块、库存管理模块。而后者不仅仅是在物料需求过程中有所涉及，在销售时同样需要考虑产品的库存管理。

车间生产本身包含了非常多的信息和环节，也涉及不同的部门。在物料需求计划基础上对车间生产进行安排时，详细的排产计划是必不可少的，在 ERP 中常常设置为高级计划与排产（advanced planning and scheduling，APS）。车间的生产涉及人员的配置、薪酬，设备的日常管理及维护等，因此需要设置设备管理、人力资源管理功能。企业中不仅仅是生产过程需要人员的参与，其他部门和环节也同样需要人力资源管理，所以这一项功能可以是一个相对独立的模块，与企业的人力资源部门相对应。

另外，除了生产设备以外，企业还会有各种固定资产，可以在 ERP 系统中设置对应的固定资产管理功能，其管理角度和侧重点与设备管理不同。

而成本核算在 ERP 系统中将与更多部门和环节关联，因此它也不仅仅是针对物料需求和车间生产进行，可以拓展为成本管理，包含更多的成本信息，在企业管理中发挥更大的作用。

此外，企业在采购、生产、销售环节都不能缺少质量控制，因此系统中还需要设置质量管理功能模块，它在物料的采购、入库、生产、销售、售后等环节都应发挥作用，并且可以为企业制定一定的质量控制标准，质量标准还可以拓展至供应链上下游企业。

(3) 外部关联业务——供应链模块

从供应链角度而言，最直接的关联是与上游供应商和下游分销商（也可能是顾客）之间的信息流及物流传递，伴随着资金的流动。

从需求端而言，销售管理可以细分为订单管理、分销管理和需求预测，根据不同场景和行业、企业特点选择不同的模块。

从供应端而言，企业内部的采购管理是一个接口，既要与企业内部的库存、生产计划进行匹配，又需要与上游供应商进行协调、匹配，以达到准确采购的目的。

当然，以上无论是内部功能模块的拓展，还是外部功能模块的拓展，都离不开财务的身影，因此财务管理的模块是 ERP 系统中一个相对独立，但是又与其他各项功能都有所关联的模块。此外，对整个系统而言，所有的信息、数据经过一定的采集和分析，都可以为管理层提供决策基础。因此，数据管理和决策的模块也会存在于系统中。

总结而言，ERP 系统包含的功能模块通常有：①销售管理（订单管理、分销管理、需求预测）；②采购管理；③库存管理；④主生产计划；⑤物料需求计划；⑥能力需求计划；⑦车间管理；⑧设备管理；⑨高级计划与排产；⑩质量管理；⑪数据管理；⑫人力资源管理；⑬成本管理（为便于成本核算，可提取作为一个独立模块）；⑭财务管理（应收账管理、应付账管理）；⑮固定资产管理；⑯决策。

即使部分功能在系统中作为相对独立模块存在，但它们互相之间仍存在着一定的关联，甚至有的模块是紧密相关的，如图 2.13 所示。这些功能相互组合，形成一个有机的整体，让企业维持良好的运转，并且通过功能之间的调整还可以帮助企业提高管理水平、改进生产效率、降低成本、提升产品质量。

如图 2.13 所示，ERP 系统不仅仅是一个软件、一个信息系统和平台，也是一种管理理论和思想。它利用企业的所有资源，包括内部资源与外部资源，为企业制造产品或提供服务创造最优的解决方案，最终达到企业经营目标。由于这个理论和思想的实施必须要借助信息化技术，所以使人提到 ERP 系统时多将其看作软件，这是一种误解。相应地，在不理解 ERP 系统思想的情况下，仅仅希望通过 ERP 软件系统的使用来提升企业的管理水平、完成企业的转型升级，也是不现实的。这也是一些企业匆匆上线 ERP 系统却没能达到预期目的的原因。

2.1.4 ERP 实施方法

ERP 的实施包括业务流程重组、管理模式和业务架构转变、岗位职能调整等多方面，

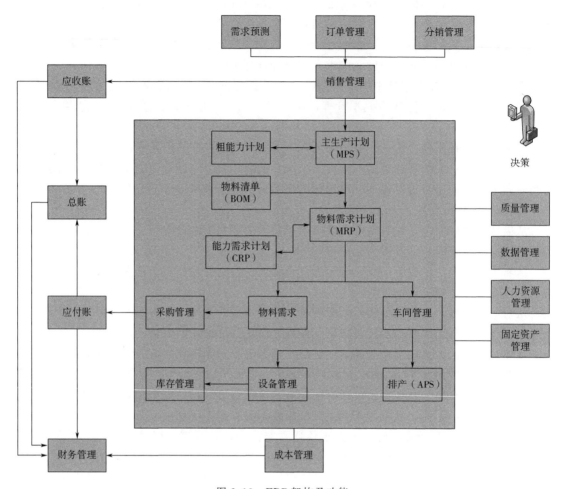

图 2.13 ERP 架构及功能

因此需要首先取得公司决策者的支持和鼓励，并加强对中层领导和业务骨干的培训，使他们理解在 ERP 实施中，如何配合项目小组、管理咨询公司、软件厂商的工作，调整工作方式和工作内容，充分调动所有参与人员的积极性。

企业管理方式的核心是优化和合理配置企业资源，企业资源以基础数据的形式表现在 ERP 系统中，优化和配置资源即对基础数据的各种加工处理。在 ERP 项目的实施中，大部分工作是进行基础数据的收集、整理和应用，对企业资源的结构和属性进行精准的定义和描述，以便实现企业资源的优化配置和合理配置。主要工作是：①对基础数据的类型进行合理划分和定义；②正确编码；③管理方式的认定和量化；④属性的设置和属性值的采集等。具体内容包括：

① 确定物料的基本属性、成本属性、计划属性和库存属性。首先用物料编码来标识物料，然后确定物料的补货政策，ERP 中一般有两种补货方式——按订货点补货和按需求补货。

② 需要确定物料清单（BOM）。BOM 是 ERP 系统识别各个物料的工具，是 MRP 运行的最重要的基础数据之一，是 MPS（主生产计划）转变成 MRP 的关键环节。各个物料的工

艺路线，通过 BOM 可以生成最终产品项目的工艺路线。同时，BOM 也是物料采购的依据，是零组件外协加工的依据，是仓库进行原材料、零组件配套的依据，是加工零料的依据，是成本计算的重要依据，是制定产品销售价格的基础，是质量管理从最终产品追溯零件、组件和原材料的工具。

③ 需要确定工作中心和生产能力。工作中心（work center，WC）是生产资源的描述，是能力计划的基础，包括设备和人，但不属于固定资产或设备管理的范畴。

④ 确定提前期。提前期（lead time，LT）是指作业开始到作业结束花费的时间，是设计工艺路线、制定生产计划的重要基础数据之一。如果是采购的物料，从下订单开始到物料到达的时间也属于采购的提前期。

⑤ 确定工序和工艺路线。工序是生产作业人员或机器设备为了完成指定的任务而做的一个动作或一连串动作。工艺路线（routing）是描述物料加工、零部件装配操作顺序的技术文件，是多个工序的序列，是一种关联工作中心、提前期和物料消耗定额等基础数据的重要基础数据，是实施劳动定额管理的重要手段。

⑥ 确定制造日历。制造日历是考勤计算的依据，是在 MPS、MRP 中基于提前期计算主生产计划、作业计划时用于确定开工日期、完工日期的依据，是计算工作中心产能负荷时的日期基础，是资金实现日期的认定。

⑦ 确定其他基础数据。包括日期的标准格式、记账本位币、单据审核日期设定、税额计算方式、库存账目的参数、会计年度和会计期间、币种与汇率、常用语、页脚和签核等。

ERP 实施时，确定好数据信息后，需要进行业务流程重组。ERP 实施的目的是提高企业的经济效益，提升企业的管理水平。为了使企业的组织机构、人员配置和工作流程适合 ERP 系统功能的要求，需要将原有的业务流程进行重组，转变管理理念。对现有的流程采用 ECRS 和 5W1H 的方法进行分析，发现企业现存的业务流程中存在的问题，重新设计规范、标准、科学的企业业务流程。同时给业务流程重组提供制度上的保证，建立长期有效的组织保证，加强企业文化与人才建设，保证 ERP 实施的顺利进行。

最后，ERP 实施时应该分阶段进行，首先实现基本 ERP 功能，进行销售、经营规划以及生产计划的编制，建立客户订单录入和预测支持功能，建立物料需求计划展开功能，完成准确库存管理，校正物料清单构造并确保其准确性。然后进行供应链整合，实现 ERP 系统在供应链上向前和向后的扩展，向前通过供应商管理系统扩展，向后通过分销需求计划和零售商管理同客户端进行整合。之后实现 ERP 系统软件功能在整个组织内的进一步扩展，包括所有的财务和会计的要素，在全球范围内同其他业务部门的链接，人力资源系统的应用、维护、产品研发等。在实施过程中注重项目监控，分阶段对项目实施评估，及时纠正偏差。ERP 上线后也要持续优化，确保在企业的良好运行。

2.2 制造执行系统（MES）

ERP 系统以企业战略管理和资源计划为核心，赢得了越来越多企业的认可。但是 ERP 系统从全局制订计划和进行管理时，需要基于工厂层的统计信息，如订单的进度、物料的有效利用率、设备的使用情况等。同时，工厂层的生产过程所涉及的人员、物料、设备等的管理、调度、跟踪以及对生产异常情况的实时响应等，是传统意义上静态的 ERP 系统无法实现的。因此，为了在上层的 ERP 系统和底层的控制系统之间架起桥梁，制造执行系统（MES）应运而生。

2.2.1 MES 概念及内涵

MES 是制造执行系统（manufacturing executing system）的简称。1990 年 AMR 的报告中首次提出 MES 这一概念，将 MES 定义为位于上层的计划管理系统与底层的工业控制之间的面向车间层的管理信息系统，接着又于 1992 年提出了 AMR 三层模型（如图 2.14 所示）。AMR 把企业信息系统分为三层：计划层、执行层和控制层。用 MES 描述计划和控制层间，即 MRP 和控制层间模糊的区域。1992 年由处于 MES 开发和应用前沿的公司组成的商业协会——MESA International 在美国成立。这三件事是 MES 从应用实践走向理论研究高度的里程碑，此后 MES 成为企业信息系统研究领域的新热点。

如图 2.14 所示，制造执行系统在计划层与底层控制层之间架起了一座桥梁，填补了两者之间的空隙。一方面，MES可以对来自MRPⅡ/ERP 软件的生产管理信息细化、分解，将操作指令传递给底层控制；另一方面，MES 可以实时监控底层设备的运行状态，采集设备、仪表的状态数据，经过分析、计算与处理，触发新的事件，从而方便、可靠地将过程控制系统（process control system，PCS）与信息系统联系在一起，并将生产状况及时反馈给计划层。

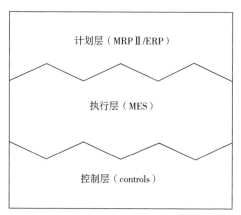

图 2.14　AMR 提出的三层企业集成模型

2.2.2 MES 的体系架构

基于 ERP/MES/PCS 构建企业综合自动化系统三层结构体系，已成为现代企业实现综合自动化的主要途径与发展趋势。在该结构体系中，各层的分工明晰，具有以下功能特点：

① ERP 为企业决策层及员工提供决策运行的管理平台，负责年、季度等生产计划制定、库存控制和财务管理，侧重于优化企业生产组织、生产管理、经营决策等；

② MES 的目标是优化运行、优化控制和优化管理，起承上启下、运筹调度的桥梁中枢作用，作为基础数据处理平台，具有生产调度、物料跟踪、生产过程资源配置管理、质量管理、流程模拟以及生产过程系统数据采集、模型计算及过程优化等功能；

③ PCS 有效地对生产工艺过程进行高精度控制，包括过程控制、仪表控制、电气控制和执行结构（各种信号转换、驱动控制设备），确保产品在质量、成本、交货期等方面具有强大的竞争力，其主要功能是完成设备对工艺过程的控制。

制造执行系统协会（MESA）于 1997 年提出的 MES 功能组件和集成模型，包括 11 个功能模块，同时，MESA 也规定只具备 11 个之中的某一个或几个，也属 MES 系列的单一功能产品。MES 的 11 项功能包括：①生产资源分配与监控；②作业计划和排产；③工艺规格标准管理；④数据采集（装置在线连接采集实时数据和各种参数信息，控制系统接口生成生产数据记录、质量数据、绩效信息、台账累计）；⑤作业员工管理；⑥产品质量管理；⑦过程管理（过程控制、APC、基于模型的分析与模拟、与外部解析系统连接的接口）；⑧设备维护；⑨绩效分析；⑩生产单元调度；⑪产品跟踪。

　　也有将 MES 定义为具有 15 项功能，即数据采集/获取、性能分析、产品跟踪与系谱、文档控制、质量管理、维护管理、人力资源管理、过程管理、资源配置和状态、生产单元分配、操作/详细调度、物料储存和运输、实现现金的生产排程、作业排序、动态调度以及执行跟踪等。

　　MES 的核心功能模块包括设计系统界面（planning system interface）、工作订单管理（work order management）、工作站管理（workstation management）、库存量追踪与管理（inventory tracking and management）、物料搬运管理（material movement management）、数据采集（data collection）和例外管理（exception management）等单元。

　　mes 的辅助功能模块包括维护管理（maintenance management）、工作时间与出缺席（time and attendance）、统计过程控制（statistical process control）、质量确认（quality assurance）、过程数据/性能分析（process data/performance analysis）、批次/产品跟踪（genealogy/product tractability）、供应商管理（supplier management）等单元。

　　不同的企业生产特点不同，采用的 MES 体系结构也不同。以多品种、小批量机械制造企业的 MES 来说，管理的重点是产品生产的执行过程，作用是以分钟或小时为单位平衡整体的生产能力，对产品的制造过程进行跟踪。MES 层的计划系统基于工程的详细状况，综合考虑产品交货期、生产工艺限制、生产顺序优化等，制定生产作业计划，进行动态生产调度。其信息交互如图 2.15 所示，其中，MES 向计划层提交生产能力、材料消耗、劳动力和生产线运行性能、在制品的存放位置与状态、实际订单执行等涉及生产运行的数据，向控制层发送生产控制指令及有关生产线运行需要的各种参数等，同时，分别接收计划层的中长期计划和控制层的数据采集设备的实际运行状态等。

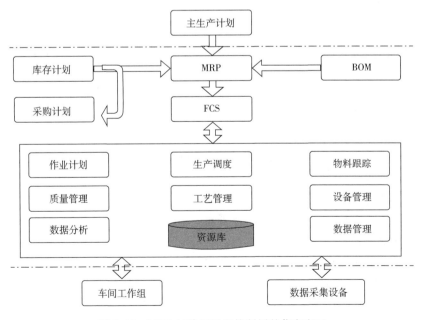

图 2.15　MES 与计划层和控制层的信息交互

2.2.3 典型 MES 应用案例

随着市场经济的成熟和发展，对制造企业来说，客户需求越来越即时化和多样化，订单也日趋小批量和快周期。同时，21 世纪的制造企业面临着日益激烈的国际竞争，加上市场细分带来的消费需求的个性化发展，要想赢得市场、赢得用户就必须优化生产制造过程，缩短产品生命周期，严格控制生产过程，提高产品质量。许多企业通过实施 MRP II /ERP 来加强管理，然而，这些顶层的宏观管理系统无法监控具体的生产流程，在对制造企业来说是最为重要的生产管理环节出现了管理空白。因此为了提高企业的综合竞争力，随着精益生产理论的推进，企业还需要一套高度精细化和智能化的制造执行系统来控制整个生产过程，以使企业向生产制造柔性化和管理精细化方向发展，提高市场应对的实时性和灵活性，降低不良品率，改善生产线的运行效率，降低生产成本。

以汽车生产为例，生产过程中为了提高产品质量及生产效率，往往在每一个生产阶段都需要经过严格的产品质量检验、生产追踪、供料严格测试等，为了节省人力、物力、财力及时间，生产上一般都配有自动化生产设备及精密仪器，通过建立 MES 实现以下功能：

① 生产计划/生产排程。MES 可以根据生产计划变更，实时提供生产指示，使生产同步，可以通过管理工作站查询未来几天的日生产计划及生产排程信息，并根据实时情况更改现场生产计划。

② 生产线控制。MES 自动收集生产实时信息、WIP 状况等，通过看板显示当前的目标台数、已生产台数、差异值等，可以动态显示车体分布情形，追溯每个车体的分布位置等，管理生产进度。

③ 停线原因管理。MES 收集现场停线情况，自动分析停线原因，并确定责任。

④ 次品管理。MES 可以实时显示次品状况、次品待补零件指示，在最短时间内完成次品补修，并可以实时追踪次品车。

⑤ 人力资源管理。MES 可以计算各部门组织生产所需的人力产能，对当前的人力产能进行分析，以供人力调配参考。

⑥ 产品质量管理。MES 可以收集产品质量状况，进行实时统计与分析，发现生产异常情况，及时调整。

⑦ 准时供料指示。MES 可以根据生产排程给出供料指示，使物料供应与生产同步，按照车身上线顺序，自动通知生产线、供应仓库需要供料的时间、地点和数据量，实现精准控制。

再以机械制造业为例。机械制造业的水平可以反映出一个国家的工业发展水平。目前，机械制造业升级的关键除了实现生产自动化以外，还需要提高企业管理水平，其中现场信息的采集及利用由 MES 进行。

① 全线总览。MES 实时监控各机器设备的状态，显示故障、停线、瓶颈设备等信息，实时显示生产进度、产品质量状况等。

② 设备整合。MES 通过连线作业，整合各机台的加工顺序，以计算机为核心，按照"计算机→生产设备→计算机"的加工程序来提高设备使用效率。

③ 设备工作状况。MES 可以实现监控机器设备、查询并进行效率分析等功能。

④ 排程管理。MES 可以实时查询各工单的投入时间、完工时间，以及异常工单（进度

落后、工程变更、插单等）的查询及处理。

⑤ 进度掌握。应用 MES 可以实时掌握工单的实际进度，与预期进度进行比较，实时掌握在制品情况以及各在制品的加工进度。

⑥ 产品质量监控。通过 MES 可以实时统计各工作不合格品数目与比例，实时统计不合格品产生的原因，避免造成整批产品不合格。

⑦ 异常管理。MES 可以记录线上所有异常状况，如异常现象、原因、发生时间、持续时间、处理方法及结果等。

除此之外，MES 在电子产品制造企业、流程企业（如水泥企业、石化行业、烟草行业）等的应用也较多，可以根据行业特点参考相应案例。

2.2.4 MES 未来的发展

在实际的车间生产过程中，其制造信息庞杂、信息量大，而且车间生产过程中不仅各种不确定性因素普遍存在（如急件订单的不确定性、物料的意外延误、设备故障的随机性、工艺设计的主观性、操作人员误操作的偶然性等），而且还存在大量不精确信息（如物料到达工位的时间、零件的人工装夹时间、零件的辅助加工时间、人工搬运时间等）和不完备信息（如原材料的质量状况、在制品质量状况等），甚至存在很多病态、残缺、矛盾、冗余信息等等，可以将上述信息类型统称为"非常规信息"。上述非常规信息条件下的车间生产管理决策机制与传统的硬决策方法具有本质的区别。但现有 MES 系统中有关车间生产活动决策往往建立在这些非常规信息的基础上，所以传统的硬决策结果难免与车间生产实际相偏离。因此必须寻求新的生产决策理论与方法以适应敏捷制造环境的需求。

信息是决策的基础。MES 中的有效信息处理机制是保证 MES 运行敏捷化的前提。为了对车间非常规信息环境下的软决策提供支持，必须研究相应的智能信息处理方法，如数据挖掘与知识发现、信息搜寻与自组织、信息集成等，它是保证车间生产管理科学决策的基础。在智能信息决策领域，数据挖掘（DM）及知识发现（KDD）技术已成为最活跃的前沿研究热点之一，并取得了丰硕的成果。分布式人工智能及智能决策理论为车间生产管理决策提供了一种智能化系统分析的理论和方法，神经系统、模糊分析和软计算理论为非常规信息条件下的决策方法提供了具体的决策建模和控制工具，但目前还没有将上述理论与方法综合、系统地应用于 MES 运行敏捷性方面研究的报道。

另外，在 MES 结构设计方面，近年来迅速发展的软件构件复用技术、集成计算模式和分布式对象技术等为 MES 应用软件的开发提供了一种面向分布式制造，具有分布性、广泛性及开放性的新型信息集成与计算模式，使得符合接口标准的功能构件可以方便地以"即插即用"的方式组装到 MES 中，从而实现可重用、可重构、可扩充、可伸缩和开放式的 MES 体系结构。

2.3 智能管理系统在智慧工厂中的应用

随着社会经济和技术的发展，ERP 和 MES 系统在企业经营过程中发挥着越来越重要的作用。而伴随着工业 4.0 时代的来临以及《中国制造 2025》的规划，ERP 和 MES 也日益成为制造业不可或缺的一个环节，也是智慧工厂规划、设计、实践过程中绕不开的一个模块。

本书所涉及的微型智慧工厂实训平台也不乏 ERP 和 MES 这两个智能管理模块的参与，以下则从产品生产的全流程入手对该平台中模块进行简单的介绍，以便大家对 ERP 和 MES 的流程、功能模块等有更直观的认识。

如果把本书涉及的微型智慧工厂实训平台看作一家真正的工厂的话，我们知道，企业的生产一定是以订单的生成为起点的，而后经过生产计划、物料采购、生产制造、成品存储及运输等环节，其中伴随着物料、人员、资金的管理等等，这才算一个完整的流程。在这个过程中，工厂将有不同的部门参与其中，ERP 中每个模块的工作将由一个或多个部门来完成。

以 DIY 印章为实验对象，微型智慧工厂可在操作过程中实现客户的定制化生产。当客户从网络登录服务器后可选择产品的类型，同时可以上传定制化的图片，确定相应要求之后即可下单，生产过程中也可以随时查看订单进度。而从智慧工厂系统角度而言，其主要流程模块如图 2.16 所示。

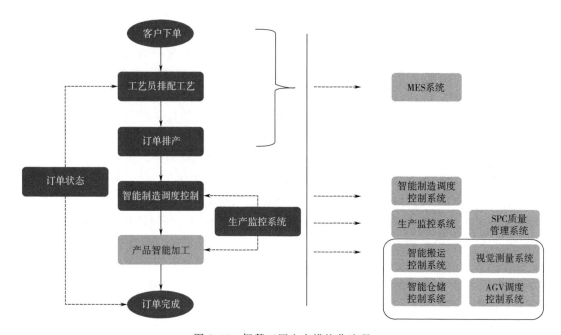

图 2.16　智慧工厂生产模块化流程

系统接收到新订单后工艺员排配工艺，CNC 程序员下载用户上传的图片生成 G 代码，通过无线网络下载至机床，给定系统调用 G 代码编号供 FMS 调度使用。完成工艺及 CNC 后，MES 可将订单下发生产。

FMS 接收到新订单后，智能调度各单元设备按照工艺要求生产，可实现多订单同时加工，不同订单之间混流生产。加工过程中数据实时保存至后台数据库中，为用户查询订单状态提供数据来源。

生产监控系统可以实时监控智慧工厂的环境参数、工况信息、全景监控及机床内加工视频监控等信息。环境参数有温度和湿度，工况信息有电流、电压及耗电功率等信息。生产监控系统主要用于管理人员进行系统管理使用。

如图 2.16 所示，它体现了整个智慧工厂的不同模块，包括后面章节所涉及的 CNC、FMS 等环节，是从产品生产相关环节的角度考虑的，并不是完全按照 ERP 模块。但 ERP

系统作为一个贯穿整个工厂的系统，其不同功能模块分布在如图 2.16 所示的不同环节中。

我们换一个角度，同样是从产品"从无到有"的流程入手，但这个流程涉及工厂中的不同部门，ERP 的各个模块是由不同部门来运行的，因此我们首先需要对所涉及的部门做一些简单的说明。

（1）销售部门

主要业务包括：订单下达、监督订单进度、下达发货计划等。在基础数据准备阶段，销售部门需要负责整理和录入客户资料，维护客户数据。

（2）生产计划部门

负责全盘 MRP 的运行，制定生产计划，给出对应的采购计划，在生产过程中进行生产调度。生产调度功能在有的企业可能放至生产车间，以便快速反馈和调整。

（3）生产车间

按照生产计划执行生产任务，并反馈生产进度。在系统基础数据准备阶段，生产车间需要协助研发部门整理工艺路线，以及检验产品 BOM 的准确性。

（4）采购部门

根据生产计划部门给出的采购计划进行调整，执行采购任务，并监督进货状况。在系统基础数据准备阶段，采购部门要负责供应商资料、物料价格资料的编制和输入。

（5）仓储部门

负责所有出入库的手续办理，包括采购物料的入库、出库，生产物料的领料，半成品、成品的入库，以及日常拨转、盘点等工作。在系统基础数据准备阶段，仓储部门则要负责根据本公司的具体情况规划仓库，协助研发部门整理物料编码。

（6）财务部门

负责应收账和应付账的产生，负责处理日常财务凭证和报表，维护总账系统。在本节所涉及的场景中，财务功能是虚拟和隐性的，只会在流程中有所提及。

（7）研发部门

主要负责为所有物料编码、生成和维护物料主文件、生成和维护所有产品的 BOM 和工艺路线。有的企业也可能有专门的工艺部门来进行工艺路线的制定及整理工作。在本节所涉及的场景中，产品类型、工艺路线都已经事先进行了规划，因此并不会有研发部门的参与。但在企业实际运营中，尤其是在企业产品种类较多、新产品研发较多的情况下，研发部门是不可或缺的，而且对于整个生产流程都可能会产生影响，所以在 ERP 中是非常重要的一个模块。

下面我们则会从产品生产全过程的角度对所涉及的微型智慧工厂 ERP 及 MES 模块进行介绍。

2.3.1 产品介绍

工业 4.0 环境下智慧工厂的目标是实现定制化、个性化生产，在少人化的情况下实现规模定制，达到品种多、个性化、智能化、成本低、效率高、交货快的目标。微型智慧工厂实训平台在设计之初设置了 6 类实验产品，每类产品下可能有一种或多种产品，教学中可以模拟单类产品的生产，也可以模拟混流生产。

混流生产最终产品的形式比较多，客户可以有多种选择，其零部件的分类有：

① 通用件：所有产品都必须用到的相同物料。

② 基本组件：也称特征件（feature），是所有产品都需要的零部件。但是零部件的样式很多，可以自由选择其一。

③ 可选件（option）：既可以包含在最终产品中，又可以不包含在最终产品中的组件。

此处以产品中的实验对象——DIY 印章为例进行说明，该产品可以进行一定程度的混流生产，也可以根据用户上传的图案进行定制化生产。实验对象外观如图 2.17 所示。

（a）

（b）

图 2.17　DIY 印章

印章使用电木和亚克力为原料，加工工艺信息如表 2.2 所示。印章凹面的图案可以根据客户要求进行定制。

表 2.2　印章加工工艺信息

序号	工艺步骤	作业内容	注意事项	刀具	记录
1	原材料入库	$\phi40mm\times50mm$ 塑料棒料、50mm×50mm×30mm 方料入库	先入先出		原材料入库表
2	原材料出库	原材料工程投入	先入先出		原材料出库表
3	棒料装夹（车床）	上料装夹	留出足够的加工空间		生产作业指导书
4	导入刀路程序	编写刀路程序及导入			生产作业指导书
5	对刀	对刀		车刀	生产作业指导书
6	粗车外圆	粗车外圆	外圆不可小于零件最大直径	车刀	生产作业指导书
7	粗车形状	粗车形状	留 1～2mm 精车余量	车刀	生产作业指导书
8	精车形状	精车形状		车刀	生产作业指导书
9	下料	从车床卸下工件 1			生产作业指导书
10	装夹到铣床	装夹到铣床			生产作业指导书
11	导入雕刻程序	编写刀路程序及导入			生产作业指导书
12	雕刻	雕刻印面		雕刻刀	生产作业指导书
13	下料	从铣床卸下工件 1			生产作业指导书

序号	工艺步骤	作业内容	注意事项	刀具	记录
14	方料装夹（铣床）	上料装夹			生产作业指导书
15	导入刀路程序	编写刀路程序及导入			生产作业指导书
16	对刀	对刀		铣刀	生产作业指导书
17	铣圆孔	铣圆孔		铣刀	生产作业指导书
18	下料	从铣床卸下工件2			生产作业指导书
19	装配	工件1与工件2装配			装配作业指导书

2.3.2 整体流程

智能制造企业内部平台是一个庞大的系统，不同层面的功能模块可能出现交叉，或是界限不唯一的情形。在某些企业，销售、生产计划、采购、工艺、人员管理、质量控制、生产过程监控、设备管理、仓储等可能作为不同模块整合在 ERP 系统中。而有的企业和平台则可能将某些模块作为单独的部分考虑，或是整合在 MES 等系统中，或是某些模块中的一部分和 MES、FMS 这些部分整合在一起，实现形式是比较多样的。

下面的介绍将先从制造企业的典型业务流程入手进行说明，以了解传统的 ERP 模块会考虑到哪些方面，再结合微型智慧工厂实训平台来具体说明，这样对某个功能或模块就能有个直观的认识。

制造企业的典型业务流程可以简单概括为产品预订→生产计划→生产制造，另外财务将会贯穿于整个流程。

(1) 产品预订

也可称为"接单流程"，这是企业生产的起点——客户向销售部下达订单，销售部经确定后传达到生产计划部门。有的企业不完全是依靠客户订单来进行生产安排的，他们更多的是生产出产品后直接投向市场，这样客户能在市场上第一时间买到相应的产品，生活中的很多商品都是如此。简单举个例子，我们日常生活中购买的瓶装水，通常都是摆放在货架上，直接购买即可，并不需要先去"订购"才能收到，所以这一类产品在生产时的"预订"就不是由客户来决定的，而是由市场销售部门根据市场调研、过往销售数据、经济环境等诸多因素综合给出市场需求量的预测数据来决定的。同样也是瓶装水，如果有某公司因为活动需要进行定制，这时候他们直接与瓶装水生产厂进行对接、下达订单，则是前面所说的"接单"。对于销售部门而言，两方面的数据都需要考虑，既要将客户下达的订单数量准确传递给生产计划部门，又不能落下订单以外的市场需求，当然这与制造企业所处的行业、企业本身的性质都有关。

由于智慧工厂考虑的是客户直接通过互联网下订单，且可以上传自己所需要的印章图形，此处我们可以认定产品的需求都是由订单产生，也就是说当客户在网上提交了订单则启动了产品的预订，也就开始进入生产的环节。如果客户修改、取消订单，或是其他与订单相关的事务，也都属于销售部门的工作范畴；当订单信息得到最终的确认才会继续传递给下一个部门。因此，在企业/工厂中，与客户的沟通、产品预订、需求预测等一系列工作通常是由销售、市场等部门完成，而这也成为 ERP 的一个重要模块，也是生产计划制定的基础数据来源。产品预订过程中，主要信息传递如图 2.18 所示。

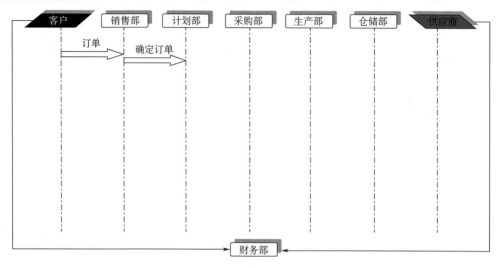

图 2.18　产品预订的信息传递

(2) 生产计划

生产计划部门获取了销售部门所给的数据后，通过 MRP 模块来确定所需要的物料数量、物料需求时间，送达采购部门；确定生产的时间和数量，送达生产车间。采购部门核对、确认采购要求后发给供应商，并进行相应的跟进工作。

部门之间的联系及相关数据的传递，如图 2.19 所示。

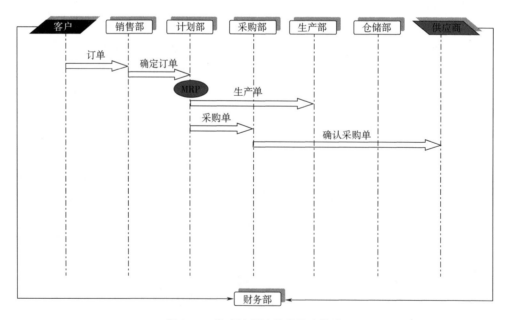

图 2.19　生产计划涉及的信息传递

整个 MRP 模块的流程如图 2.20 所示。生产计划部门会首先根据销售部门所给的数据制定一个生产规划，常见的是以月为单位调整和确定每月大致所需的人力、总工时等。对于需求波动明显的，可能通过库存、人力等方式进行调整和平衡。在生产规划的基础上，将时间单位放得更小一些（如周），确定每周所需要的每种产品的数量，称之为主生产计划。在制定主生产计划的过程中，需要对其可行性做简单的判定，也就是需要做粗能力需求计划，从人力、设备、资金、工时数等角度审核。若在粗能力需求计划中发现不可行，则需要调整原有的主生产计划，甚至可能需要再回到上一个步骤对生产规划做出调整。这几个步骤可能会反复进行直到粗能力需求计划可行，得到的主生产计划则会进入下一步——分解为物料需求计划。

制定物料需求计划（MRP）的目的是给出合适的时间和数量，包括原料、零部件以及生产资源，物料的时间、数量信息传递给采购部门，生产的时间、工艺要求则告知车间。

在主生产计划转换为物料需求计划的过程中，需要产品的 BOM 和库存数据。BOM 及产品的物料清单，会清晰地标注生产一个产品所需要的最终原材料和零部件的数量，以及这些原材料和零部件应该提前多少时间准备好，我们称之为提前期。提前期包括了生产、装配所需要的时间，也需要考虑原材料和零部件所需要的采购时间。根据BOM 和主生产计划，生产计划部门就能计算出不同时间点哪些原材料和零部件应该就位，应该进行哪个环节的生产以及生产数量是多少；再结合库存数据，采购部门就能很明确地知道应该在什么时间向供应商订购多少数量的原材料和零部件。

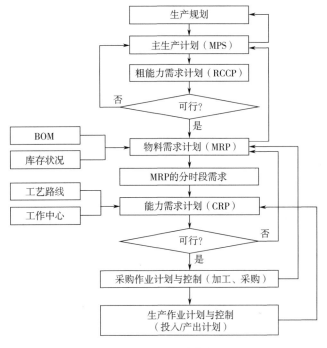

图 2.20　MRP 基本流程

在主生产计划转换为物料需求计划的过程中，即使已进行过粗能力需求计划，但由于物料需求计划比主生产计划更为细致，不同产品在设备上的生产时间也不同，前后衔接时出现等待是常态，因而粗能力需求计划中估算的数据往往是不准确的，到物料需求计划层面最容易出现的就是某个时段某种设备产能不够的问题。因此在制定物料需求计划的过程中，需要通过能力需求计划来验证其可行性。这个过程和主生产计划的制定类似，也极容易出现反复，物料需求计划经常需要修改，甚至，可能要返回到上一层对主生产计划做出修改，才有可能得到可行的物料需求计划。因此，MRP（物料需求计划）的分解是整个生产计划中的核心，也是生产计划中最为复杂的部分，学术界和实业界也提出多种算法以更快、更有效地获得一个可行的，甚至是优化的物料需求计划。

当物料需求计划确定后，物料需求信息和生产信息（包括时间和相应的要求、数量）则分别传递给采购部门和生产车间。

ERP功能远多于MRP，因此部门之间的信息传递可以更为快速、有效，通常反馈和自动处理机制也设计得更好。在ERP应用过程中，针对MRP中最为核心的物料需求计划和能力需求计划反复调整的部分，可以设置一定的规则由系统自动进行计划和调整，只需要在某些特殊情况下考虑人工方式，以尽量减少人力工作量。

在微型智慧工厂中，当不同用户的订单信息传递到计划模块之后，计划模块会通过内部的生产计划规则完成物料需求规划，以确定物料递送的具体时间、订单的生产时间等。其中包含了物料的"采购"，考虑了其在途时间，考虑了产品在不同工位加工所需的时间，以及不同订单之间在工位上的加工顺序等。系统将根据订单的交付时间和数量计算出各工位的生产时刻，并在此基础上配合物料运输时间计算出向系统发起物料采购的时刻，由此系统可以在相应的时间完成采购、物料运输、加工等环节。在计算工位生产时刻的过程中，需要考虑各工位产能，并应用生产计划规则。

（3）生产制造

供应商交货后，采购部门检验、核对无误后物料入库；而生产车间则根据生产计划到仓储部门领取相应的物料，或由仓储部门根据生产需求将物料送至生产车间指定位置，确认无误后完成"发料"；生产车间在物料就位后按照计划开始生产，生产完毕后将成品入库，仓储部门则可以根据客户订单要求发货。在车间生产制造的过程中，生产的管理控制均包含在"车间管控"模块，这部分可以根据企业规模、管控细致程度等划分为不同模块。比如大型制造企业，这部分可能包括人员管理、质量检验与控制、设备状态监控、生产数据统计等。其信息传递如图2.21所示。

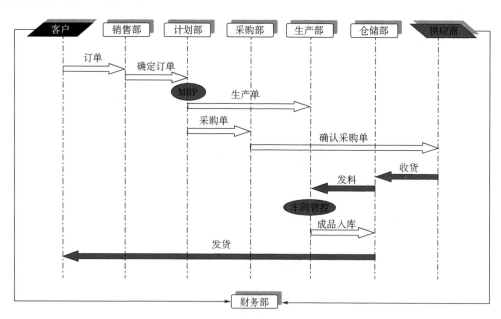

图2.21 生产制造的信息传递

在微型智慧工厂中，并不存在实质的采购部门，并不特意设置检验、核对环节，而物料配送至生产工位则由系统根据生产计划的安排按期完成。产品完成所有工序后，由系统运输并交付给客户。

（4）财务流程

财务部门对所有的采购和完成订单交付的行为产生相应的"应付账"和"应收账"，分别与供应商和客户进行结算。这部分在微型智慧工厂中没有体现，如图 2.22 所示为财务在制造企业中的常规流程环节，不做详细介绍。

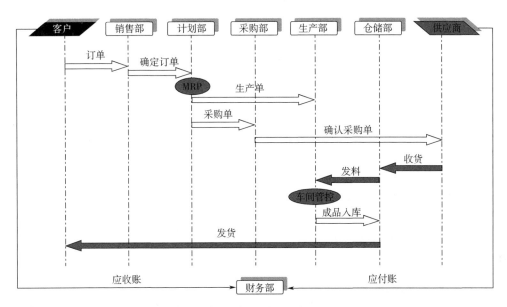

图 2.22　财务流程中的相关信息

以上流程也可以在如图 2.23 所示的结构图里体现出部门之间的关系及信息的传递。

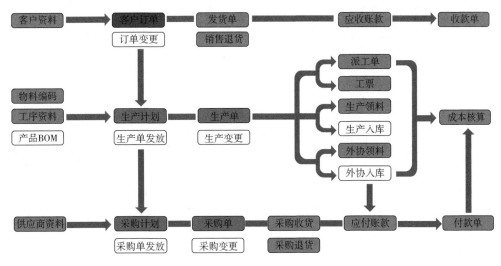

图 2.23　企业生产主要流程结构图

2.3.3　ERP 重点模块

ERP 系统是如何在企业中运行和发挥作用的，以及各个部门如何利用 ERP 数据、如何与其他部门协调并进行信息共享和传递，已经在总体业务流程中有所体现了，这是从整个系统层面对企业流程的一种纵观和把控。而下面则要说明智慧工厂中的每一个模块具体是如何发挥作用的。

（1）基础数据

此处所指的基础数据是生产中的工艺路线及 BOM 表，通常这两项数据是由生产工艺部门提供的，也有规模较大的企业的研发部门会在研发完成后提供这两项数据，但在客户可以预订产品之前，这两项数据中最基础的部分一般是系统中的已知信息。在智慧工厂实训平台中，这就体现为不同产品及相应的工艺流程和加工信息。同样以 DIY 印章为例，其工艺路线体现于后台系统中，工艺流程如表 2.2 所示，此处不再赘述。

（2）产品预订

需要注意的是，由于智慧工厂可以实现产品的定制化生产，因此客户在预订产品时是可以根据自己的需要选择不同材质和图案的。从功能上而言，这部分属于产品预订，也就是销售模块，可作为一个相对独立的部分设置为 ERP 的一个功能模块。在智慧工厂中，产品的线上预订设置于 MES 层面，从操作角度而言同样也是可行的。

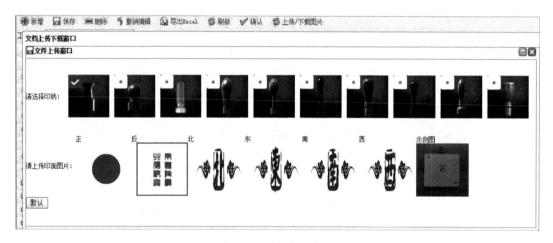

图 2.24　产品预订界面

如图 2.24 所示，客户可根据自己的需要选择不同的印柄，也可以上传印章图案，进行定制化生产。印柄选项来自于后台基础数据，而顾客确定好印章后也会将预订信息存储到后台，并进行后续操作。

不同的客户可能在不同时间从网上提交了订单，此时系统后台可以对订单信息进行处理，如根据情况对订单做优先级的调度。同时也可以从列表中看到不同订单的完成状态，便于追踪。如图 2.25 所示。

（3）MRP 模块

MRP 模块并未在智慧工厂实训平台前台有所体现，因为 MRP 实际要做的事情就是将客户的订单转化为工厂的生产计划。生产计划可进一步细化为生产调度安排，也就是具体到某一台设备在某个时刻开始某个订单产品某个步骤的生产。生产现场的情况是很复杂的，你无法预测客户何时下单，也无法预测他所需要的产品数量、具体的产品类型。由于产品在每台设备上的加工时间不同，新订单加入后现有生产计划是否可行、是否有更优化的方案，这

图 2.25　订单处理优先级调度

都是不确定的，所以新订单的加入有可能会需要对现有生产计划做出调整。MES 和 FMS 在运行过程中会实时采集生产线上的数据，更新生产线状态，同时也会按一定的规则进行生产调度，因此 MRP 模块和 MES、FMS 常常密不可分。如果工厂对整个生产环境有比较长时间的规划（生产计划），结合详细的生产调度，这几个部分将会分开设置。系统先根据总体需求预测等偏宏观的数据给出时间跨度较长（相对生产调度而言）的生产计划，即系统会先完成 MRP；其后，MRP 将生产计划数据传递到执行层面的 MES 和 FMS，其中的生产调度部分会结合设备的当前生产状况、工艺数据等计算得到调度方案并执行。

由于 MRP 部分功能主要在智慧工厂实训平台后台完成，此处不再进一步描述。

（4）物料管理

物料管理主要包括基本物料信息维护和管理。登录系统后选择左侧菜单栏中的"物料产品"→"料品基本资料查询"，如图 2.26 所示。

图 2.26　"物料产品"→"料品基本资料查询"

如果需要增加物料，选择"新增"按钮，新增物料，弹出新的"料品基本资料维护"页面，添加基本信息后，再次点击"新增"按钮，在窗口中填写物料信息，填写后点击"保存"按钮，保存信息，如图 2.27 所示。

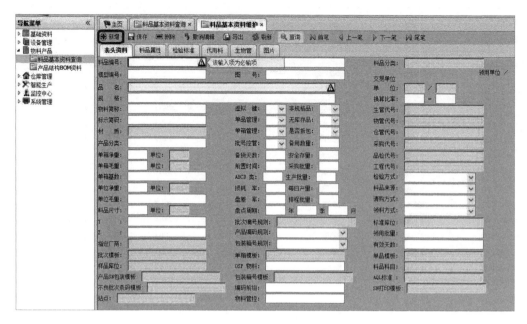

图 2.27　新增料品基本资料

(5) 仓储管理

仓储管理通常包括三个方面：入库、出库、库存管理。

原材料及零部件采购完成，原材料和零部件到达工厂后需要进行入库操作，将实物存入仓库中，同时更新原材料和零部件的库存数据；生产线到仓库取料或是仓储部门为生产线送料时需办理出库操作，物料运送到指定位置，库存数据同步更新。生产的成品如果一下线则送往客户手中，可能不需要办理入库、出库操作，但更为常见的是产成品下线后运送至仓库存放成品的位置，进行入库操作，记录入库信息；当产成品需要运送到客户手中时，则从仓库提货，办理出库操作，记录出库信息。比较规范的操作是，不管原材料、零部件和产成品是否经过仓库存储直接运送到指定位置，在仓库中都应留下出入库记录，以方便后期盘点数据。

在日常的出入库之外，仓储管理还需要做的就是库存管理，为不同物品设置安全库存并检查库存数据，在库存降到安全库存以下时及时报警并提醒相关部门处理，比如加快采购进度、扩大临时产能等。

智慧工厂将仓储管理设置为一个相对独立的模块，通过软件和仓储设备无缝连接，形成自动化仓储实验室。如图 2.28 所示，平台上能直接观察到自动化仓库每一个位置上的货物基本信息及货物数量。

仓储管理部分核心功能介绍：

① 包含电脑（PC）端平台并且可集成移动终端（RF 手持终端、RFID 手持终端）平台；

② 可集成移动终端功能，包含采购到货管理、智能收货管理、调库作业、移库作业、入库作业、采购上架管理、电子信息管理、散件补货管理、初盘、复盘、核查、稽查等；

③ 电脑（PC）端包含基础信息管理、仓库管理、商品管理、配送订单管理、采购管理、入库管理、出库管理、盘点管理、库存管理、系统集成管理、系统管理、实验管理、供

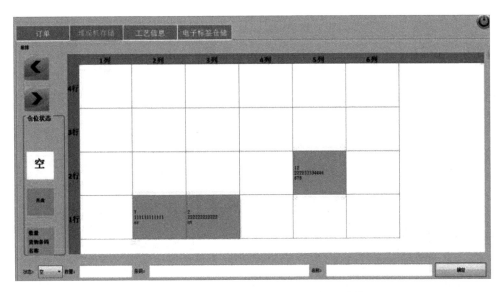

图 2.28　自动化仓库管理界面→堆垛机存储

应商管理等；

④ 供应商的报价进行任意条件筛选、系统自动筛选、满足供货量筛选、满足供期筛选、报价最优筛选，也可以进行多种组合筛选，以确定最优供应商；

⑤ 支持集成条码打印机、3G 服务平台、电子标签辅助拣选系统、RF 移动终端、RFID 移动终端、固定式 RFID、RFID 发卡器、数据采集终端、AGV 自动导引车、自动分拣机、自动化仓库、电子看板、机器人、S-ID 室内定位装置等；

⑥ 配送订单管理包含订单合同管理、订单结算、订单审核、订单处理等功能模块；

⑦ 入库管理包含入库申请、入库审核、入库作业、入库记录、散件补货作业等功能模块；

⑧ 出库管理包含整件出库和散件出库、出库申请、出库审核、出库作业、电子标签辅助拣货等功能模块；

⑨ 盘点管理包含盘点计划、库存冻结、盘点单制作、初盘、复盘、核查、稽查、盘点差异分析、库存差异调整等功能模块。

（6）供应链管理

在前述内容中主要是从工厂内部的角度来介绍和描述功能模块，在工厂外部还存在着一些关联的功能模块，即供应链管理。供应链管理流程如图 2.29 所示。

作为一个制造企业，其生产所需的原材料、零部件通常是由其他企业供给的，比如印章所需的电木和亚克力材质的零部件会从其他企业采购，那么提供原材料和零部件的企业称之为上游供应商；而企业所制造的产品可能直接送到市场客户的手中，也或者由批发商、分销商、零售商等采购并出售给客户，而直接接收产品的称之为下游顾客。企业和上游供应商、下游顾客连接成为一条链条，可以使最原始的原材料变成最终交付到客户手中的产品，那么这一整条"链条"称为供应链（supply chain）。

在前面所介绍的模块中，客户预订、原材料及零部件采购、仓储都和供应链的上下游有信息的传递。某些企业会在 ERP 中设置单独的供应链管理（supply chain management，

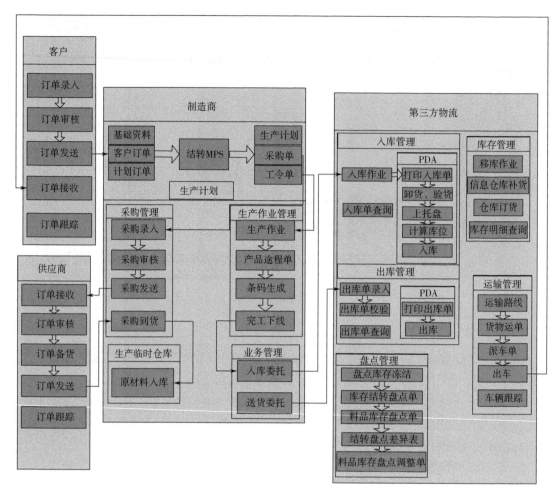

图 2.29　供应链管理流程

SCM）模块，企业外部的供应商信息数据、第三方物流信息，甚至下游批发商、零售商信息数据都会在 ERP 系统中实时更新，由此也保证了内部原材料、零部件采购及仓储、产品发货运输等内部所需信息能同步实时更新，同时也能实时追踪物料、资金、信息的流动，便于企业根据自己上下游数据及时对生产计划做调整。智慧工厂中原材料是直接从仓储区获取的，并不涉及"真实"的上游供应商，而产品发货也没有复杂的第三方物流过程，因此供应链管理部分在智慧工厂中未做设置，但它仍然是企业 ERP 实施中的常见模块之一。

2.3.4　MES 的应用

本书所涉及的微型智慧工厂 MES 是一个基于云的制造执行系统，可以实现生产排程、工单管理、人员绩效考核、生产设备监控、物料产品追溯、进度看板及综合分析等功能。主要功能架构如图 2.30 所示。

各个功能模块详细内容如下。

（1）**基础资料**

系统提供了"用户"和"角色"的管理功能，对各使用者登录系统的账号、密码等进行严格的权限管理，以及对系统部分参数进行设置，如图 2.31 所示。

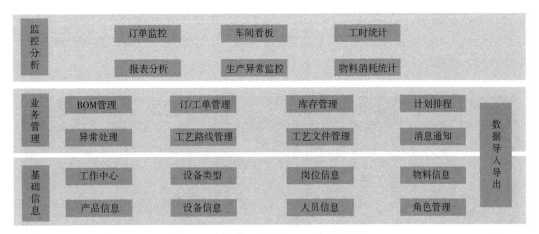

图 2.30 智慧工厂平台 MES 功能架构

图 2.31 用户管理界面

(2) 订单管理

该模块主要功能是实现客户订单的管理、订单的工艺绑定和回收订单的处理，如图 2.32 所示。

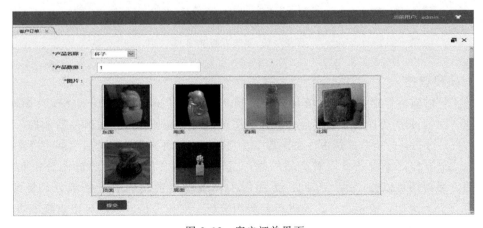

图 2.32 客户订单界面

（3）可视化管理

以精益生产可视化管理工具全制程监控生产进度、品质状况、设备状态与效率，实时反馈生产问题，实现电子看板自动推送。部分界面如图 2.33、图 2.34 所示。

图 2.33　生产订单实时监控

图 2.34　生产看板界面

（4）质量管控

智慧工厂的质量管控主要通过统计过程控制（statistical process control，SPC）模块实现，如图 2.35 所示。利用统计学知识结合过程控制图可以对产品加工工序进行品质监控，对生产过程进行统计分析，分析系统是否存在异常以及判断出现何种异常，启动后续纠正措施。

除此之外，SPC 系统还可以对产品的生产过程进行直方图分析、趋势图分析和过程能力分析等。系统还可以按产品、车间、工序等不同维度对批次的质量指标（如标准偏差、CPK）进行分析，如：按年、月、周进行趋势图分析、对比分析，从而可以直观地看出产品零件批与批之间的波动情况。

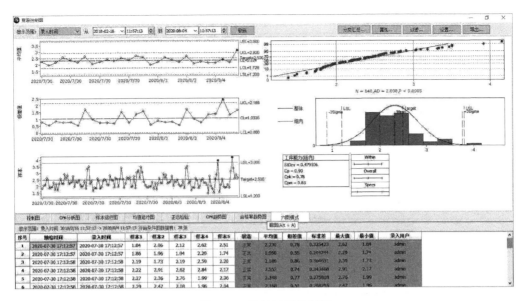

图 2.35　统计过程控制图

由于控制图上的点呈现的变化模式不同，产生异常的原因也不同，可根据控制图各参数点的变化模式，从 5M1E（即人员、设备、物料、方法、测量、环境）方面分析产生异常的原因。分析有无异常时，系统可使用的报警规则有：

① 控制图常规的 8 条判异规则，用户可根据需要对规则进行自定义设置。

② 对超过规格的数据进行报警。

③ 企业根据实际的需要，设置组合规则对品质问题进行报警。

当发现系统出现异常时，有以下报警方式：

① 颜色报警。应用可视化的图形及不同的颜色来表示数据不同的状态，如图 2.36 所示。

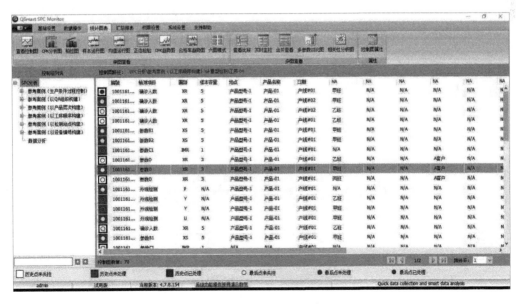

图 2.36　生产过程状态

② 邮件报警。将相关数据以邮件的方式发送给相关的人员，如图 2.37 所示。

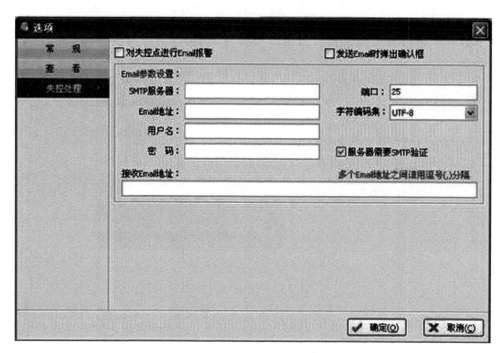

图 2.37　报警邮件发送界面

2.4　本章小结

本章主要介绍了智慧工厂的智能管理系统，包括企业资源计划（ERP）和制造执行系统（MES）。首先详细介绍了 ERP 的定义、发展历程、体系框架、功能以及实施方法等内容，在发展历程中重点介绍了 MRP 系统，同时也是 ERP 系统的核心模块。作为 ERP 向下推进和执行必不可少的部分，接着介绍了起到衔接作用的 MES。在本章中介绍了 MES 的概念及内涵、体系架构、典型应用案例及未来的发展等。最后以智慧工厂中的实际应用作为案例，介绍了智能管理系统在智慧工厂中的具体应用，包括加工产品、加工工艺、ERP 和 MES 的详细使用等。

第3章

柔性制造系统

3.1 柔性制造系统概述

3.1.1 柔性制造系统的产生背景及发展

20世纪60年代前，大规模生产模式普及，流水线及自动化生产方式已有了长足发展。制造企业的管理者们早期最为关心的是成本，之后质量逐渐成为他们关注的重点，而生产效率高、成本低、质量稳定的自动生产线无疑是他们的首选。与此同时，用户需求在个性化、定制化、时效性上提出了更高的要求，原有的大规模生产模式则显得过于"刚性"，出现了产品转产、换型后不易调整、调整时间长，甚至出现无法调整的现象。当时新一代可编程数字化加工设备已经出现并用于生产加工。在市场和技术两方面的影响下，60年代中期满足"多样化、小规模、周期可控"的柔性制造系统（flexible manufacturing system，FMS）应运而生。

1967年，英国莫林斯公司首次根据威廉森提出的FMS基本概念，研制了"系统24"。其主要设备是六台模块化结构的多工序数控机床，目标是在无人看管条件下，实现昼夜24小时连续加工，但最终由于经济和技术上的困难而未全部建成。

同年，美国的怀特·森斯特兰公司建成Omniline I系统，它由八台加工中心和两台多轴钻床组成，工件被装在托盘上的夹具中，按固定顺序以一定节拍在各机床间传送和进行加工。这种柔性自动化设备适合在少品种、大批量生产中使用，在形式上与传统的自动生产线相似，所以也叫柔性自动生产线。日本、德国等也都在20世纪60年代末至70年代初，先后开展了FMS的研制工作。

1976年，日本发那科公司展出了由加工中心和工业机器人组成的柔性制造单元（flexible manufacturing cell，FMC），为发展FMS提供了重要的设备形式。柔性制造单元一般由1~2台数控机床与物料传送装置组成，有独立的工件储存站和单元控制系统，能在机床上自动装卸工件，甚至自动检测工件，可实现有限工序的连续生产，适用于多品种、小批量生产。

20世纪70年代末期，柔性制造系统在技术和数量上都有较大发展。80年代初期已进入实用阶段，其中以由3~5台设备组成的柔性制造系统为最多，但也有规模更庞大的系统投入使用。

1982 年，日本发那科公司建成自动化电机加工车间，由 60 个柔性制造单元（包括 50 个工业机器人）和 1 个自动化仓库组成，另有 2 台自动导引车传送毛坯和工件，此外还有 1 个无人化电机装配车间，它们都能 24 小时连续运转。

这种自动化和无人化车间，是向实现计算机集成的自动化工厂迈出的重要一步。与此同时，还出现了若干仅具有柔性制造系统的基本特征，但自动化程度不是很完善的经济型柔性制造系统 FMS，使柔性制造系统 FMS 的设计思想和技术成果得到普及与应用。

迄今为止，全世界有大量的柔性制造系统投入了应用，国际上以柔性制造系统生产的制成品已经占相当大比例，且这个比例还在增加。

3.1.2　柔性制造系统的基本概念

柔性制造系统最明显的特点就是应用了计算机技术，使得机电一体化。柔性制造系统中可集成数字控制机床（NC）、计算机数字控制（CNC）、计算机辅助设计（CAD）、计算机辅助制造（CAM）、计算机辅助工艺设计（CAPP）、成组技术（GT）、工业机器人等。

不同组织协会对柔性制造系统的定义也有所不同。

美国国家标准局对其的定义是：由一个传输系统连接起来的一些设备组成，传输装置把工件放在其他连接装置上送到各加工设备处，使工件加工变得准确、迅速和自动化。中央计算机控制机床和传输系统，柔性制造系统有时可同时加工几种不同的零件。

国际生产工程研究协会将其定义为：柔性制造系统是一个自动化的生产制造系统，在最少人力的干预下，能够生产任何范围的产品族，系统的柔性通常受到系统设计时所考虑的产品族的限制。

中国国家军用标准则将其定义为：柔性制造系统是由数控加工设备、物料储运装置和计算机控制系统组成的自动化制造系统，它包括多个柔性制造单元，能根据制造任务或生产环境的变化迅速进行调整，适用于多品种、中小批量生产。

从以上三个定义可以看出，FMS 是一种自动化制造系统，由数控加工设备、物料运输和存储装置以及控制它们的计算机系统组成，随着制造任务和生产品种的变化可以迅速调整生产策略。如图 3.1 所示是东芝公司 FMS 的立体外观图。

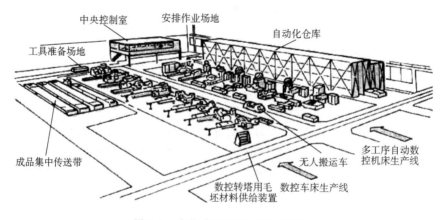

图 3.1　东芝公司 FMS 立体外观图

3.1.3 柔性制造系统的组成

从柔性制造系统的定义及发展历史可以看出，系统主要由四个部分组成：加工系统、物料运输及存储系统、刀具管理系统及计算机控制系统。

(1) 加工系统

如果把整个 FMS 比喻为一个人，加工系统就好比人的双手，是产品外形或性能改变的实际执行者。加工系统通常含有数控机床、加工中心或是柔性制造单元等加工设备，也可配合一些工件清洗机、工件检测设备和各种特种加工设备等。

FMS 中产品加工的柔性是其柔性中最为重要的方面，因此加工系统的功能对于 FMS 性能也有着直接影响，且由于数控机床、加工中心等设备价格和维护成本都较高，选择合适的加工系统是 FMS 构建过程的关键。具体的配置需要考虑机床本身的功能，也需要考虑工艺流程、FMS 所需的产能、物流、信息及数据处理要求等，不能机械地进行配置和布局。比如，小型 FMS 的加工系统常常由 4～6 台机床构成，这些加工设备在 FMS 中的配置可以有并联形式（互替）、串联形式（顺序互补）和混合形式（同时具有串联和并联）。

FMS 的加工系统应该是自动化、高效、高可靠性、易控制的，工艺性和加工灵活性良好，能根据工件加工的尺寸、精度、材质等方面的变化进行调整。具体而言，系统选择时可考虑以下因素：

① 工序集中。尽量减少工位数量，减少工件的运输和存储。

② 加工要求。加工工件的尺寸、精度、材质等具有一定弹性和范围，加工性能强、加工效率高，且加工要求变化时能保持质量稳定。

③ 可操作性及自动化。设备操作流程简洁清晰，易于进行，易于培训；系统设定之后可安全、稳定地长期运行，不需要配置太多人力。

④ 设备可靠性及维护性。设备具有较好的可靠性，故障率低，对设备故障有预警和一定的诊断功能；便于维护。

⑤ 经济可行性。包括系统运行费用、维护费用等，需综合考虑。

⑥ 其他方面。以上未包含但与加工过程有关或与其他三部分相关的方面。

(2) 物料运输及存储系统

FMS 中的物料以工件和刀具为主，但对应的夹具、切屑及切削液也属于物流的一部分。物料运输及存储系统是对整个 FMS 中所有物料进行识别、分配、输送、存储及管理的系统。由于整个系统中工件和刀具的流动是最为主要的，因此一般提到物料运输及存储系统通常指的是工件及刀具的运输和存储。一些 FMS 的刀具可能只在一台设备内部进行流动、替换，并不涉及其他设备和系统中其他环节，这一类也可以更狭义地将物料运输及存储系统考虑为工件的运输及存储。

物料运输及存储系统主要由运输、装卸、存储等几个环节构成，常见设备有输送带或自动导引车（automatic guided vehicle，AGV）、装卸与交换装置、物料架、自动化仓库、机器人、托盘缓冲站、托盘交换装置等，可以对原材料和加工工件进行自动装卸、运输和存储。

(3) 刀具管理系统

刀具管理系统通常包括中央刀库、机床刀库、刀具预调站、刀具装卸站、刀具输送小车或机器人、换刀机械手等。

FMS 的加工柔性是依靠刀具组合、替换达到的，因此刀库的配置会影响 FMS。FMS 同时具有机床刀库和中央刀库，前者主要存放加工设备当前所需要的一系列刀具，后者则存放各加工设备可共享的刀具。中央刀库容量较大，可容纳上千把刀具。刀具预调站是在加工之前按加工要求对刀具进行预先调整和准备的环节，可以设置在 FMS 以外。刀具装卸站、刀具输送小车或机器人、换刀机械手等共同完成刀具在刀库及加工设备之间的运输、替换和装卸工作。

此外，刀具的安排、管理是由计算机控制系统来把握，比如哪个加工环节使用哪个刀具、刀具使用的顺序及时间等。

(4) 计算机控制系统

计算机控制系统可以看作是 FMS 的"大脑"，工件在系统中进行加工的全过程都会在计算机控制系统下运行，包括加工任务的调度、工件及刀具等物流的协调、设备状态的监控、信息及数据的采集和管理等。它由计算机网络系统、工业控制系统、可编程控制器、通信网络、数据库及管理控制软件共同构成。

FMS 是在计算机及自动化技术发展到一定程度的产物，因此系统的设置本身具有高度自动化的特点，系统中的大部分工作都是在计算机系统控制下自动运行的，仅少数工作是人工进行的，比如部分装卸工作、一些预调工作和设备维护等。

计算机控制系统从模块上可以划分为系统运行控制模块、信息管理模块、作业计划模块、过程监控模块，这四个模块内部及模块之间的信息传递通过通信网络完成。

① 系统运行控制模块。该模块可在上下层级信息传递的基础上，根据生产要求对加工过程进行运行控制，并控制其他几个模块。

② 信息管理模块。该模块是一个典型的管理信息系统。对运行过程中的各种信息进行存储、管理和维护；记录运行过程中的各项数据，进行数据分析和信息汇总，为作业计划及上层决策制定提供依据；进行统计分析，反映系统运行状况。

③ 作业计划模块。对生产能力和所需资源进行评估，根据需求制定生产计划。对生产计划进行可行性分析和评估；在生产计划基础上进行相关设备、刀具的调度；可根据需求变动进行生产计划和调度的调整。

④ 过程监控模块。监控系统相关环节的状态，及时反馈和处理系统故障，记录、汇总、分析系统故障数据。

这四个模块相对独立但又相互关联，它们和 FMS 的不同层级一起形成了 FMS 的信息控制"网"，能对系统进行有效监控。

总体而言，FMS 的四个部分对于系统运行都极其重要。每个部分均和其他三个部分留有接口，四个部分有机结合构成了整个系统的加工流、信息流（加工过程的信息及数据处理）和物流（以加工工件及刀具流动为主）。除此以外，FMS 还可包含集中冷却润滑系统、切屑运输系统、自动清洗装置、自动去毛刺设备等附属系统，不再详述。

3.1.4　柔性制造的分类

柔性制造是指在计算机支持下，能适应加工对象变化的制造系统。柔性制造有以下三种类型：

（1）柔性制造单元

柔性制造单元是由一台或数台数控机床或加工中心构成的加工单元。该单元根据需要可以自动更换刀具和夹具，加工不同的工件。柔性制造单元适合加工形状复杂、加工工序简单、加工工时较长、批量小的零件。它具有较大的设备柔性，但人员和加工柔性低。

（2）柔性制造系统

柔性制造系统是以数控机床或加工中心为基础，配以物料传送装置组成的生产系统。该系统由计算机实现自动控制，能在不停机的情况下，满足多品种零件的加工。柔性制造系统适合加工形状复杂、加工工序多、批量大的零件。其加工和物料传送柔性大，但人员柔性仍然较低。

（3）柔性自动生产线

柔性自动生产线是把多台可以调整的机床（多为专用机床）连接起来，配以自动运送装置组成的生产线。该生产线可以加工批量较大的不同规格的零件。柔性程度低的柔性自动生产线，在性能上接近大批量生产用的自动生产线；柔性程度高的柔性自动生产线，则接近于小批量、多品种生产用的柔性制造系统。

3.1.5 柔性制造技术的特点和发展趋势

（1）柔性制造技术的特点

柔性制造技术的特点有：①柔性高，适应多品种、小批量生产，可混流加工不同的零件；②机床在工艺能力上相互补充，系统局部调整或维修时不会中断整个系统的运作；③自动化程度高，可以实现无人值守，计算机控制系统可与上层计算机系统实现联网通信。

柔性制造中的柔性具有多种含义，除了加工柔性外，还包含设备柔性、工艺柔性、产品柔性、流程柔性、批量柔性、扩展柔性、工序柔性和生产柔性。

设备柔性指系统易于实现加工不同类型的零件所需转换的能力。衡量指标有：更换磨损刀具的时间；加工同一类而不同组的零件所需的换刀时间；组装新夹具所需的时间；机床实现加工不同类型的零件所需的调整时间，包括刀具准备时间、零件安装定位和拆卸时间以及更换数控程序的时间。

工艺柔性指系统能够以多种方法加工某一组零件的能力，也称为"加工柔性"或"混流加工柔性"。衡量指标是系统不采用成批方式而能同时加工零件的品种数。

产品柔性指系统能经济而迅速地转向生产新产品的能力，即转产能力，也称为"反应柔性"，即指系统为适应新环境而采取新行动的能力。衡量指标是系统从生产一种零件转向生产另一种零件所需的时间。

流程柔性指系统处理其故障并维持生产持续进行的能力。这种能力包含两个方面，一是零件能采用不同的工艺路线进行加工，二是能够用来完成加工某工序的机床不止一台。衡量指标是 FMS 在发生故障时的生存能力，即生产率不致显著下降或零件加工能继续进行。

批量柔性指系统在不同批量下运转的盈利能力。提高自动化水平，由于机床调整费用下降，与直接劳动有关的可变成本下降，系统的批量柔性也就随之提高。衡量指标是保证系统运转盈利的最小批量。该批量越小，系统的柔性就越高。

扩展柔性指系统能根据需要通过模块进行重组和扩展的能力。衡量指标是系统能扩展的规模大小。

工序柔性指系统变换零件加工工序的能力。衡量指标是当加工工件的族、类、品种发生变化时，加工设备所需刀具、夹具、量具等的准备和更换时间，加工程序的准备及调校时间，软硬件的交换和调整时间，以及生产不同类型产品时设备加工不同工件的难易程度等。

生产柔性指系统能够生产各种类零件的综合。衡量指标是现有的技术水平。

早期的柔性制造主要针对产品的生产制造过程，即围绕物料流的运输、存储、加工、检测及辅助过程，包括生产制造过程的控制和管理。今天，随着先进制造理念和技术的发展，出现了敏捷制造、虚拟企业等新理念，它们要求整个企业具备良好的柔性，实现制造系统的虚拟和充足，更加敏捷地响应市场机遇。

(2) 柔性制造技术的发展趋势

① 向小型化、单元化方向发展。对于一些财力有限的中小型企业而言，FMS 在硬件设施上就需要大量投入，但其对柔性的要求却不一定需要覆盖到所有环节，因此投资更少而更为模块化的柔性制造单元可能更适合。或者是某些企业产品品种多但批量仍然较大，也可以使用价格更低的专用数控机床代替价格更高的通用加工中心，以柔性制造线（flexible manufacturing line，FML）进行生产。

② 向模块化、集成化方向发展。FMS 的主要组成部分标准化和模块化，如专用加工设备、工位之间的物料输送模块、刀具输送模块、刀具替换机器人等。企业根据自己的需求选择不同的模块进行组合，结合其原有设备，构成适合自身特点的柔性制造系统。

③ 单项技术性能与系统性能不断提高。从物料运输及存储系统角度考虑，物料输送设备亦在不断更新，其技术可运用于 FMS 中，比如使用自动分拣系统、RFID 射频识别技术等。从计算机控制系统角度而言，其性能也在计算机技术的发展背景下不断增强，比如可以实时采集加工数据，对制造过程中的数据进行工业大数据分析，并应用数据分析结果辅助决策。当然，从整个系统角度而言也有提升可能，比如通过更好的通信网络和设备能更及时地对订单、需求的变化做出反馈，可以根据最新状态进行系统仿真并提供可行决策方案等。总而言之，通过技术手段或管理水平的提升可以改善各部分及整个 FMS 的性能，这也是 FMS 发展的一个方向。

④ 应用范围逐步扩大。由单纯的加工型 FMS 进一步开发为以焊接、装配、检验及板材加工，乃至铸、锻等制造工序兼具的多功能 FMS。另外，FMS 与计算机辅助设计和计算机辅助制造（CAD/CAM）相结合，向全盘自动化工厂方向发展。

⑤ 重视人的作用。加强人的主观能动性，从人因工程的角度考虑人、机功能的分配，发挥人的柔性和设备柔性的协调配合，提高整体系统的柔性。

3.2 生产运作与管理

3.2.1 柔性制造系统生产运作与管理的任务

随着市场更多地向个性化、定制化方向发展，计算机技术越来越广泛地应用于企业的生产运作管理，FMS 也越来越多地应用于制造企业。FMS 生产运作与管理的任务重点是利用生产调度的柔性协调生产计划模块和执行控制模块，尤其是相关生产数据（包括生产状态、加工进度、加工质量等）在上层管理系统和生产现场之间做到实时传递，才能达到自动排产、自动调整调度计划的目标。

FMS生产运作与管理的主要任务即生产作业与调度，其中的关键则是如何将有限的人员、设备等生产资源组织在一起完成生产任务，并能够达到既定的目标。在这个过程中，确定工件在不同设备上的投产顺序就是生产作业调度需要确定的问题。由于FMS面对的通常是多品种、小批量的生产，其调度问题属于车间调度（Job Shop）类型。由于产品类型多样化，每一种产品在设备上的投产顺序不尽相同，投产顺序略有变化则会产生不同的结果，其排列组合的可能性极多，这也一直是学术界的一个难点。几十年间，很多学者应用了不同的算法思想以得到更优化的投产方案，不同算法的应用也会对生产效率产生很大影响，也会影响到企业的反应速度。

此外，仅有生产作业计划是不够的，FMS中还必须有与之相配的生产监控系统。通过生产监控才能将生产实时数据传递到管理系统中，一方面是与作业计划对照以保证生产任务按照计划进行，另一方面是在系统出现意外情况时可及时反馈并由作业计划系统进行调整，保证生产任务按要求顺利完成。如何准确、有效地对生产信息进行监控是实施柔性制造系统的又一难点。目前生产实时数据的采集方式较多，如检测机床运行状态参数、磁卡与磁条技术、手持终端采集等。在智能制造发展的趋势下，通信网络技术、计算机技术及设备自动化技术相结合的远程监控方式，是FMS的研究热点和发展趋势，可以实现系统的整体化监控和管理，也便于将企业各个部分有机地联系起来，能做到快速响应。在这个过程中，生产数据的实时采集是关键，而在此基础上的工业大数据分析也是随之而来的重点。有了大数据分析结果为基础，企业资源可以得到更合理和更有效的利用，作业计划和调度方案也能更好地符合生产目标，生产系统的管理和控制能力也能得到更有效的提升。

生产作业计划和生产监控系统两个部分相辅相成，前者通过科学、有效的方式为后者提供了生产决策方案，而后者的应用为前者的实施提供了必不可少的基础数据。

3.2.2 柔性制造系统的生产计划

生产计划是企业对于自己未来一段时间内生产目标和任务的安排，通常解决的是生产什么、什么时候生产、生产多少、需要多少资源（人、机、料、法、环）这几个问题。作为制造企业最关注的是产供销问题，生产作为企业的核心，生产计划的制定和实施对企业销售、采购、人力资源、财务等部门都会产生影响，甚至会影响其供应链上的合作伙伴。生产计划分为长期、中期和短期。一般长期生产计划称之为生产规划或生产战略规划，中期生产计划称之为生产计划，短期生产计划称之为作业计划。

生产计划的制定是一个系统化、层次递进的过程，从需求预测开始，逐步由综合生产计划推进至主生产计划和物料需求计划，再确定更底层的作业调度等，如图3.2所示。

（1）综合生产计划

综合生产计划也称为生产大纲或宏观生产计划，通常属于中期生产计划，时间跨度以半年至一年最为常见，部分企业也会根据需要适当延长至一年半，在综合生产计划中最为关心的是两个方面——员工数量和库存水平，当然也可能因产能不足或其他因

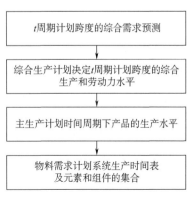

图 3.2　生产计划决策层次图

素而采用外包、加班等方式，那么这些数据也需要在综合生产计划中确定。

综合生产计划的起点是需求预测（也可以包含已确定交付时间和数量的未来订单），将需求预测转换为一张员工数量和生产量预决策的蓝图。其目标之一是对预测的需求变化及时反应，可通过员工数量的变化来实现，称之为追击战略（也称零库存计划）；另一个目标则是尽可能保持企业的稳定性，其中包括保持员工数量的稳定性，可通过库存水平的变化来实现，称之为恒定劳动力计划。当然，对企业而言，最终的目标还是在有限资源条件下成本最小化，因此可能采取混合性策略，在员工数量和库存水平之间进行适当平衡。

综合生产计划的常用方法有两种。

① 图解法。图解法本质上是一种试算方法，通过图形的方式直观展现。通常而言，需要在需求预测确定的前提下，先计算追击战略和恒定劳动力计划两种方案下员工数量、库存数量及成本数据；再通过限制条件设置不同时间点进行策略转换，以试算出不同方案下的总成本。图解法有助于更快地找到最优时间点。这种方法在操作上比较容易实现，但当问题规模较大时计算量偏大。

② 线性规划法。线性规划法是比较严谨和科学的求解方法。通过企业生产中的约束条件和目标建立线性规划模型，再通过专业求解工具求出最优方案。但线性规划法本身对问题情况和条件做了简化，它假设目标函数和约束条件都满足线性关系，这与真实的生产是有差距的。另外，在线性规划问题规模较大时其求解仍然需要花费较多时间。因此生产组成较为简单的问题比较适合使用。

当然，除了这两种常规方法，近年来也可通过系统仿真技术来求解。该方法是将企业生产情况建立为仿真模型，并通过参数的调整观察结果，找到优化方案。

(2) 主生产计划、物料需求计划及作业调度

主生产计划属于短期生产计划，时间一般控制在半年以内，以月、周为时间单位进行是比较常见的。在主生产计划中需要确定每一种产品具体的生产时间及数量，而向下展开分解到物料需求计划（MRP），可以确定物料采购数量及时间、生产开始时间等，再通过作业调度则能确定生产顺序、什么时间使用什么设备。

主生产计划是对企业生产大纲的细化，是详细陈述在可用资源的条件下何时要生产出多少物品的计划，用以协调生产需求与可用资源之间的差距，使之成为展开 MRP 与 CRP（能力需求计划）运算的主要依据，它起着承上启下、从宏观计划向微观计划过渡的作用。

主生产计划是计划系统中的关键环节。一个有效的主生产计划是生产对客户需求的一种承诺，它充分利用企业资源，协调生产与市场，实现综合生产计划中所表达的企业经营计划目标。主生产计划决定了后续所有计划、调度及制造行为的目标。在短期内作为 MRP、零件生产计划、订货优先级和短期能力需求计划的依据。在长期内作为估计企业生产能力、仓储能力、技术人员、资金等资源需求的依据。

主生产计划应是一个不断更新的计划，与更新的频率、需求预测的周期、客户订单的修改等因素有关。通常，主生产计划使用滚动计划的方式，在运作过程中不断修改。当有新订单加入、一个计划周期结束、生产现场发生变化、原材料短缺时，主生产计划都可能随之改变。总之，主生产计划是不断改进的切合实际的计划，如果能及时维护，将会减少库存、准时交货、提高生产率。主生产计划变化的时间越早，越不影响 MRP 的制定。若 MRP 确定并进入实施阶段后再修改主生产计划，对生产稳定性的影响则比较大，生产费用也将会受到影响。

主生产计划是根据综合生产计划分解得到的。综合生产计划通常是按产品大类来编制，更多是从整体上考虑资源的配置，若直接用于生产安排则过于粗糙，难以实施。因此综合生产计划通常需要将大类产品的生产总量按照最终产品分为具体数量，并且从时间上对生产任务进行细分。所以以年为单位的综合生产计划分解到主生产计划后，常常变为以月或周为单位。

综合生产计划分解至主生产计划的过程中，重要的是各种资源如何从大类产品分配到具体的最终产品上。比较常见的两大类模式是轮流生产和均匀生产，前者是指一段时间内集中生产某种产品，下一段时间集中生产另一种产品；后者则是指各种产品按比例享有对应的生产资源，保证每种产品的生产都是持续的。当然对于FMS而言，其生产有典型的多品种、小批量特点，物料采购、加工提前期可能会比大批量生产的更长，其主生产计划的制定需要考虑的约束条件就更为复杂，需要注意与其他产品的生产协调。

物料需求计划（MRP）则是主生产计划结合物料清单（BOM）得到的，如果在其中加入能力需求计划（CRP），确定了物料采购和生产加工的具体时间及数量，随之即可在车间进行作业调度，确定加工任务的顺序。有关MRP的描述在第2章中有详细阐述，此处不再展开。

3.2.3　柔性制造系统的生产控制

生产控制的目的是根据现场的实时信息对生产计划和调度进行修正，使实际产出量、质量、时间满足预定的标准。生产控制有广义和狭义之分。广义的生产控制涵盖产品的整个生产周期，从投产到入库，包括生产安排、进度管理及调整、物料供应、库存管理、质量控制、成本控制等内容；狭义的生产控制就是控制产品的生产进度，也称生产作业控制。

生产控制可以分为事后控制、事中控制和事前控制三种控制方式。事后控制指的是每一期生产结束后将实际产出与计划产出进行比较，然后据此对下一期生产做出调整；事中控制是指实时地按照现场信息与计划情况进行比较，随时调整本期生产状态，要求信息及时准确、决策迅速、修正快捷，使生产按照理想计划执行；事前控制主要是根据历史作业情况，预测本期生产可能出现的状况，在生产活动开始前进行提前修正，改变输入，以期获得理想输出，主要依靠预测的准确性与调整的及时性。

采用哪种控制方式与企业生产特点和管理水平有关。无论采用哪一种控制方式，都需要经过以下几个步骤：①制定控制标准。包括生产节点以及节点的人、机、料等情况，可以参考各项生产计划指标，如消耗定额、产品质量指标、库存指标等。②检测比较。统计生产节点信息，跟控制标准进行比较，找到差距。③控制决策。分析差距原因，改正决策方案。④实施控制措施。根据控制决策采取控制行动，查看控制效果。

实施生产控制时，可以进行跟踪式控制，即随时检查、分析生产进度和生产条件的变化并进行修正；也可以进行逆向式控制，即像看板管理一样，以企业最终产品的产出作为控制起点，对于市场经常需要的产品，以库存量为起点进行控制，如果是不定期、小批量或者临时需要订货的产品，则以满足交货期作为控制的起点；也可以按照精益思想或者约束理论，不断发现生产过程中的浪费或者瓶颈环节，然后以现场控制和关键点控制实施持续改善，提高生产水平。

3.3 智慧工厂中的柔性制造系统

刚性自动生产线适合大批量生产，而不适合需求多样化、个性化的市场，其产品转产或换型调整困难、时间长，甚至无法调整。随着市场竞争加剧和顾客需求的变化，柔性制造系统成为智慧工厂的核心配置。

柔性制造指用可编程、多功能的数字控制设备更换刚性自动化设备，用易编程、易修改、易更换的软件控制代替刚性连接的工序过程，使刚性生产线实现软性化和柔性化，能够快速响应市场的需求，多快好省地完成多品种、中小批量的生产任务。

一般柔性制造系统的组成如图 3.3 所示。

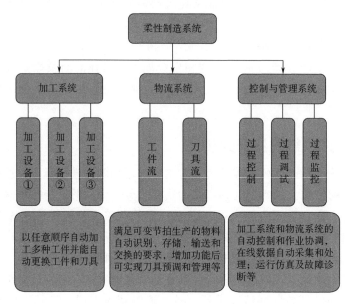

图 3.3 柔性制造系统的结构

3.3.1 智慧工厂中柔性制造系统概貌

智慧工厂的柔性制造系统主要由加工系统、工件运储系统和计算机控制系统组成，如图 3.3 所示。

加工系统主要包含三台铣床、一台车床，如图 3.4 所示。工件运储系统由自动化仓库、自动化运输小车、托盘、机器人、传送线、转向装置等组成，能对工件和原材料进行自动装卸、运输和存储，如图 3.5 所示。计算机控制系统能够实现对 FMS 进行计划调度、运行控制、物料管理、系统监控和网络通信等，另外还包括生产装配系统、自动分拣系统、自动装配系统、电子标签辅助拣选系统、智能检测系统等。

3.3.2 柔性制造系统的柔性体现

柔性制造系统中的柔性包括加工柔性、设备柔性、工艺柔性、产品柔性、流程柔性、批量柔性、扩展柔性、工序柔性和生产柔性等。

图 3.4 加工系统

图 3.5 工件运储系统

(1) 加工柔性

智慧工厂的 FMS 系统加工柔性较高，可以适应多品种、中小批量生产。本系统主要生产圆形印章、方形印章、下方上圆印章和下圆上方印章；机床在工艺能力上是相互补充或相互替代的，三台铣床均可进行雕刻和底座圆铣削；可混流加工不同的零件；系统局部调整或维修时不会中断整个系统的运行；递阶结构的计算机控制，可以与上层计算机进行联网通信；可以进行三班无人值守生产。

柔性制造系统中机床设备配置的 3 种形式：

① 机床互替式配置。在互替式配置中，机床是并联关系，如图 3.6 所示。各个机床可以互相代替，工件可随机输送到任何一台恰好空闲的机床上加工。在这种配置中，若某台机床发生了故障，系统仍能维持正常的工作，具有较大的工艺柔性和较宽的工艺范围，可以满足 FMS 系统柔性和高效率的生产要求。

② 机床互补式配置。在互补式配置中，各机床功能是互相补充的，各自完成特定的加工任务，工件在一定程度上必须按顺序经过各加工机床，如图

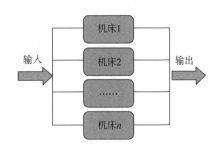

图 3.6 机床互替式配置

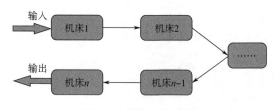

图 3.7　机床互补式配置

3.7 所示。这种机床配置具有较高的生产率，能充分发挥机床的性能，但由于是串联形式，降低了系统的可靠性，当一台机床发生故障，则整个系统不能继续运行。

③ 机床混合式配置。在混合式配置中，部分机床成互替式布局，整体设备成互补式布局，如图 3.8 所示。混合式配置兼具互替式和互补式的优点，能够更好地发挥柔性制造系统的性能，增加系统的设备柔性，同时提高产品加工的柔性。

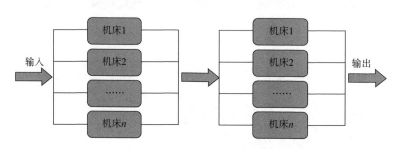

图 3.8　机床混合式配置

本系统的加工系统包括三台铣床和一台车床，整体形成混合式配置，其中铣床采取互替式配置，和车床形成互补式配置。

(2) 设备柔性

设备柔性是指系统易于实现加工不同类型的零件所需转换的能力。衡量指标有：更换磨损刀具的时间；加工同一类而不同组的零件所需的换刀时间；组装新夹具所需的时间；机床实现加工不同类型的零件所需的调整时间，包括刀具准备时间、零件安装定位和拆卸时间以及更换数控（NC）程序的时间。

智慧工厂的零件安装定位由机器人完成，数控程序通过计算机控制系统自动更换。柔性加工输送线由输送线装置、顶升平移机构、工装板定位装置等组成，如图 3.9 所示。系统配有传感器，整个输送线由 PLC 控制，PLC 和上层通过以太网进行通信。输送线通过线体和旋转平移机的组合，可以实现路线的控制和组合，产生不同的运输线路。

图 3.9　柔性输送线

(3) 工艺柔性

从产品设计源头融入柔性制造。基于企业的制造能力和柔性程度，结合市场供应链的水平和成本对产品进行模块化设计，把产品的各个功能部件独立成一个个的模块，这些模块是相互兼容和可替换的，接口是标准而通用的，而且不同模块的生产流程的生产成本也是柔性和可控的，模块化设计才能实现后续产品定制和销售。例如，不同颜色的产品设计，可以设定色系和选择范围等。

智慧工厂中，系统可以根据客户定制选择不同印章样式和雕刻文字，如图 3.10 所示。

东面
南面
西面
北面
顶面
底面

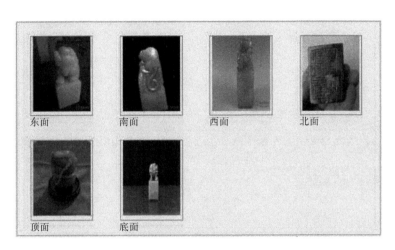

图 3.10　印章加工式样

系统可以生产四种印章：圆印章、方印章、下方上圆印章、下圆上方印章，如图 3.11 所示。系统可以根据客户需求定制这四种印章中的一种，不同印章生产工艺类似而不同，可以根据印章类型设定不同的工步。同时，印章雕刻内容可以根据客户需求灵活定制。

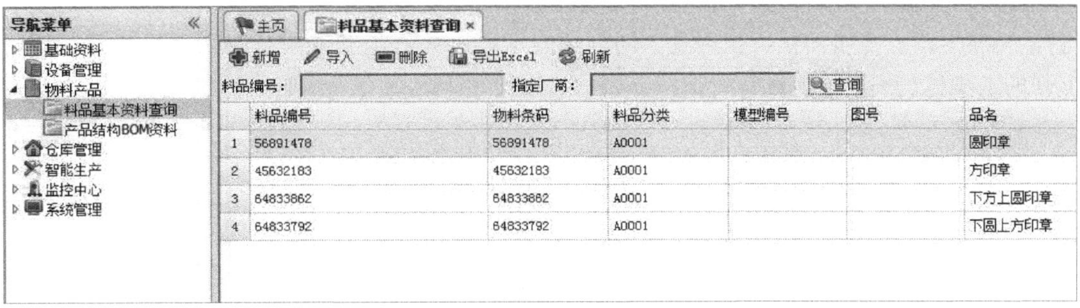

导航菜单
基础资料
设备管理
物料产品
料品基本资料查询
产品结构BOM资料
仓库管理
智能生产
监控中心
系统管理
主页
料品基本资料查询
新增
导入
删除
导出Excel
刷新
料品编号：
指定厂商：
查询
料品编号 物料条码 料品分类 模型编号 图号 品名
1 56891478 56891478 A0001 圆印章
2 45632183 45632183 A0001 方印章
3 64833862 64833862 A0001 下方上圆印章
4 64833792 64833792 A0001 下圆上方印章

图 3.11　印章类型查看

选择完产品后，需要设定其工艺。工艺设计通过 FMS 系统进行。选择 FMS 系统左侧菜单栏中的仓位“智能生产”→“工艺设计”，弹出“工艺设计”窗口，相关信息如图 3.12 所示。

如果需要新增工艺流程，可以在“工艺设计”窗口中选择“新增”按钮，然后填写工艺流程代码，设定工艺名称后，点击“保存”按钮，保存新增工艺，如图 3.13 所示。

图 3.12　工艺设计

	流程代号	流程名称	创建人	创建日期
1	LC400	出货	ADMIN	2016/05/07
2	LC300	演示	ADMIN	2016/05/07
3	LC200	测试PLC	ADMIN	2016/05/03
4	LC101	完整工艺2	ADMIN	2016/04/21
5	LC100	完整工艺1	ADMIN	2016/04/21
6	LC600	工艺3		

图 3.13　新增工艺流程

如果需要增加工步信息，可以点击如图 3.14 所示列表框中的"新增"按钮，从列表中选择"新工步"。工步的执行规则是：同列的表示可以并行生产；同行下列的只能等待同行上列的工步执行完毕才能运行；下行下列的必须等待上行所有列的工步都执行完才能运行。

图 3.14　工步信息设定

按照生产顺序编辑好每步工艺后，点击"保存"按钮即可。

工步详细信息的设置需要双击流程中的每个工步，分别添加详细的辅助关键信息，双击后会弹出新的窗口，在新的窗口点击"新增"按钮，添加相关信息，如图3.15所示。

图 3.15 领料示例

(4) 产品柔性

产品柔性指系统能经济而迅速地转向生产新产品的能力，即转产能力，也称为"反应柔性"，即指系统为适应新环境而采取新行动的能力。衡量指标是系统从生产一种零件转向生产另一种零件所需的时间。

智慧工厂通过配备不同的工装卡具可以加工一定尺寸范围内多种样式、多个品类的产品，如图3.16所示。

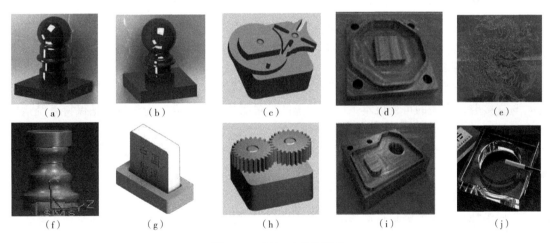

图 3.16 可加工产品类型

(5) 流程柔性

流程柔性指的是柔性制造系统可以处理其故障并维持生产持续进行的能力。这种能力包含两个方面，一是零件可以采用不同的工艺线路进行加工，二是能够完成加工某工序的机床不止一台。衡量指标是FMS在发生故障时的生产能力，即生产率不致显著下降或零件加工能继续进行。

加工印章时，印章的底座和手柄可以并行生产。系统可以同时进行多订单生产，不同订单之间可以实现混流生产。实现机理在于柔性调度控制系统的智能制造调度控制采用状态反馈机制。单元设备实时反馈状态信息，根据订单工艺制定工艺路线，所有订单所需工艺任务都暂存于任务池中，若设备空闲则智能选取执行任务池中对应的工艺任务，而无需关心订单信息，从而实现不同订单任务之间的混流生产。加工过程中，在关键节点上安装的 RFID 读写器及托盘中的 ID 标签，可实现将重要信息写入 ID 标签或者从 ID 标签中读出信息，从而指挥和控制工件的输送轨迹，如图 3.17 所示，这样可以为混流生产调度提供辅助决策信息，极大地简化调度控制逻辑。

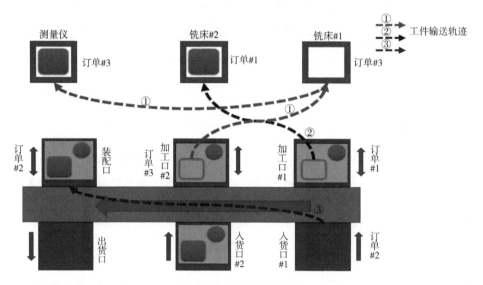

图 3.17　工件输送轨迹

(6) 批量柔性

批量柔性是指系统在不同批量下的盈利能力。通过提高自动化水平，机床的调整费用降低，与直接劳动有关的可变成本下降，系统的批量柔性随之提高。衡量指标是保持系统运转盈利的最小批量。批量越小，系统的柔性越高。

智慧工厂中，系统通过机器人进行机床上下料，工装夹具自动调整，可以实现单件小批量生产。

(7) 扩展柔性

扩展柔性指系统能够根据需要通过模块进行重组和扩展的能力。衡量指标是系统能扩展的规模大小。

智慧工厂的现有布局如图 3.18 所示，系统可以根据生产规模的大小进行扩展。同时，FMS 具备开放兼容的软硬件接口，在每个控制电控柜单元都留有扩展接口，以便系统有条件通过外接其他品牌的 PLC 或单片机对系统进行控制与通信。整套系统从软件、硬件到结构都具有很强的开放性，便于扩展更多模块或外接外部工业设备。

(8) 工序柔性

工序柔性指的是可以变换零件加工工序的能力。衡量指标是当加工工件的族、类、品种发生变化时，加工设备所需刀具、夹具、量具等的准备和更换时间，加工程序的准备及调校时间，以及软硬件的交换和调整时间。智慧工厂生产的印章主要分为手柄和底座两部分。手柄和底座的加工可以并行进行；底座的加工工序包括雕刻和底座圆铣削两部分，这两部分可

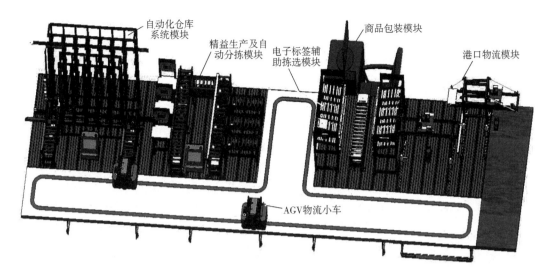

图 3.18 智慧工厂布局

以先铣削也可以先雕刻，可以通过调度系统根据加工时间和机床状态进行调整。

（9）生产柔性

生产柔性是指系统能够生产各种类零件的综合能力。衡量指标是现有的技术水平。智慧工厂可以生产不同类型的零件，通过调整数控加工程序，满足一定的形状和尺寸限制。

（10）人的因素

在柔性制造系统的发展历程中，"人"一直是需要考虑的重要因素，为了尽可能解放人力资源，柔性制造系统的研究致力于将人与制造技术、加工设备相集成，最终实现"人机一体化"目标。允许在有规则和方法的前提下使人与自动生产线协同工作，不能单纯追求无人化和自动化。例如，德国某一条自动生产线可以实现几十种产品的兼容性生产，如果在其中某个关键工序加入人工的协作，可以实现上百种产品的兼容性生产。因此，人、机合理地分配、协作，非常重要。

另外，随着先进制造理念的发展和技术的进步，出现了敏捷制造、精益生产、虚拟制造、数字孪生等新的理念，要求企业具有更好的柔性，更加快速、敏捷地响应市场需求。智慧工厂也配备了虚拟仿真系统，具备生产与物流过程仿真、离线编程与仿真、智慧工厂虚拟现实等功能，可用于智慧工厂系统的认知学习、操作演练、编程仿真、物流仿真、实验方案的设计与验证研究等。

3.3.3 智慧工厂中柔性制造系统的设备调度

（1）AGV 的柔性调度

柔性制造系统支持多台 AGV 同时运行。智能制造调度控制系统根据订单信息和 AGV 实时状态柔性调度 AGV 接送货。多台 AGV 在同一个环形跑道上，系统将根据 AGV 状态、起始站和目标站来智能决策哪个 AGV 工作以及其运行轨迹，保证 AGV 之间不碰撞及按最优路径运行。系统共有 3 台 AGV，如图 3.19 所示。实现任务接收和多 AGV 的调度控制、路径规划及状态显示；通过接收 FMS 分配的 AGV 任务，并逻辑控制分配给各个 AGV。其中 AGV1♯和 AGV2♯的协同规划轨迹如图 3.20 所示。

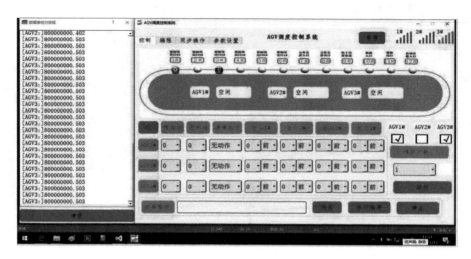

图 3.19　AGV 调度控制

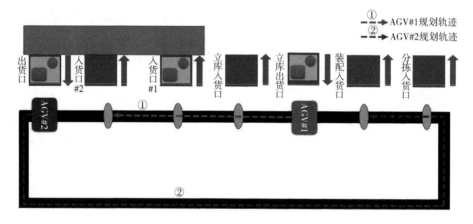

图 3.20　AGV 轨迹规划示例

（2）输送线入货口和加工口柔性调度

平台输送线设计有 4 个入货口、4 个加工出口、1 个装配口、1 个出货口，可最大承载 5 个托盘。输送线可实现柔性化调度，入货口、出货口及装配口均布置有 RFID 读写器，RFID 可为柔性调度提供辅助决策信息，使用 PLC 控制，与调度系统间的通信采用 OPC 协议。其中托盘输送轨迹如图 3.21 所示。

3.3.4　智慧工厂中柔性制造系统的生产调度

柔性制造系统生产作业与调度的关键问题就是在资源有限的约束下，合理地组织生产，达到最优的生产效果。其中组织生产的主要内容就是确定不同产品、不同工序的投产顺序，各种算法思想可以运用其中。调度算法的优劣对生产效率有很大的影响，并直接影响企业的产品交付履约率。

由于 FMS 面对的通常是多品种、小批量的生产，调度问题的类型分为两类，一类是车

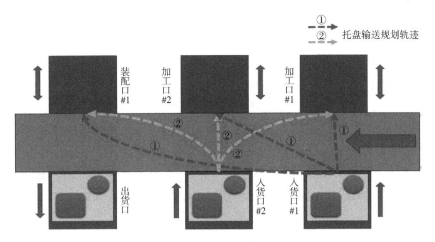

图 3.21　托盘输送轨迹

间调度问题（job shop problem，JSP），产品类型多样化，每一种产品在设备上的加工顺序不尽相同，投产顺序略有变化则会产生不同的结果，其排列组合的可能性极多；另一类是流水调度问题（flow shop problem，FSP），可以有多种产品类型，不同类型产品的加工时间和装夹时间不同，但每种产品在设备上的加工顺序相同，存在不同的调度目标。两类问题的求解都需要使用优化算法，几十年间，很多学者应用了不同的算法思想以得到更优化的投产方案，不同算法的应用也会对生产效率产生很大影响，也会影响到企业的反应速度。

（1）车间调度问题

JSP 研究 n 个工件在 m 台机器上的加工，已知各操作的加工时间和各工件在各机器上的加工次序约束，要求确定与工艺约束条件相同的各机器上所有工件的加工开始时间、完成时间和加工次序，使加工性能指标达到最优。

JSP 调度问题举例：

假定有 n 个工件在 m 台机器上加工，标准性假设：①任何零件不允许提前加工；②所有零件在零时刻可以被加工；③每一道工序都有其特定的工作内容和加工时间；④一个零件在某台机床上被加工完毕立即送往工艺加工路线中的下一台机床，运送时间忽略不计；⑤不同工序的机械加工辅助时间被计入机械加工时间；⑥工人的延误时间忽略不计。

调度的目标为：

$$\min Z \tag{3.1}$$

约束条件如下：

① 零件 i 的第 j 条工艺加工路线中的最后一道工序

$$T_{ijhm} - H(1 - X_{ij}) \leqslant Z \tag{3.2}$$

② 零件 i 的第 j 条工艺加工路线中的非最后一道工序

$$T_{ijhm} - T_{ij(h-1)g} + H(1 - X_{ij}) \geqslant t_{ijhm}, \ \forall i, j, m, g; h \neq 1 \tag{3.3}$$

③ 零件 i 的第 j 条工艺加工路线中的第一道工序

$$T_{ijhm} + H(1 - X_{ij}) \geqslant t_{ijhm}, \ \forall i, j, m; h = 1 \tag{3.4}$$

④ 零件 i 的第 j 条工艺加工路线和零件 p 的第 q 条工艺加工路线中都有工序要在机床设

备 m 上加工

$$T_{ijhm} - T_{pqsm} + HY_{ijhpqsm} + H(1-X_{ij}) + H(1-X_{pq}) \geqslant t_{ijhm} \qquad (3.5)$$

$$T_{pqsm} - T_{ijhm} + H(1-Y_{ijhpqsm}) + H(1-X_{ij}) + H(1-X_{pq}) \geqslant t_{pqsm} \qquad (3.6)$$

⑤ 所有零件只能有一条工艺加工路线被选中

$$\sum_{j} X_{ij} = 1, \quad \forall i \qquad (3.7)$$

⑥ 零件 i 和零件 p 的任何一条工艺加工路线都需要使用机床设备 m

$$-X_{ij} + \sum_{q} Y_{ijhpqsm} \leqslant 0 \qquad (3.8)$$

$$-X_{pq} + \sum_{j} Y_{ijhpqsm} \leqslant 0 \qquad (3.9)$$

⑦ 零件 i 的第 j 条工艺加工路线中的任何一道工序

$$T_{ijhm} \geqslant 0 \qquad (3.10)$$

式中，Z 为生产周期（Make-Span）；i 为零件；j 为属于一个零件的一条工艺加工路线；m 为机床设备；h 为零件的一条工艺加工路线的第 h 道工序；t_{ijhm}、T_{ijhm} 分别为零件 i 的第 j 条工艺加工路线中的第 h 道工序在机床 m 上的加工时间和加工结束时刻；H 为非常大的正数；$Y_{ijhpqsm}$ 为机床 m 加工工序 h 和 s 的顺序判别条件，当工序 h 和 s 都在机床 m 上被加工时，如果零件 i 的第 j 条工艺加工路线中的第 h 道工序先于零件 p 的第 q 条工艺加工路线中的第 s 道工序被加工，则 $Y_{ijhpqsm}=1$，否则 $Y_{ijhpqsm}=0$；X_{ij} 为零件 i 的第 j 条工艺加工路线被选中的判别条件，如果选中，则 $X_{ij}=1$，否则 $X_{ij}=0$。如果零件 i 的第 j 条工艺加工路线在式（3.2）和式（3.7）的条件下被选中，则式（3.1）中的目标方程用来限制该工艺加工路线最后一道工序的完工时刻；式（3.7）确保每个零件只有一条工艺加工路线被选中；式（3.3）和式（3.4）确保对于一个指定的零件，在机床 g 上加工的顺序 $h-1$ 先于在机床 m 上加工的下一道工序 h；式（3.5）和式（3.6）确保两道不同的工序不能同时在同一台机床上被加工，而且任何机床在任何时候都不能加工一道以上的工序；式（3.5）表示零件 p 的第 q 条工艺加工路线中第 s 道工序在机床 m 上先于零件 i 的第 j 条工艺加工路线中第 h 道工序被加工；式（3.6）表示了相反的加工顺序。同时，当每个零件只有一条工艺加工路线被选择后，这种先后顺序也被式（3.8）和式（3.9）所确定。

(2) 流水调度问题

FSP 研究 n 个工件在 m 台机器上按相同顺序加工。例如，某混流装配线一天的日生产计划中需要生产 500 件产品，其中，包括 60% 的 A 产品，30% 的 B 产品，10% 的 C 产品，那么如何制定投产顺序呢？

已经有研究确定投产顺序的最优解具有循环排序的形式。从上文可知，投入顺序的一个循环为 10 件产品，其中，A 产品 6 件，B 产品 3 件，C 产品 1 件。假如这 10 件产品的最优投入顺序为 {A，B，A，C，A，A，B，A，B，A}，则 500 件产品的投产计划可制定为这个顺序的 50 次重复。

假定：混流装配线可装配产品集合 $M = \{1, 2, \cdots, M\}$；装配线由 k 个作业域组成，集合为 $k = \{1, 2, \cdots, k\}$；一个生产循环中各产品的数量为 $d_m(m \in M)$，一个生产循环中总的需求量 $N = \sum_{m=1}^{M} d_m$；一个生产循环内需要装配产品的一个排序为 $X = (\sigma_1, \sigma_2, \cdots, \sigma_N)$。

投产问题需要先建模，然后求解。根据投产顺序制定时调度目的的不同，其目标函数可分为：

① 零件使用速度均匀化。

$$vpc = \sum_{k=1}^{D} \sum_{i=1}^{n} \sum_{j=1}^{m} (k\alpha_j - b_{i,j} - \beta_{k-1,j})^2 x_{k,i} \tag{3.11}$$

$$S.T. \begin{cases} \sum_{j=1}^{m} x_{k,j} = 1, \quad \forall k \tag{3.12} \\[2mm] \sum_{k=1}^{D} x_{k,j} = d_m, \quad \forall j \tag{3.13} \\[2mm] \alpha_j = \dfrac{\sum_m d_m b_{m,j}}{D} \tag{3.14} \\[2mm] \beta_{k,j} = \beta_{k-1,j} + x_{k,i} b_{i,j} \tag{3.15} \\[1mm] \beta_{0,j} = 0 \tag{3.16} \end{cases}$$

式中，i 为产品型号的下标，$i=1,2,\cdots,n$；j 为子装配数的下标，$j=1,2,\cdots,m$；k 为排序位置的下标，$k=1,2,\cdots,D$；D 为一个生产循环中的产品总需求量；n 为混流装配线上的产品种类数；m 为装配线上所有产品所需的零部件种类数；d_i 为在一个循环中产品型号 i 的数量；$b_{i,j}$ 为一个产品型号 i 所需要的零件 j 的数量；a_j 是为了使零件 j 达到线性使用效果的理想消耗量；如果产品型号 i 在排序中处于 k 位置，$x_{k,i}=1$，否则，$x_{k,i}=0$；$\beta_{k-1,j}$ 为 $k-1$ 之前所有位置对零件 j 的实际消耗量。

② 最小化公用工程。

$$\text{Minimize}\left(\sum_{j=1}^{J} \left(\sum_{i=1}^{I} U_{ij} + Z_{(i+1)j}/v_c \right) \right) \tag{3.17}$$

$$S.T. \begin{cases} \sum_{m=1}^{M} x_{im} = 1, \quad \forall i \tag{3.18} \\[2mm] \sum_{i=1}^{I} x_{im} = d_m, \quad \forall m \tag{3.19} \\[2mm] Z_{(i+1)j} = \max\left[0, \ \min(Z_{ij} + v_c \sum_{m=1}^{M} x_m t_{jm} - w, \ L_j - w)\right], \quad \forall i, j \tag{3.20} \\[2mm] U_{ij} = \max\left[0, \ \left(Z_{ij} + v_c \sum_{m=1}^{M} x_{im} t_{jm} - L_j/v_c \right)\right], \quad \forall i, j \tag{3.21} \\[2mm] w = [cv_c/(v_c + v_r)]/v_r \tag{3.22} \\[1mm] x_{im} = 0, 1, \quad \forall i, m \tag{3.23} \\[1mm] Z_{1j} = 0; \ Z_{ij} \geqslant 0, \quad \forall i, j \tag{3.24} \\[1mm] U_{ij} \geqslant 0, \quad \forall i, j \tag{3.25} \end{cases}$$

式中，Z_{ij} 是在一个生产循环中排在第 i 位的产品在作业域 j 的起始点；作业域 $k(k \in K)$ 的长度为 L^k；传送带的移动速度为 v_c；操作工人的移动速度为 v_r；c 代表作业域中传送带上的产品数；如果排在第 i 位的产品为产品种类 m，$x_{im}=1$，否则为 0。

式（3.18）保证在任意时刻每一个作业域只有一个产品被装配；式（3.19）保证每种产品的需求都可以被满足；式（3.20）表明第 $i+1$ 个产品在作业域 j 的起始位置；式（3.21）中表明了操作工在本作业域中未完成的工作量为 U_{ij}。

③ 最小化准备时间。

$$\text{Minimize}\Big(\sum_{j=1}^{J}\sum_{i=1}^{I}\sum_{m=1}^{M}\sum_{\gamma=1}^{M}x_{im\gamma}C_{jm\gamma}\Big) \tag{3.26}$$

$$S.T.\begin{cases} \sum_{m=1}^{M}\sum_{\gamma=1}^{M}x_{im\gamma}=1 & (3.27) \\[2mm] \sum_{m=1}^{M}x_{im\gamma}=\sum_{m=1}^{M}x_{(i+1)\gamma p} & (3.28) \\[2mm] \sum_{m=1}^{M}x_{im\gamma}=\sum_{p=1}^{M}x_{i\gamma p},\ \ \forall\gamma & (3.29) \\[2mm] \sum_{i=1}^{I}\sum_{\gamma=1}^{M}x_{im\gamma}=d_m,\ \ \forall m & (3.30) \\[2mm] x_{im\gamma}=0,\ 1,\ \forall i,\ m,\ \gamma & (3.31) \end{cases}$$

其中，$C_{jm\gamma}$ 是在作业域 j 从产品 m 到产品 γ 的换装成本；如果投入顺序中第 i 个产品和第 $i+1$ 个产品分别是 m 和 γ 的时候，$x_{jm\gamma}=1$，否则为 0。

式（3.27）约束投产顺序中每一个固定的位置只有一个产品；式（3.28）和式（3.29）确保投产顺序的统一；式（3.31）确保每种产品的需求得到满足。

④ 最小化完成时间或者最小化订单延迟时间。

假设：n 代表一个生产循环中共装配的产品件数；J 代表共有 J 个作业域（工位）；$t_{i,j}$ 表示第 i 个产品在第 j 个工位的装配时间；$\theta_{i,j}^{k}$ 为工位 k 上装配完产品 i 后，再装配玩具汽车 j 所需的准备时间（若不加特殊说明，$\theta_{i,j}^{k}=0$）；$T_{i,j}$ 为产品 i 在第 j 个工位的装配完毕时间；T_i 为产品 i 的实际装配完成时间；D_i 为产品 i 的计划装配完成时间。

令 $\pi=\{\sigma_1,\ \sigma_2,\ \cdots,\ \sigma_n\}$ 为一个生产循环内所有需要装配的产品的一个排序，则有：

$$\pi^{*}=\min\{f(\pi)=T_{\sigma n}\} \tag{3.32}$$

或者：

$$\pi^{*}=\min\Big\{f(\pi)=\sum_{i=1}^{n}\max\big[(T_{\sigma i}-D_{\sigma i}),\ 0\big]\Big\} \tag{3.33}$$

$$T_{\sigma 1,\ 1}=t_{\sigma 1,\ 1} \tag{3.34}$$

$$T_{\sigma j,\ 1}=t_{\sigma j-1,\ 1}+\theta_{\sigma j-1,\ \sigma j}^{1}+t_{\sigma j,\ 1},\ j=2,\ 3,\ \cdots,\ n \tag{3.35}$$

$$T_{\sigma 1,\ j}=t_{\sigma 1,\ j}-1+t_{\sigma 1,\ j},\ j=2,\ 3,\ \cdots,\ n \tag{3.36}$$

$$T_{\sigma j,\ i}=\max\{t_{\sigma j-1,\ i}+\theta_{\sigma j-1,\ \sigma j}^{i},\ T_{\sigma j,\ i-1}\},\ i=2,\ 3,\ \cdots,\ J;\ j=2,\ 3,\ \cdots,\ n \tag{3.37}$$

⑤ 各类产品投入速率均匀化。

$$\min\Big\{\sum_{n\in N}\sum_{i\in M}|D_i{}^{n}-ns_i|\Big\} \tag{3.38}$$

式中，N 代表一个生产循环内所有产品的总数；M 代表所有的产品种类数；$D_i{}^{n}$ 为到第 n 个产品投入时产品 i 的累计投入量；s_i 为每投入 1 个产品 i 的理想投入个数。

建模完需要进行求解。投产顺序问题是 NP-hard 问题，可以使用优化算法进行求解。现代优化的计算方法比较多，比如禁忌搜索算法、模拟退火算法、遗传算法、人工神经网络、拉格朗日松弛算法、蚁群算法等。用于调度的算法大多为禁忌搜索算法、模拟退火算法和遗传算法。混流装配调度最早使用的算法可以追溯到丰田公司的目标追迹法（goal chasing method，GCM），它实际上是一种贪婪算法，假定前 n 个产品的排序已经完成，现

在选择第 $n+1$ 个排序的产品，使目标函数增加最小的为首选。还有一些文献也用到禁忌搜索算法和模拟退火算法。近年来，遗传算法应用在混流装配调度中的研究比较多，包括适应度函数的选择、参数的选择、算法复杂性、算法收敛性等内容。

（3）应用举例

印章的整个生产过程包括：原料出库、AGV 运输、机加工（铣削和车削）、视觉检测、机器人装配、入库等操作，一般视觉检测和机器人装配各 1 分钟，铣削加工 20 分钟，车削加工 10 分钟，运行时间 8 分钟，整个流程耗时约 40 分钟。不同类型的产品各步骤的加工时间不同，视加工的复杂程度而定。因为机加工系统有 1 台数控车床、3 台数控铣床，从以上加工时间可以分析出，车床是主要的资源瓶颈，因此，当车床有空闲时，机械手优先将零部件转移到车床上进行操作。印章整体生产流程如图 3.22 所示。

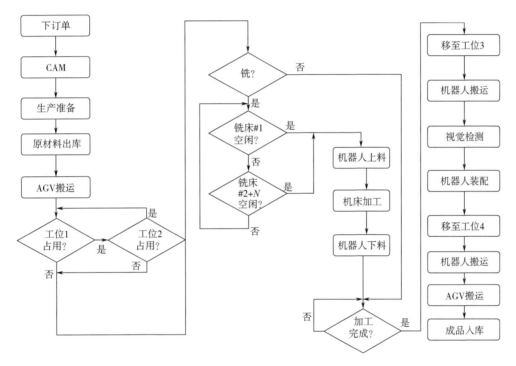

图 3.22　印章整体生产流程

现在重点分析印章生产中机加工部分的主要操作，主要包括车外圆、车形状、雕刻印面和铣底座圆孔几部分。其中，车外圆、车形状及雕刻印面是在手柄上进行，可以先车削再雕刻印面，如图 3.23 所示；也可以先雕刻印面再车削，如图 3.24 所示。铣圆孔在底座上进行。手柄和底座的加工可以同时进行，如图 3.23、图 3.24 所示。

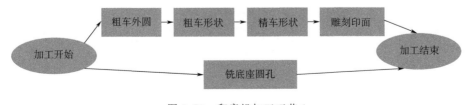

图 3.23　印章机加工工艺 1

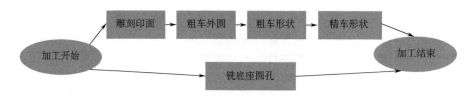

图 3.24　印章机加工工艺 2

假定需要完成两种类型印章的生产，分别命名为印章 A 和印章 B，系统有 2 个入口和 2 个出口，印章手柄和底座同时到达机加工系统并同时离开，加工时间如表 3.1 所示。

表 3.1　印章加工工序及时间

印章类型	车削/分钟	雕刻印面/分钟	铣底座圆孔/分钟
B	15	20	5
A	10	18	5

假如某天要生产 20 个 A 和 10 个 B，则怎样排产使总加工时间最短？

由上面的情境可知，A 和 B 的最小生产循环是 2∶1，即生产 2 个 A 和 1 个 B。排产顺序为 AAB。

情况 1：考虑 FSP 情况。

假如所有印章的加工工艺流程都一样，即先车削，然后再雕刻印面，同时加工铣削底座圆孔。那么如果按照默认顺序，即 AAB 的加工顺序，则总的加工时间为 63 分钟，甘特图如图 3.25 所示。

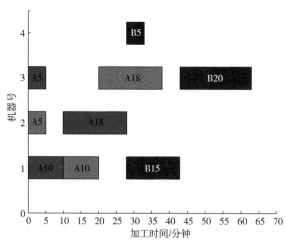

图 3.25　调度示例 1

如果改变加工顺序，按照 ABA 的顺序进行生产，则总的加工时间为 53 分钟，甘特图如图 3.26 所示。可见总的加工时间比之前减少 10 分钟。

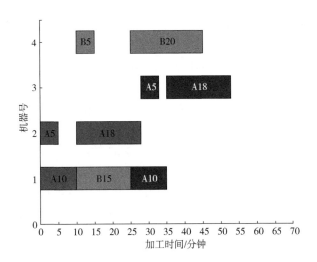

图 3.26　调度示例 2

情况 2：考虑 JSP 情况。

假如印章手柄每种类型产品的加工顺序可以不同，可以先车削或者先雕刻印面，则问题变成 JSP 问题。同样按照 ABA 的顺序进行投产，但操作工序顺序不同。比如，A 先车削再雕刻印面，B 和剩余的 A 可以先雕刻印面再车削，则总加工时间变为 48 分钟，比之前提高了 5 分钟，甘特图如图 3.27 所示。

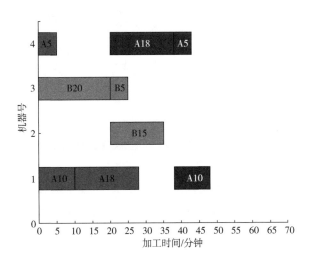

图 3.27　调度示例 3

因此，在智慧工厂中，FMS 的生产调度非常重要。好的调度计划会增加产品的加工效率，提高产出，使系统保持高效运行。

3.3.5 实时数据采集与工业大数据分析

(1) RFID 标签

RFID 标签可以写入柔性制造系统所需的生产信息编码及工艺信息编码，合理利用 RFID 标签可以提高系统生产调度的柔性，具体作用体现在：

① 实现在制造中自主判断、自主调度功能，将传统中复杂的逻辑调度进行模块化，进而简单化。

② 将工序处理前后时间记录到 RFID 标签中，便于随时追踪，实现 PC 记录库及 RFID 标签使自动生产线具备柔性功能，可以实现混流加工。

在本系统的自动化仓库入口，通过读 RFID 标签的产品/零部件 ID 信息并结合库位分配信息，确定入库位置；在自动化仓库出口，通过读 RFID 标签的产品/零部件 ID 信息，确定出库信息；在加工入口，通过读 RFID 标签的产品/零部件 ID 信息，判断加工工艺，导入相关加工程序。加工完成后，加工信息写入 RFID 标签中，包括加工人员、使用设备、加工时间等信息，便于进行质量监控和追溯，其整体结构如图 3.28 所示。

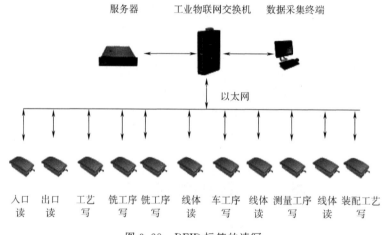

图 3.28 RFID 标签的读写

(2) 大数据存储与挖掘

通过工业以太网将控制单元与服务器连接，服务器存储大量信息，形成庞大的数据库。其中的数据库包括：

①订单数据库；②生产任务与进度数据库；③工艺数据库；④G 代码数据库；⑤检测要素及结果数据库；⑥装配程序数据库；⑦RFID 编码数据库；⑧仓储信息数据库；⑨RFID 读写器工作状态数据库；⑩机床加工状态数据库；⑪机床寿命统计数据库；⑫AGV 任务统计数据库；⑬视频监控数据库。

通过大数据的积累，可以进行数据挖掘，提供有效信息改善生产系统。比如对机床进行预防性维修，对生产过程进行统计过程控制，更好地完成加工信息的统计及优化，更加有效地进行产品质量追溯和质量监控等。

3.4 本章小结

　　本章主要介绍了智慧工厂中柔性制造系统的理论知识与实际应用。首先介绍了柔性制造系统的产生背景和发展情况，之后阐述了柔性制造系统的基本概念、组成、分类，以及柔性制造技术的特点与发展趋势，然后论述了柔性制造系统中生产运作与管理的任务及操作方法，最后分析了智慧工厂中柔性制造系统的应用情况，包括系统概貌、柔性体现、设备调度、生产调度、实时数据采集与工业大数据分析等内容。

第4章

智能物流系统

4.1　智能物流概述

　　智能物流就是利用条码、射频识别技术、传感器、全球定位系统等先进的物联网技术，通过信息处理和网络通信技术平台广泛应用于物流业运输、仓储、配送、包装、装卸等基本活动环节，实现货物运输过程的自动化运作和高效率优化管理，提高物流行业的服务水平，降低成本，减少自然资源和社会资源的消耗。物联网为物流业提供了一个很好地将传统物流技术与智能化系统运作管理相结合的平台，进而能够更好、更快地实现智能物流的信息化、智能化、自动化、透明化系统的运作模式。

　　智能物流在实施过程中强调的是物流过程数据智慧化、网络协同化和决策智慧化。智能物流在功能上要实现6个"正确"，即正确的货物、正确的数量、正确的地点、正确的质量、正确的时间、正确的价格；在技术上要实现物品识别、地点跟踪、物品溯源、物品监控、实时响应。

4.1.1　主要技术

(1) 自动识别技术

　　自动识别技术是以计算机、光、机、电、通信等技术的发展为基础的一种高度自动化的数据采集技术。它通过应用一定的识别装置，自动地获取被识别物体的相关信息，并提供给后台的处理系统来完成相关后续处理的一种技术。它能够帮助人们快速而又准确地进行海量数据的自动采集和输入，在运输、仓储、配送等方面已得到广泛的应用。经过近30年的发展，自动识别技术已经发展成为由条码识别技术、智能卡识别技术、光学字符识别技术、射频识别技术、生物识别技术等组成的综合技术，正在向集成应用的方向发展。

　　条码识别技术是使用最广泛的自动识别技术，它是利用光电扫描设备识读条码符号，从而实现信息自动录入。条码是由一组按特定规则排列的条、空及对应字符组成的表示一定信息的符号。不同的码制，条码符号的组成规则不同。较常使用的码制有：EAN/UPC条码、128条码、ITF -14条码、交叉二五条码、三九条码、库德巴条码等。

　　射频识别（RFID）技术是现代自动识别技术，它是利用感应、无线电波或微波技术的读写器设备对射频标签进行非接触式识读，达到对数据自动采集的目的。它可以识别高速运动物体，也可以同时识读多个对象，具有抗恶劣环境、保密性强等特点。

生物识别技术是利用人类自身生理或行为特征进行身份认定的一种技术。生物特征包括手形、指纹、脸形、虹膜、视网膜、脉搏、耳廓等，行为特征包括签字、声音等。由于人体特征具有不可复制的特性，这一技术的安全性较传统意义上的身份验证机制有很大提高。人们已经发展了虹膜识别技术、视网膜识别技术、面部识别技术、签名识别技术、声音识别技术、指纹识别技术等生物识别技术。

（2）数据挖掘技术

数据仓库出现在 20 世纪 80 年代中期，它是一个面向主题的、集成的、非易失的、时变的数据集合，数据仓库的目标是把来源不同的、结构相异的数据经加工后在数据仓库中存储、提取和维护，它提供全面的、大量的复杂数据的分析处理和高层次的决策支持。数据仓库使用户拥有任意提取数据的自由，而不干扰业务数据库的正常运行。

数据挖掘是从大量的、不完全的、有噪声的、模糊的及随机的实际应用数据中，挖掘出隐含的、未知的、对决策有潜在价值的知识和规则的过程。一般分为描述型数据挖掘和预测型数据挖掘两种。描述型数据挖掘包括数据总结、聚类及关联分析等，预测型数据挖掘包括分类、回归及时间序列分析等。其目的是通过对数据的统计、分析、综合、归纳和推理，揭示事件间的相互关系，预测未来的发展趋势，为企业的决策者提供决策依据。

（3）人工智能技术

人工智能就是探索、研究用各种机器模拟人类智能的途径，使人类的智能得以物化与延伸的一门学科。它借鉴仿生学思想，用数学语言抽象描述知识，用以模仿生物体系和人类的智能机制，主要的方法有神经网络、进化计算和粒度计算三种。

神经网络。神经网络是在生物神经网络研究的基础上模拟人类的形象直觉思维，根据生物神经元和神经网络的特点，通过简化、归纳，提炼总结出来的一类并行处理网络。神经网络的主要功能有联想记忆、分类聚类和优化计算等。虽然神经网络具有结构复杂、可解释性差、训练时间长等缺点，但由于其对噪声数据的高承受能力和低错误率的优点，以及各种网络训练算法如网络剪枝算法和规则提取算法的不断提出与完善，使得神经网络在数据挖掘中的应用越来越广泛。

进化计算。进化计算是模拟生物进化理论而发展起来的一种通用的问题求解的方法。因为它来源于自然界的生物进化，所以它具有自然界生物所共有的极强的适应性特点，这使得它能够解决一些难以用传统方法来解决的复杂问题。它采用了多点并行搜索的方式，通过选择、交叉和变异等进化操作，反复迭代，在个体的适应度值的指导下，使得每代进化的结果都优于上一代，如此逐代进化，直至产生全局最优解或全局近优解。其中最具代表性的就是遗传算法，它是基于自然界的生物遗传进化机理而演化出来的一种自适应优化算法。

粒度计算。早在 1990 年，我国著名学者张钹和张铃就进行了关于粒度问题的讨论，并指出人类智能的一个公认的特点，就是人们能从极不相同的粒度（granularity）上观察和分析同一问题。人们不仅能在不同粒度的世界上进行问题的求解，而且能够很快地从一个粒度世界跳到另一个粒度世界，往返自如，毫无困难。这种处理不同粒度世界的能力，正是人类问题求解的强有力的表现。随后，Zadeh 讨论模糊信息粒度理论时，提出人类认知的三个主要概念，即粒度（包括将全体分解为部分）、组织（包括从部分集成全体）和因果（包括因果的关联），并进一步提出了粒度计算。他认为，粒度计算是一把大伞，它覆盖了所有有关粒度的理论、方法论、技术和工具的研究，主要有模糊集理论、粗糙集理论和商空间理论三种。

（4）GIS 技术

GIS 是打造智能物流的关键技术与工具，使用 GIS 可以构建物流一张图，将订单信息、网点信息、送货信息、车辆信息、客户信息等数据都集中在一张图中进行管理，实现快速智能分单、网点合理布局、送货路线合理规划、包裹监控与管理。

GIS 技术可以帮助物流企业实现基于地图的服务，比如：

① 网点标注。将物流企业的网点及网点信息（如地址、电话、提送货等信息）标注在地图上，便于用户和企业管理者快速查询。

② 片区划分。从"地理空间"的角度管理大数据，为物流业务系统提供业务区划管理基础服务，如划分物流分单责任区等，并与网点进行关联。

③ 快速分单。使用 GIS 地址匹配技术，搜索定位区划单元，将地址快速分派到区域及网点，并根据该物流区划单元的属性找到责任人，以实现"最后一公里"配送。

④ 车辆监控管理系统。从货物出库到到达客户手中全程监控，减少货物丢失；合理调度车辆，提高车辆利用率；各种报警设置，保证货物司机与车辆安全，节省企业资源。

⑤ 物流配送路线规划辅助系统。用于辅助物流配送规划。合理规划路线，保证货物快速到达，节省企业资源，提高用户满意度。

⑥ 数据统计与服务。将物流企业的数据信息在地图上可视化。通过科学的业务模型、GIS 专业算法和空间挖掘分析，洞察通过其他方式无法了解的趋势和内在关系，从而为企业的各种商业行为，如制定市场营销策略、规划物流路线、合理选址分析、分析预测发展趋势等构建良好的基础，使商业决策系统更加智能和精准，从而帮助物流企业获取更大的市场契机。

随着人力成本的上涨，制造业开始朝自动化、智能化方向发展，而以 Automated Guided Vehicle（AGV）为载体的物流运输系统成为智慧工厂的重要组成部分。目前，AGV 在制造业的应用还处于初级阶段，大部分用于仓库与生产线之间或生产线之间的物料自动运输，取代传统的叉车。只有小部分比较有实力的制造业把 AGV 作为智能化工厂建设的一部分，与装配工艺、ERP 系统结合在一起。

4.1.2　发展方向

运输成本在经济全球化的影响下，竞争日益激烈。如何配置和利用资源，有效地降低制造成本是企业所要重点关注的问题。要实现这种战略，没有一个高度发达的、可靠快捷的物流系统是无法实现的。随着经济全球化的发展和网络经济的兴起，物流的功能也不再是单纯为了降低成本，而是发展成为提升客户服务质量以提高企业综合竞争力。当前，物流产业正逐步形成七个发展趋势，它们分别为信息化、智能化、环保化、企业全球化与国际化、服务优质化、产业协同化以及第三方物流。

（1）信息化趋势

信息网络技术的发展和不断普及，推动传统物流方式向物流信息化转变。物流信息化是现代物流的核心，是指信息技术在物流系统规划、物流经营管理、物流流程设计与控制和物流作业等物流活动中全面而深入的应用，并且成为物流企业和社会物流系统核心竞争力的重要组成部分。物流信息化一般表现为以下三个方面：

① 公共物流信息平台的建立将成为国际物流发展的突破点。公共物流信息平台（public logistic information platform，PLIP）是指为国际物流企业、国际物流需求企业和其他相关部门提供国际物流信息服务的公共的商业性平台。其本质是为国际物流生产提供信息化手段的支持和保障。公共物流信息平台的建立，能实现对客户的快速反应。现代社会经济是一个服务经济的社会，建立客户快速反应系统是国际物流企业更好地服务客户的基础。公共物流信息平台的建立，能加强同合作单位的协作。

② 物流信息安全技术将日益被重视。网络技术发展起来的物流信息技术，在享受网络飞速发展带来巨大好处的同时也时刻饱受着可能遭受的安全危机，例如，网络黑客无孔不入的恶意攻击、病毒的肆虐、信息的泄露等。应用安全防范技术，保障国际物流企业的物流信息系统平台安全、稳定地运行是国际物流企业长期面临的一项重大挑战。

③ 信息网络将成为国际物流发展的最佳平台。连接全球的互联网从科技领域进入商业领域后，得到了飞速的发展。互联网以其简便、快捷、灵活、互动的方式，全天候地传送全球各地间的信息，跨越空间限制，"天涯若比邻"，整个世界变成了"地球村"。网上信息流通的时间成本和交换成本空前降低。商务、政务及个人事务都可以把信息搭载在互联网上传送。互联网已经成为并将继续成为担负起全球信息交换使命的新平台。

（2）智能化趋势

国际物流的智能化已经成为电子商务物流发展的一个方向。智能化是物流自动化、信息化的一种高层次应用，物流作业过程中大量的运筹和决策，如库存水平的确定、运输（搬运）路线的选择、自动导引车的运行轨迹和作业控制、自动分拣机的运行、物流配送中心经营管理的决策支持等问题，都可以借助专家系统、人工智能和机器人等相关技术加以解决。

除了智能化交通运输，无人搬运车、机器人堆码、无人叉车、自动分类分拣系统、无纸化办公系统等现代物流技术，都大大提高了物流的机械化、自动化和智能化水平。同时，还出现了虚拟仓库、虚拟银行的供应链管理，这都必将把国际物流推向一个崭新的发展阶段。

（3）环保化趋势

物流与社会经济的发展是相辅相成的，现代物流一方面促进了国民经济从粗放型向集约型转变，又在另一方面成为消费生活高度化发展的支柱。然而，无论在"大量生产-大量流通-大量消费"的时代，还是在"多样化消费-有限生产-高效率流通"的时代，都需要从环境的角度对物流体系进行改进，即需要形成一个环境共生型的物流管理系统。环境共生型的物流管理就是要改变原来经济发展与物流、消费生活与物流的单向作用关系，在抑制物流对环境造成危害的同时，形成一种催促经济和消费生活同时健康发展的物流系统，即向环保型、循环型物流转变。绿色物流正在这一背景下成为全球经济可持续发展的一个重要组成部分。绿色物流是指在物流过程中抑制物流对环境造成危害的同时，实现对物流体系的净化和优化，从而使物流资源得到充分的利用。在我国，由于经营者和消费者对绿色经营、绿色消费理念的提高，绿色物流正日益受到广泛和高度的重视，初步搭建起企业绿色物流的平台。不少企业使用"绿色"运输工具，采用小型货车等低排放运输工具，降低运输车辆尾气排放量；采用绿色包装，使用可降解的包装材料，提高包装废弃物的回收再生利用率；开展绿色流通加工，以规模作业方式提高资源利用率，减少环境污染。

（4）企业全球化与国际化趋势

近些年，经济全球化以及我国对外开放不断扩大，更多的外国企业和国际资本"走进来"和国内物流企业"走出去"，推动国内物流产业融入全球经济。在我国承诺国内涉及物流的大部分领域全面开放之后，联邦快递、联合包裹、日本中央仓库等跨国企业不断通过独资形式或控股方式进入中国市场。外资物流企业已经形成以长三角、珠三角和环渤海地区等经济发达区域为基地，向东北和中西部扩展的态势。同时，伴随新一轮全球制造业向我国转移，我国正在成为名副其实的世界工厂，在与世界各国之间的物资、原材料、零部件和制成品的进出口运输上，无论是数量还是质量都正在发生较大变化。这必然要求物流国际化，即物流设施国际化、物流技术国际化、物流服务国际化、货物运输国际化和流通加工国际化等，促进世界资源的优化配置和区域经济的协调发展。

（5）服务优质化趋势

消费多样化、生产柔性化、流通高效化时代，使得社会和客户对现代物流服务提出更高的要求，给传统物流形式带来了新的挑战，进而使得物流发展出现服务优质化的发展趋势。物流服务优质化努力实现"5 Right"的服务，即把好的产品在规定的时间、规定的地点，以适当的数量、合适的价格提供给客户，将成为物流企业优质服务的共同标准。物流服务优质化趋势代表了现代物流向服务经济发展的进一步延伸，表明物流服务的质量正在取代物流成本，成为客户选择物流服务的重要标准之一。

（6）产业协同化趋势

21 世纪是一个物流全球化的时代，制造业和服务业逐步一体化，大规模生产、大量消费使得经济中的物流规模日趋庞大和复杂，传统的、分散的物流活动正逐步拓展，整个供应链向集约化、协同化的方向发展，成为物流领域的重要发展趋势之一。从物流资源整合和一体化角度看，物流产业重组、并购不再仅仅局限于企业层面上，而是转移到相互联系、分工协作的整个产业链条上，经过服务功能、行业资源及市场的一系列重新整合，形成以利益供应链管理为核心的、社会化的物流系统；从物流市场竞争角度看，随着全球贸易的发展，发达国家一些大型物流企业跨越国境展开连横合纵式的并购，大力拓展物流市场，争取更大的市场份额，物流行业已经从企业内部的竞争拓展为全球供应链之间的竞争；从物流技术角度看，信息技术把单个物流企业连成一个网络，形成一个环环相扣的供应链，使多个企业能在一个整体的管理下实现协作经营和协调运作。

（7）第三方物流趋势

随着物流技术的不断发展，第三方物流作为一个提高物资流通速度、节省仓储费用和资金在途费用的有效手段，已越来越引起人们的高度重视。第三方物流是在物流渠道中由中间商提供的服务，中间商以合同的形式在一定期限内，提供企业所需的全部或部分物流服务。经过调查统计，全世界的第三方物流市场具有潜力大、渐进性和高增长率的特性。它的潜力大集中表现在它极高的优越性上，主要表现在：①节约费用，减少资本积压；②集中主业；③减少库存；④提升企业形象，给企业和顾客带来了众多益处。此外，大多数公司开始时并不是第三方物流服务公司，而是逐渐发展进入该行业的。可见，它的发展空间很大。

综合可知，在竞争日益激烈的 21 世纪，进一步降低物流成本，选择最佳的物流服务，提高自身产品的竞争力，必将成为商家在激烈的商战中取胜的主要手段。物流必将以多方向的趋势更快更好地发展。

4.2 智能仓储系统

智能仓储系统主要职能是对仓库内物料、设施实现统筹管理，并协调、调度仓库内各种资源，为制造企业生产提供生产材料，并根据仓储作业的各个环节，实现从原材料入库到成品出库一系列完整的业务功能。智能仓储系统总体业务流程图如图4.1所示。

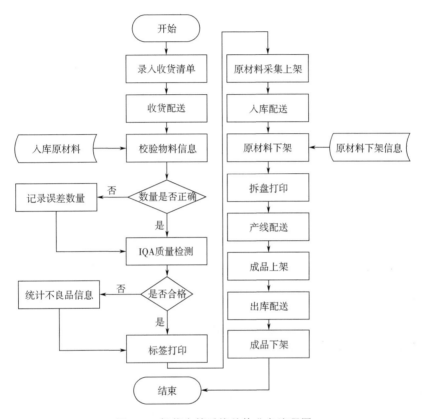

图 4.1　智能仓储系统总体业务流程图

在原材料入库前，物料采集员录入收货清单，并根据收货清单中每条收货信息维护相应的收货明细信息。当原材料到达仓库后，物料采集人员扫描入库原材料二维码，查询入库原材料对应的收货信息，根据收货明细信息检查入库原材料类型、数量是否正确，若实收数量与应收数量不一致时，记录误差数量。数量检测完毕后，接下来对入库原材料进行质量检测，记录原材料合格数量和不合格数量，分别对良品和不良品进行信息统计。按照仓储作业的标准，在入库前需要对原材料实现贴标处理，在标签打印过程中，根据原材料类型，选择相应标签模板，进行标签打印。贴标工作完成后对入库原材料进行采集上架操作，在上架过程中选择原材料货架，并根据货物类型，将入库原材料放入货架适当的仓位中，完成原材料入库功能。在企业生产过程中，生产原材料由仓库提供，产线工作人员根据产线所需原材料信息，执行原材料下架操作。原材料下架后为了满足不同产线不同数量的需求，通常对原材料进行拆盘处理，拆分工作完成后需要对原盘和新盘重新打印贴标，之后将原材料配送至各个产线。当产线生产任务结束后,由产线工作人员采集成品信息,成品信息采集完毕后执行成品上架流程,成品上架时将成品放入周转箱内,以周转箱为单位进行成品上架,上架结束后将货架配送至出口处,实现成品下架功能。

4.2.1 信息管理系统

(1) 需求分析与功能设计

智能化仓库信息管理系统是仓储业务与网络数据库、自动化数据采集模块相结合的自动化、信息化管理系统,是自动化仓库的最重要组成部分。其目的是在遵循一般仓库业务流程的基础上,实现仓库数据的自动采集与更新、仓库业务的智能决策。一般来说,如图 4.2 所示,智能化仓库信息管理系统应包括以下功能模块。

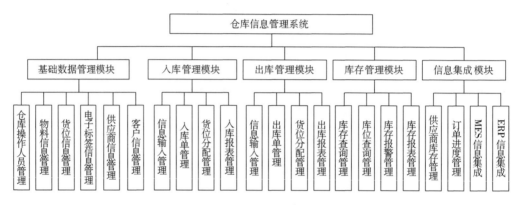

图 4.2 系统功能结构图

① 基础数据管理模块:该模块包括对仓库操作人员、物料信息、货位信息、电子标签信息、供应商信息和客户信息等基础数据的增加、删除、修改、查询功能。

② 入库管理模块:该模块包括信息输入、入库单、货位分配、入库报表管理四个部分。作业过程中,通过自动采集装置或人工输入的方式将物料的代码、数量、规格等信息输入到信息管理系统中,系统客户端进行入库单管理,并根据预先设定的物料储位优化原则,优化出物料应该存储的货位,将优化后的结果通过指令传达给拣选设备控制系统,控制拣选设备将物料存放到相应的位置。完成操作后,可根据需要完成入库报表的导出和打印。

③ 出库管理模块:该模块包括信息输入、出库单、货位分配、出库报表管理四个部分。作业过程中,根据配料单或领料单,将需要出库物料的信息输入到信息管理系统中,系统客户端进行出库单管理,并根据预先设定的物料出库优化原则,优化出各物料拣选出库的顺序和数量,将优化后的结果通过指令传达给拣选设备控制系统,控制拣选设备将物料依次出库。完成出库工作。完成操作后,可根据需要完成出库报表的导出和打印。

④ 库存管理模块:该模块包括库存查询、库位查询、库存报警、库存报表管理四个部分。库存是仓库内所存储货品信息的汇总,库存管理工作主要包括对库存中货物的盘点、对库位的查询、对库存货物进行整理和移动、当某种货物的数量少于最低库存量时会进行报警提示等相关的工作,并能生成报表进行打印。

⑤ 信息集成模块:该模块包括供应商库存管理、订单进度管理、MES 信息集成和 ERP 信息集成等功能。为了快速响应用户需求,信息管理系统应具有供应链信息集成和企业信息集成

的功能，通过因特网、企业内部局域网、ZigBee 等多种途径彻底解决"数据孤岛"的问题。

在设计开发自动化仓库信息管理系统时，需要完成的工作是前端应用程序的开发和后台数据库的建立以及维护。对于数据库的建立，要求能够实现数据的一致性和完整性，并且需要保证数据库中数据的安全性；对于前端应用程序的开发，则要求开发好的系统功能完善，并且应该做到界面简洁，易于操作。

（2）信息管理系统数据库的设计

在分析自动化仓库信息管理系统需要实现功能的基础上，可得到如下的数据项和数据结构：

① 操作人员信息：包括的数据项有登录用户名、用户密码、用户权限、用户部门。

② 物料信息：包括的数据项有物料编码、物料名称、电子标签卡号、物料质量、物料体积、物料类别。

③ 货位信息：包括的数据项有货位编码、货位坐标 X、货位坐标 Y、货位坐标 Z、货位体积、货位类别。

④ 入库信息：包括的数据项有入库单编号、物料编码、物料名称、入库数量、货位分配、入库日期、经办人。

⑤ 出库信息：包括的数据项有出库单编号、物料编码、物料名称、出库数量、货位分配、出库日期、经办人。

⑥ 库存信息：包括的数据项有物料编码、物料名称、物料类别、货位编码、库存数量、最低库存、更新时间、经办人。

对应于上面的数据项和数据结构，将其转化为实际的数据库逻辑结构。在设计过程中，把需要用到的数据库关系表在数据库中建立起来，其中需要将每个表的字段名称、数据类型、数据长度、是否为空在数据库中详尽地表示出来，这就是数据库的物理结构设计。设计过程中，在 SQL Server 数据库中对应的关系表分别如表 4.1~表 4.6 所示。

表 4.1 操作人员信息表

字段名称	数据类型	数据长度	是否为空
用户名	text	16	NOT NULL
用户密码	char	16	NOT NULL
用户权限	text	8	NOT NULL
用户部门	text	16	NOT NULL

表 4.2 物料信息表

字段名称	数据类型	数据长度	是否为空
物料编码	char	16	NOT NULL
物料名称	text	16	NOT NULL
电子标签卡号	int	8	NOT NULL
物料质量	int	8	NOT NULL
物料体积	int	8	NOT NULL
物料类别	char	8	NOT NULL

表 4.3　货位信息表

字段名称	数据类型	数据长度	是否为空
货位编码	char	16	NOT NULL
货位坐标 X	int	16	NOT NULL
货位坐标 Y	int	4	NOT NULL
货位坐标 Z	int	4	NOT NULL
货位体积	int	8	NOT NULL
货位类别	char	8	NOT NULL

表 4.4　入库信息表

字段名称	数据类型	数据长度	是否为空
入库单编号	char	16	NOT NULL
物料编码	char	16	NOT NULL
物料名称	text	16	NOT NULL
入库数量	int	8	NOT NULL
货位分配	char	16	NOT NULL
入库日期	datetime	8	NOT NULL
经办人	text	16	NOT NULL

表 4.5　出库信息表

字段名称	数据类型	数据长度	是否为空
出库单编号	char	16	NOT NULL
物料编码	char	16	NOT NULL
物料名称	text	16	NOT NULL
出库数量	int	8	NOT NULL
货位分配	char	16	NOT NULL
出库日期	datetime	8	NOT NULL
经办人	text	16	NOT NULL

表 4.6　库存信息表

字段名称	数据类型	数据长度	是否为空
物料编码	char	16	NOT NULL
物料名称	text	16	NOT NULL
物料类别	char	8	NOT NULL
货位编码	char	16	NOT NULL
库存数量	int	8	NOT NULL
最低库存	int	8	NOT NULL
更新时间	datetime	8	NOT NULL
经办人	text	16	NOT NULL

根据物理设计结果，把原始数据录入数据库关系表，建立一个具体的数据库并编写相应的应用程序。数据库设计是一项严谨且重要的工作，在数据库设计完成之后投入运行之前需要进行多次调试，并对调试过程中出现的问题及时改正，以保证系统能够安全、稳定地运行。

4.2.2 信息标记技术

智慧工厂实训平台采用了 RFID（radio frequency identification）射频识别技术用于读取产品信息和对订单进行追踪。RFID 技术在智慧工厂、物流系统、仓储系统等领域应用广泛，它可通过无线射频信号识别电子标签，并且可以对电子标签进行读写操作，这种读写操作可以不需要两者直接接触，只需电子标签能够在读写器射频的范围内。生活中，RFID 技术的应用随处可见，车辆的自动刷卡缴费；高速公路不停车收费、停车场和海关通关刷卡通行等；学校门口出入管理、食堂一卡通和工厂门口出入管理等。

(1) RFID 工作原理

射频识别（RFID）的通俗名称叫电子标签，它由标签、解读器、数据传输和处理系统三部分组成。标签也被称为电子标签或智能标签，它是内存带有天线的芯片，芯片中存储有能够识别目标的信息。RFID 标签具有持久性、信息接收传播穿透性强、存储信息容量大、种类多等特点。有些 RFID 标签支持读写功能，目标物体的信息能随时被更新。解读器分为手持和固定两种，由发送器、接收仪、控制模块和收发器组成。收发器和控制计算机或可编程逻辑控制器（PLC）连接，从而实现它的通信功能。解读器也有天线，可接收和传输信息。数据传输和处理系统中解读器是通过接收标签发出的无线电波接收读取数据。最常见的是被动射频系统，当解读器遇见 RFID 标签时，发出电磁波，周围形成电磁场，标签从电磁场中获得能量，激活标签中的微芯片电路，芯片转换电磁波，然后发送给解读器，解读器把它转换成相关数据。控制计算机就可以处理这些数据，从而进行管理控制。在主动射频系统中，标签中装有电池，可在有效范围内活动。

(2) RFID 辅助拣选系统简介

RFID 辅助拣选系统是采用先进电子技术和通信技术开发而成的物流辅助作业系统，通常使用在现代物流中心货物分拣环节，具有效率高、差错率低的作业特点。RFID 辅助拣选系统作为一种先进的作业手段，与仓储系统或其他物流管理系统配合使用效率更高，其特征和优点如表 4.7 所示。

表 4.7　RFID 辅助拣选系统特征和优点

特征	优点
➢ TCP/IP 硬件架构	➢ 无纸化作业
➢ 系列无线式电子标签	➢ 简化订单处理过程，显著提高拣货效率
➢ 提供多功能不同的操作模式结构	➢ 在线管理：拣货数据在线控制，库存数据一目了然
➢ 容易安装与维护，扩充性强	➢ 提高准确率：拣货差错率减少到 0.1% 以下
➢ 操作温度在 −30～50℃	➢ 容易培训：任何人员 30 分钟内学会拣货行业

(3) RFID 技术在智慧工厂实训平台中的应用

智慧工厂实训平台采用 RFID 技术对产品生产过程进行追踪和定位。在货物的出入库、进出加工线、拣选口和分拣口等都进行 RFID 读写卡的实时数据读取和修改处理，提高了追踪货物的效率和对货物定位的准确度。

根据智慧工厂实训平台对 RFID 技术应用的需求，需要选择合适的 RFID 设备布置在实训平台中。实训平台使用 RFID 技术主要目的是货物识别和生产监控，由于应用位置较多、方便操作，且实训平台对 RFID 读写距离要求不高，所以采用固定式的读写器和低频射频识别。根据智慧工厂实训平台的需求和市场 RFID 产品的情况，实训平台采用读取范围在 0～20cm 和工作频段在 902～928MHz 的捷通固定式读写器 JT-6220A。

以便生产过程货物的定位和订单的状态监控能够合理完成，首先应对 RFID 读写器存储信息进行分析和确定。RFID 系统的电子标签主要存储的信息是订单号和货物的编码等，然而货物不可能在仓库中就存在订单号，需要在特定的时间将货物的电子标签修改成订单号和货物编号的组合，电子标签信息存储过程如图 4.3 所示。

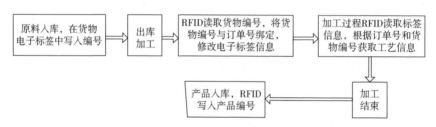

图 4.3　电子标签信息存储过程

根据实训平台对生产监控的需要和电子标签信息存储过程的特点，将 RFID 读写器设置在智慧工厂实训平台中的自动化仓库出库口和入库口、电子标签辅助拣选入货口、生产装配线的出货口和入货口、自动分拣的入货口、自动加工线出入口和等待口等各个位置。智慧工厂实训平台 RFID 读写器的布局情况如图 4.4 所示。

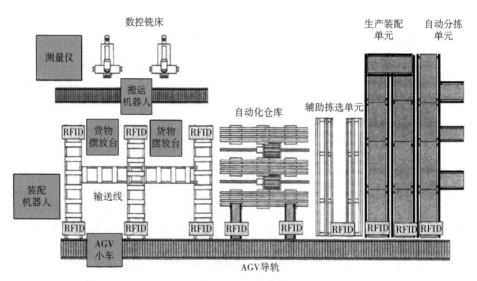

图 4.4　RFID 读写器的布局情况

系统设置了十几个 RFID 读写器，在自动化仓库出库位置设置 RFID 读写器是实现货物与订单的绑定，入库位置设置 RFID 读写器是实现货物与订单的解除绑定，在其他位置设置 RFID 读写器是让设备通过 RFID 读写器读取信息获取对应的工艺信息，从而进行生产制造。

结合 RFID 在实训平台中的布局和电子标签信息存储过程，RFID 技术对更好地执行生产调度过程也具有重要作用。如图 4.5 所示是 RFID 技术在流程中的应用。

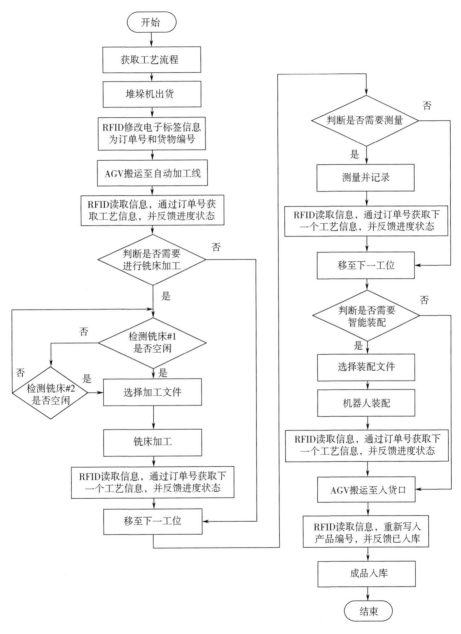

图 4.5　RFID 技术在流程中的应用

实训平台工作流程主要是出入库、加工制造、测量检测和装配四个关键操作，RFID 在这四个操作中的应用如图 4.5 所示。在出入库阶段主要是对订单号和货物编号的处理，并且代表着订单进度的起始和终止；加工制造阶段主要利用 FMS 软件通过 RFID 中的订单信息获取工艺信息，从而来判断下一步工艺情况；测量阶段和装配阶段同加工制造阶段一样，RFID 都会将订单信息发送给上位机进行处理，来确定是否进行测量和装配，而且在这几个阶段都会将订单的进度反馈给上位机，从而做到对订单追踪的效果。

（4）RFID 辅助拣选系统关键实现

① 电子标签主控制器。主控制器需将主控计算机发送的订单任务传输给电子标签显示模块，主控制器为显示模块提供电源。主控制器通过 MAX232 串口芯片接收主控计算机通过 ZigBee 串口协议传输的指令，并通过 ZigBee 转 RS-232 控制模块将 ZigBee 协议转换成 RS-232 协议，通过 74HC595 芯片将控制指令传输给电子标签显示模块。

② 电子标签显示模块。电子标签显示模块用于显示仓库货架上所存货物的拣选数量。电子标签显示的内容由主控计算机通过主控制器进行控制，拣选作业完成后，拣选工作人员通过显示模块上的按钮将作业情况传送给主控计算机。

③ 供电模块。在拣选系统的设计中，设计不但要满足设备的供电需求，还要满足尽量降低供电成本的要求。电子标签显示模块可采用本地直流电源或由主控制器集中供电，为降低电源功耗，提高效率，采用开关电源。

（5）RFID 辅助拣选系统硬件设计

在实际设计中，需要自主设计主控制器、电子标签显示模块等。这些模块有一些相似的功能模块，如果设计时考虑到模块的通用性，不仅仅能降低设计成本，还能够满足大批量生产的要求。

① STC12C5A60S2 单片机。STC12C5A60S2 系列单片机是宏晶科技生产的单时钟/机器周期（1T）的单片机，是高速、低功耗、超强抗干扰的新一代 8051 单片机，指令代码完全兼容传统的 8051，但速度快 8～12 倍。内部集成 MAX810 专用复位电路、2 路 PWM、8 路高速 10 位 A/D 转换，针对电机控制、强干扰场合。

② RS-232 总线驱动电路。MAX232 芯片是美信公司专门为电脑的 RS-232 标准串口设计的单电源电平转换芯片，使用+5V 单电源供电。

主要特点：符合所有的 RS-232C 技术标准；只需要单一的+5V 电源供电；片载电荷泵具有升压、电压极性反转能力，能够产生+10V 和−10V 电压（V+、V−）；功耗低，典型供电电流为 5mA；内部集成 2 个 RS-232C 驱动器；内部集成两个 RS-232C 接收器。

引脚介绍：第一部分是电荷泵电路，由 1、2、3、4、5、6 引脚和 4 只电容构成，功能是产生+12V 和−12V 两个电源，提供 RS-232 串口需要的电平。第二部分是数据转换通道，由 7、8、9、10、11、12、13、14 引脚构成两个数据通道，其中引脚 13（R1IN）、12（R1OUT）、11（T1IN）、14（T1OUT）为第一数据通道；引脚 8（R2IN）、9（R2OUT）、10（T2IN）、7（T2OUT）为第二数据通道。TTL/CMOS 数据从引脚 T1IN、T2IN 输入转换成 RS-232 数据，从引脚 T1OUT、T2OUT 传送到电脑 DB9 插头；DB9 插头的 RS-232 数据从引脚 R1IN、R2IN 输入，转换成 TTL/CMOS 数据后，从引脚 R1OUT、R2OUT 输出。第三部分是供电，引脚 15 GND、16 VCC（+5V）。

MAX232 引脚图及外围电路分别如图 4.6、图 4.7 所示。

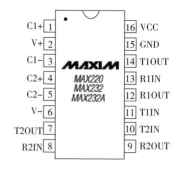

图 4.6　MAX232 引脚图

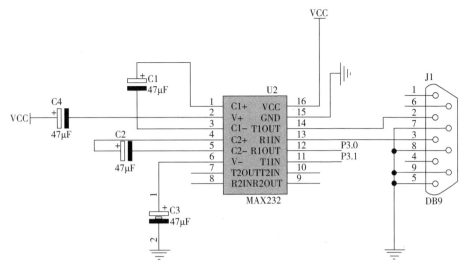

图 4.7　MAX232 外围电路

③ 74HC595 数码管驱动芯片。74HC595 是带有存储寄存器和三态输出的 8 位串行移位寄存器，移位寄存器和存储寄存器有各自的时钟。每当移位寄存器输入时钟 SHCP 上升沿来临之时，数据被移出。每当存储寄存器输入时钟 STCP 上升沿来临之时，数据并行地存储到存储寄存器。如果两个时钟上升沿同时到来，移位寄存器总是要比存储寄存器提前一个时钟动作。

移位寄存器有一个串行数据输入（DS）和一个串行数据输出（Q7S），同时也提供一个异步复位端（低电平有效）。存储寄存器有 8 位 3 态总线输出，输出使能（OE）为低电平时，存储寄存器中的值就输出。

74HC595 引脚图及外围电路如图 4.8、图 4.9 所示。

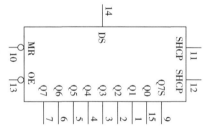

图 4.8　74HC595 引脚图

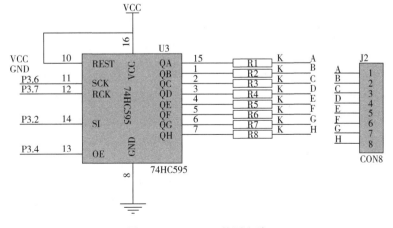

图 4.9　74HC595 外围电路

④ LED 数码管显示。数码管采用 74HC595 实现数码显示，数码显示分为动态显示和静态显示。静态显示具有锁存功能，可以使数据显示得更清楚，但浪费了一些资源。目前单片机数码管普遍采用动态显示，该方法编程简单，但只能显示数字，不能显示中文。

4.2.3 拣选系统

拣选作业，即根据客户订单信息将货物从仓库储位取出，并进行整理组合再包装，放置在指定地点的配送中心作业流程。订单是拣选作业所依据的信息，纸质订单对纯人工作业来说是必不可少的。现代配送中心面向连锁超市、生产车间等大中型客户，基本上每份订单都包含多种货物，因此拣选主要是多种货物订单。拣选作业涵盖按照订单查找存储在仓库中不同地方的物品、在仓库中多次来回行走寻找货物、拣出货物、确认、订单文件处理工作等。

拣选作业其实是物料搬运与信息处理两种活动的综合，如图 4.10 所示。高效、准确地集合订单中所需商品是拣选作业的目的，也可以看出拣选作业主要在于搬运的距离、信息传递的准确性、发货作业的衔接、作业流程之间的相互影响。

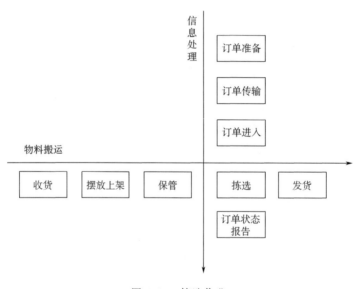

图 4.10　拣选作业

(1) 拣选流程

包括：生成拣选信息—查找—行走—拣取—分类与集中—文件处理。

① 生成拣选信息。接到客户订单按策略进行分单、合单或直接生成指示拣选作业的单据。但由于纸质单据易受到污损而导致信息的流失，更重要的是没有在本仓库或配送中心产品的货位的相关标注，增加了拣选员寻找货物的工作量，先进的方式是直接通过信息化手段来实现订单信息的传递。

② 查找。仓库内货物分散存储在不同的位置，存储位置非常多，要找到所需的货物，必须按订单寻找。如上一个步骤中已由仓库管理系统（warehouse management system，WMS）生成包含货位和路径信息的拣选资料，或者采用其他提示方式以简化查找过程。

③ 行走。拣选过程可以分为是人的移动还是货物的移动，要拣取的货物必须出现在拣选员面前，包括以下两种方式："货至人"和"人至货"。

④ 拣取。拣选员到达货物存储位置时，拣选员拿货并核对——读取货物名称并与拣选单对比，或通过扫描货物条码等其他方式确认，此外，货品重量检测也是一种合理方式。

⑤ 分类与集中。完成订单货物拣取后，货物需要按客户或消费者需求进行分类、集中，经过检验、包装、复核等作业后送至出库区发货。

⑥文件处理。出库前相关仓管人员在单据上签字并存档，若采用了电子确认方式，那么在电脑上进行处理。

（2）拣选方法与技术

① 拣选方法。流通过程中冲击主要发生在装卸作业和运输过程中。垂直冲击主要发生在搬运、装卸时的跌落；水平冲击主要发生在车辆在不平的道路上行驶时车辆突然启动或者制动。拣选系统由三个元素构成：拣选货架、集货货架、拣选员。一个元素静止不动，与其他两个元素组合，或者两个元素不动，与其他一个元素组合，共产生六种不同的拣选方法："人到货"、分布式的"人到货"、"货到人"、闭环的"货到人"、活动的"人到货"以及拣选货架与集货货架结合的拣选方法。本节图 4.11～图 4.15 所示的 A 代表空托盘，B 代表储货货架，k 代表拣选员。

a."人到货"拣选方法。"人到货"拣选方法是比较常用的拣选方法，货架不动，通过人工移动以拣取货物。如图 4.11 所示。

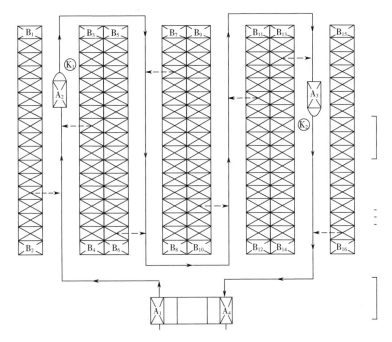

图 4.11　"人到货"拣选方法

这种作业方法的优点是简单、柔性高，但是有需要仓库作业面积大、补货不便、效率低、劳动强度高的缺点。

b. 分布式的"人到货"拣选方法。拣选货架不动，但拣货作业区被输送机或者其他传送设备分开，如图 4.12 所示。结合人工与输送机，拣选工作在输送机的两边分开进行，所拣出的物品由拣选员直接送到输送机。这种方式拣选员的行走距离较短。但缺点是拣选任务很难均匀分布在两边，拣选员的工作节奏不协调，任务分配会存在不均的情况。同时系统的柔性不是特别高。

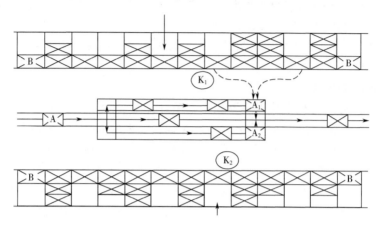

图 4.12　分布式的"人到货"拣选方法

c."货到人"拣选方法。"货到人"拣选方法，顾名思义就是拣选员在固定区域不动，货物随着拣选货架移动到拣选员面前，由拣选员去除该托盘中货物，并集中放到集货托盘上，如图 4.13 所示。

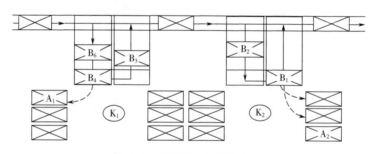

图 4.13　"货到人"拣选方法

这种拣选方法的优点在于拣选员不需要移动，一方面提高了拣选员拣货效率，优化了工作条件与环境，另一方面，整个作业流程紧凑，容易补货以及清理空托盘。缺点是整条拣选线初期投入较大，拣选周期较其他方法长。

d. 闭环的"货到人"拣选方法。闭环的"货到人"拣选方法是载货托盘有序放置在固定位置，拣选员根据拣货单对应拿取载货托盘货物并放于托盘上，空置拣选货架或者托盘由输送机从另一条路径送出，如图 4.14 所示。

该拣选方法的优点是作业面积小、空置托盘或拣选箱易处理、拣选路径易优化、容易提高效率、整个拣选线柔性好、利于组织作业。缺点是顺序作业，整个系统作业时间较长，所需的软件、硬件设备前期投资大。

e. 活动的"人到货"拣选方法。搬运机械设备携带集货容器或者集货点，拣选员或拣选机器人、高架堆垛随之运动，拣选员和拣选设备在事先制作好的订单指导下，到指定的货物存放地，将货物按照订单要求装满集货单元，再返回到集货点将按订单拣选的货物放下，

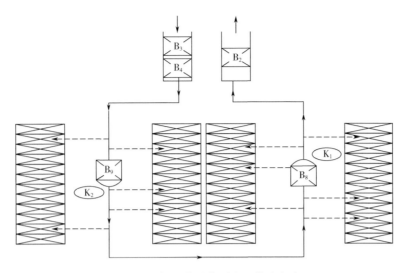

图 4.14　闭环的"货到人"拣选方法

再进行下一次拣选。系统简图如图 4.15 所示。

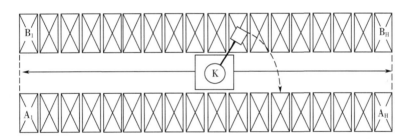

图 4.15　活动的"人到货"拣选方法

此拣选方法一般是用在出库频率高而且货物品类单一的场合。

f. 拣选货架与集货货架结合拣选方法。拣选员作为中转站，运动的拣选货架将货物送到拣选员身边，闲置的集货货架从已经拣选结束的拣选口直接运动至拣选员身边，拣选员将货物放置到集货货架，完成一次拣选任务。但此种拣选方法仍然是一种理想的拣货方法，主要是由于控制和信息匹配方面的技术限制而没有很好地应用到现实中去。

人工拣选方法，效率低下，需要大量劳动力，人力成本高且错误率较机械设备又高，拣选方法较为传统。随着科技的发展和刘易斯拐点的到来，物流机械化、自动化、信息化辅助拣选必然成为今后的发展趋势，不仅能提高行业、企业效率，同时也能降低成本。

② 拣选技术。当前拣选大致存在三种方式，具体如下：一种是完全自动化的方式去执行拣选作业，不需要人工参与；一种是人工拣选，需要大量的人力投入；一种是人工拣选和一些辅助拣选的设备协同作业的拣选方式。

完全自动化拣选主要是由输送装置和机械臂协同完成拣选，人工拣选则是由拣选工作人员按照集成的订单或者单个订单行至集货货架处，挑选出订单上所需的货物，再送至集货处。人工与辅助拣选设备协同作业的拣选方式常见的有拣选小车（RF Terminal/RF Picking Cart）、AGV、自动存取系统 AS/RS 及垂直/水平回转库存取系统。

4.3 AGV 系统

智能物流是构建智慧工厂的基石，而 AGV 即自动导引车又是智能物流的重要设备。由多个 AGV 组成的自动运输系统，是实现物流自动运输的重要手段，对于提高灵活性，降低成本、生产时间和资源耗费具有重要意义。可以说智慧工厂都离不开 AGV 小车，无论是大型无人工厂，还是小型半自动化工厂我们都可以看到 AGV 的身影，可以理解成只要有搬运的地方，都有 AGV 小车的用武之地。

4.3.1 概述

AGV 通常也称为 AGV 小车、无人搬运车、自动导航车、激光导航车，指装备有电磁或光学等自动导引装置，能够沿规定的导引路径行驶，具有安全保护以及各种移载功能的运输车，工业应用中不需驾驶员的搬运车，以可充电的蓄电池为其动力来源。一般可通过电脑来控制其行进路线以及行为，或利用电磁轨道（electromagnetic path-following system）来设立其行进路线，电磁轨道粘贴于地板上，无人搬运车则依靠电磁轨道所带来的信息进行移动与动作。

其显著特点是无人驾驶，AGV 上装备有自动导向系统，可以保障系统在不需要人工引航的情况下就能够沿预定的路线自动行驶，将货物或物料自动从起始点运送到目的地。AGV 的另一个特点是柔性好、自动化程度高和智能化水平高，AGV 的行驶路径可以根据仓储货位要求、生产工艺流程等改变而灵活改变，并且运行路径改变的费用与传统的输送带和刚性的传送线相比非常低廉。AGV 一般配备装卸机构，可以与其他物流设备自动接口，实现货物和物料装卸与搬运全过程自动化。此外，AGV 还具有清洁生产的特点，AGV 依靠自带的蓄电池提供动力，运行过程中无噪声、无污染，可以应用在许多要求工作环境清洁的场所。

4.3.2 AGV 优点

(1) 自动化程度高

由计算机、电控设备、磁气感应 SENSOR、激光反射板等控制。当车间某一环节需要辅料时，由工作人员向计算机终端输入相关信息，计算机终端再将信息发送到中央控制室，由专业的技术人员向计算机发出指令，在电控设备的配合下，这一指令最终被 AGV 接收并执行——将辅料送至相应地点。

(2) 充电自动化

当 AGV 小车的电量即将耗尽时，它会向系统发出请求指令，请求充电（一般技术人员会事先设置好一个值），在系统允许后自动到充电的地方"排队"充电。

(3) 提高企业形象

AGV 美观且可观赏度高，从而提高企业的形象。

(4) 方便且减少占地面积

生产车间的 AGV 小车可以在各个车间穿梭往复。

4.3.3 AGV 分类

AGV 从发明至今已有 50 多年历史，随着应用领域的扩展，其种类和形式变得多种多样。

根据 AGV 自动行驶过程中的导航方式将 AGV 分为以下几种类型：

① 电磁感应引导式 AGV。电磁感应引导式 AGV 一般是在地面上，沿预先设定的行驶路径埋设电线，当高频电流流经导线时，导线周围产生电磁场，AGV 上左右对称安装有两个电磁感应器，它们所接收的电磁信号的强度差异可以反映 AGV 偏离路径的程度。AGV 的自动控制系统根据这种偏差来控制车辆的转向，连续的动态闭环控制能够保证 AGV 对设定路径的稳定自动跟踪。这种电磁感应引导式导航方法在绝大多数商业化的 AGVS 上使用，尤其是适用于大中型的 AGV。

② 激光引导式 AGV。该种 AGV 上安装有可旋转的激光扫描器，在运行路径沿途的墙壁或支柱上安装有高反光性反射板的激光定位标志。AGV 依靠激光扫描器发射激光束，然后接收由四周激光定位标志反射回的激光束，车载计算机计算出车辆当前的位置以及运动的方向，通过和内置的数字地图进行对比来校正方位，从而实现自动搬运。

该种 AGV 的应用越来越广泛，并且依据同样的引导原理，若将激光扫描器更换为红外发射器或超声波发射器，则激光引导式 AGV 可以变为红外引导式 AGV 和超声波引导式 AGV。

③ 视觉引导式 AGV。视觉引导式 AGV 是正在快速发展和成熟的 AGV，该种 AGV 上装有 CCD 摄像机和传感器，在车载计算机中设置有 AGV 欲行驶路径周围环境图像数据库。AGV 行驶过程中，摄像机动态获取车辆周围环境图像信息并与图像数据库进行比较，从而确定当前位置并对下一步行驶做出决策。

这种 AGV 由于不要求人为设置任何物理路径，因此在理论上具有最佳的引导柔性。随着计算机图像采集、储存和处理技术的飞速发展，该种 AGV 的实用性越来越强。

此外，还有铁磁陀螺惯性引导式 AGV、光学引导式 AGV 等多种形式的 AGV。

按物料搬运的作业流程要求可以分为：

① 牵引式 AGV。牵引式 AGV 使用最早，它只起拖动作用，货物则放在挂车上，大多采用 3 个挂车，转弯和坡度行走时要适当减速。牵引式 AGV 主要用于中等运量或大批运量，运送距离在 50～150m 或更远。目前牵引式 AGV 多用于纺织工业、造纸工业、塑胶工业、一般机械制造业，提供车间内和车间外的运输。

② 托盘式 AGV。托盘式 AGV 车体工作台上主要运载托盘。托盘与车体移载装置不同，有辊道、链条、推挽、升降架和手动形式。适合于整个物料搬运系统处于地面高度时，从地面上一点送到另一点。AGV 的任务只限于取货、卸货，完成即返回待机点，车上可载 1～2 个托盘。

③ 单元载荷式 AGV。单元载荷式 AGV 根据载荷大小和用途分成不同形式。根据生产作业中物料和搬运方式的特点，采用单元载荷式的运载车比较多，适应性也强。一般用于总运输距离比较短、行走速度快的情况，适合大面积、大重量物品的搬运，且自成体系，还可以变更导向线路，迂回穿行到达任意地点。

④ 叉车式 AGV。叉车式 AGV 根据载荷装卸叉子方向、升降高低程度可分成各种形式。叉车式 AGV 不需复杂的移载装置，能与其他运输仓储设备相衔接，叉子部件根据物品形状，采用不同的形式，如对大型纸板、圆桶形物品则采用夹板、特种结构或采用双叉结构。为了保持 AGV 有载行走的稳定性，车速不能太快，且搬运过程速度要慢。有时由于叉车伸

出太长，AGV 需活动面积和行走通道较大。

⑤ 轻便式 AGV。考虑到轻型载荷和用途的日益广泛，各种形式的轻便式 AGV 应运而生。轻便式 AGV 是一种轻便简单、使用非常广泛的 AGV。它的体型不大、结构相对简单许多、自重很轻、价格低廉。由于采用计算机控制，组成的 AGVS 具有相当大的柔性，主要用于医院、办公室、精密轻量部件加工等行业。

⑥ 专用式 AGV。专用式 AGV 根据其用途可分为：装配用 AGV、特重型物品用 AGV、特长型物品用 AGV、SMT 专用 AGV、冷库使用的叉车式 AGV、处理放射性物品使用的 AGV、超洁净室使用的 AGV、胶片生产暗房或无光通道使用的 AGV 等。

⑦ 悬挂式 AGV。日本某些公司把沿悬挂导向电缆行走的搬用车也归入 AGV，多用于半导体、电子产品洁净室，载重在 50～700kg。这种 AGV 轻型的较多，承重多为单轨，如日本的 Muratec 公司生产的公众空中无人导引运输车（SKY-RAV）。

按自主程度可以分为：

① 智能型 AGV。每台 AGV 小车的控制系统中通过编程存有全部的运行线路和线路区段控制的信息，AGV 小车只需知道目的地和到达目的地后所需完成的任务，就可以自动选择最优线路完成指定的任务。在这种方式下，AGVS 中使用的主控计算机可以比较简单。主控计算机与各 AGV 车载计算机之间通过通信装置进行连续的信息交换，主控计算机可以实时监控所有 AGV 的工作状态和运行位置。

② 普通型 AGV。每台 AGV 小车的控制系统一般比较简单，其本身的所有功能、路线规划和区段控制都由主控计算机进行控制。此类系统的主控计算机必须有很强的处理能力。小车每隔一段距离通过地面通信站与主控计算机交换信息，因此 AGV 小车在通信站之间的误动作无法及时通知主控计算机。当主控计算机出现故障时，AGV 小车只能停止工作。

4.3.4 AGV 主要应用

近年来 AGV 技术得到大幅度提升，其应用领域也在不断扩展，AGV 系统在智慧工厂中的主要应用范围有如下几个方面：

(1) 柔性装配线

传统生产线一般都是由一条连续的刚性传送设备组成，短则数米，长则数千米，如汽车装配线等。采用 AGV 之后，生产线更加灵活，当产品发生变动时，生产线做少量改进或做程序调整就能随产品的变化而变化。不仅可以作为无人自动搬运车辆使用，也可作为一个个可移动的装配台、加工台使用，它们既能自由独立地分开作业，又能准确有序地组合衔接，形成没有物理隔断，但是能起动态调节作用、高度柔性的生产线。目前这种 AGV 柔性装配线在轿车总装线、家电生产线、发动机装配线、试车线、机床加工线中均有应用。

(2) 物料搬运

在工厂的物料搬运中，AGV 小车能轻松运载车间物料，不需要人的参与，可以根据设定的站点随意放置物料。米克力美 AGV 项目工程师表示：一台 AGV 的工作量是一个工人加一台叉车的 3～3.5 倍。使用 AGV 搬运物料，不仅能节约成本，更能提升产能。在生产线往往需要 4 个人才能完成的搬运任务，只需要配备 1 台 AGV 小车就可以轻松完成。

(3) 特殊应用场合

AGV 无人自动搬运解决了一些不适宜人在其中生产或工作的特殊环境问题，如核材料、危险品（农药、有毒物品、腐蚀性物品、易燃易爆物品）等。在钢铁厂，AGV 用于炉料的运送，减轻了工人的劳动强度；在核电站和利用核辐射进行保鲜储存的场所，AGV 用于物品的运送，避免了有危害的辐射；在胶卷和胶片仓库，AGV 可以在黑暗的环境中，准确、可靠地运送物料和半成品。

AGV 系统是智慧工厂一个重要组成部分，它能高效地完成原材料的供送、成品的转移输送、仓储货物柔性配送等。在生产制造过程中，AGV 系统还可以与 MES（制造执行系统）、WMS（仓库管理系统）、PLCS（生产线控制系统）等进行数据交换与对接。随着社会物流体系的迅速发展与逐步完善，AGV 的应用范围也会越来越广泛。同时，AGV 技术也将越来越先进。图像识别技术、激光导引技术、导航技术等技术的结合将推动 AGV 的发展，从而推动柔性生产线、自动化工厂、智能物流的快速前进与发展。

4.3.5 AGV 系统

4.3.5.1 AGV 系统组成

AGV 系统由控制台、通信系统、地面导航系统、充电系统、AGV 和地面移载设备组成，如图 4.16 所示。

其中，主控计算机负责 AGV 系统与外部系统的联系与管理，它根据现场的物料需求状况向控制台下达 AGV 的输送任务。在 AGV 电池容量降到预定值后，充电系统给 AGV 自动充电。地面移载设备一般采用滚道输送机、链式输送机等将物料从自动化仓库或工作现场自动移载到 AGV 上，反之也可以将物料从 AGV 上移载下来并输送到目的地。AGV、充电系统、地面移载设备等都可以根据实

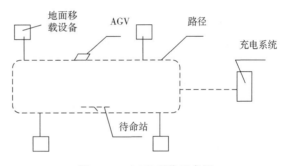

图 4.16　AGV 系统示意图

际需要及工作场地任意布置，这也体现了 AGV 在自动化物流中的柔性特点。

控制台可以采用普通的 PC 机，如条件恶劣时，也可采用工业控制计算机。控制台通过计算机网络接收主控计算机下达的 AGV 输送任务，通过无线通信系统实时采集各 AGV 的状态信息。根据需求情况和当前各 AGV 运行情况，将调度命令传递给选定的 AGV。AGV 完成一次运输任务后在待命站等待下次任务。如何高效地、快速地进行多任务和多 AGV 的调度，以及复杂地形的避碰等一系列问题都需要软件来完成。由于整个系统中各种智能设备都有各自的属性，因此用面向对象设计的 C++ 语言来编程是一个很好的选择。编程时要注意的是 AGV 系统的实时性较强，为了加快控制台和 AGV 之间的无线通信以及在此基础上的 AGV 调度，编程中最好采用多线程的模式，使通信和调度等功能模块互不影响，加快系统运行速度。

通信系统一方面接收监控系统的命令，及时、准确地传送给其他各相应的子系统，完成监控系统所指定的动作；另一方面又接收各子系统的反馈信息，传送给监控系统，作为监控系统协调、管理、控制的依据。

由于 AGV 位置不固定,且整个系统中设备较多,控制台和 AGV 之间的通信最适宜用无线通信的方式。控制台和各 AGV 就组成了一点对多点的无线局域网,在设计过程中要注意两个问题:

① 无线电的调制问题。在无线电通信中,信号调制可以用调幅和调频两种方式。在系统的工作环境中,电磁干扰较严重,调幅方式的信号频率范围大,易受干扰,而调频信号频率范围很窄,很难受干扰,所以应优先考虑调频方式。而且调幅方式的波特率比较低,一般都小于 3200kbps,调频的波特率可以达到 9600kbps 以上。

② 通信协议问题。在通信中,通信的协议是一个重要问题。协议的制定要遵从既简洁又可靠的原则。简洁有效的协议可以减少控制器处理信号的时间,提高系统运行速度。

4.3.5.2 AGV 的结构

AGV 由车载控制系统、车体系统、行走系统、移载系统、安全与辅助系统和导航系统组成。

(1) 车载控制系统

车载控制系统是 AGV 的核心部分,一般由计算机控制系统、导航系统、通信系统、操作面板及电机驱动器构成。计算机控制系统可采用 PLC、单片机及工控机等。导航系统根据导航方式不同可分为电磁导航、磁条导航、激光导航和惯性导航等不同形式。通过导航系统 AGV 能确定其自身位置,并能沿正确的路径行走。通信系统是 AGV 和控制台之间交换信息和命令的桥梁,由于无线电通信具有不受障碍物阻挡的特点,一般在控制台和 AGV 之间采用无线电通信,而在 AGV 和地面移载设备之间为了定位精确采用光通信。操作面板的功能主要是在 AGV 调试时输入指令,并显示有关信息,通过 RS-232 接口和计算机相连接。AGV 上的能源为蓄电池,所以 AGV 的动作执行元件一般采用直流电动机、步进电动机和直流伺服电动机等。

(2) 车体系统

车体系统包括底盘、车架、壳体和控制器、蓄电池安装架等,是 AGV 的躯体,具有电动车辆的结构特征。

(3) 行走系统

一般由驱动轮、从动轮和转向机构组成。形式有三轮、四轮、六轮等,三轮结构一般采用前轮转向和驱动,四轮或六轮一般采用双轮驱动、差速转向或独立转向方式。

(4) 移载系统

移载系统是用来完成作业任务的执行机构,在不同的任务和场地环境下,可以选用不同的移载系统,常用的有滚道式、叉车式、机械手式等。

(5) 安全与辅助系统

为了避免 AGV 在系统出现故障或有人员经过 AGV 工作路线时出现碰撞,AGV 一般都带有障碍物探测及避撞、警音、警视、紧急停止等装置。另外,还有自动充电等辅助装置。

(6) 导航系统

AGV 导航系统的功能是保证 AGV 小车沿正确路径行走,并保证一定的行走精度。AGV 的制导方式按有无导引路线分为三种:一是有固定路线的方式;二是半固定路线的方式,包括标记跟踪方式和磁力制导方式;三是无路线方式,包括地面帮助制导方式、用地图上的路线指令制导方式和在地图上搜索最短路径制导方式。

4.3.6　AGV 实例

以微型化智慧工厂中的 AGV 智能小车为例，该 AGV 由车架、STC89C52RC 单片机最小系统、电机驱动电路和光电二极管组成的循迹系统组成，AGV 小车外形图如图 4.17 所示，技术参数如表 4.8 所示。

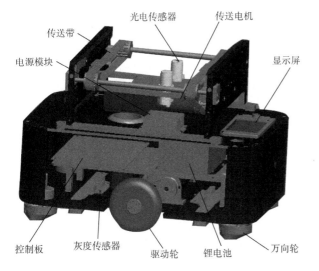

图 4.17　AGV 小车外形图

表 4.8　AGV 小车技术参数

性能指标	参数
驱动方式	双轮差动
外形尺寸	280mm×220mm×220mm
循迹方式	红外传感器
驱动电机	直流伺服电机
控制方式	无线通信控制
最大速度	0.3m/s
电池	24V/5000mAh

AGV 小车底部有驱动轮和万向轮，上面是货物进出小车的传输机构。为了减轻小车传输机构的滚筒动作，将设备都设计在小车行进的一侧，这样滚筒只需要确定两种货物上下车的方式，当货物从其他设备传输到 AGV 上时，滚筒进行右滚入货操作；当货物从 AGV 传输到其他设备上时，滚筒进行左滚出货操作，并且货物只需要从 AGV 小车靠近设备的一侧进行货物上下车操作，从某种程度上看，这样简化了 AGV 设计的难度和控制指令的下发。

AGV 小车需要根据软件下达的指令进行物料的装卸载操作，并且 AGV 小车能够按照指令明确行进的轨迹和方向。AGV 小车主要获取到起始站点、目标站点和小车装卸货滚筒动作等任务指令，然后根据指令信息调用路径规划算法得到最短运输路径，并将路径保存起来。AGV 小车的下位机程序根据规划路径指令执行动作命令，同时根据轨道监测和传感系统对 AGV 进行微调，从而达到完成任务的目的，如图 4.18 所示是 AGV 小车的运行控制流程。

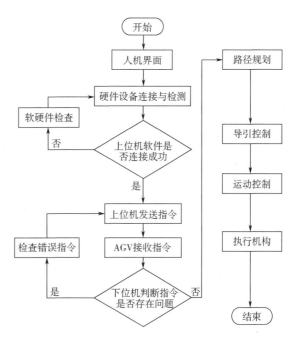

图 4.18　AGV 小车的运行控制流程

AGV 小车的运行控制首先需要进行上位机和下位机软硬件连接测试，保证连接正常和指令发送无误后，然后下位机进行路径规划，最后是通过导引控制、运动控制和执行机构来完成任务。

AGV 小车的导引控制主要使用光学导引的方式来控制小车进行位置调整，通过在行进的轨迹上涂上反光材料的反光带，并且保证反光带与其他地方的颜色对比度较大，使 AGV 小车容易识别。AGV 小车的导引控制主要是根据传感器接收反光带反射发光器发射的光线，进行光电信号转换并传递给 AGV 控制系统进行处理和分析，从而进行 AGV 小车的位置确定，以及对 AGV 小车的行进轨迹和方向进行调整。其导引控制原理图如图 4.19 所示。

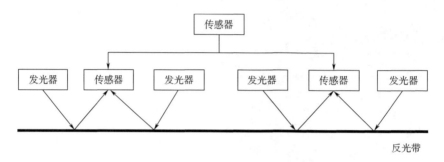

图 4.19　光学导引原理图

AGV 小车的运动控制采用差速型驱动方式。AGV 小车主要包括四个轮子，小车的左右两轮是通过单独安装电机实现异步控制，两轮可通过差速和同速实现 AGV 小车的转弯、前进和后退等操作，AGV 小车的前后两轮是万向轮，主要控制小车的前倾和后仰。执行机构主要是滚筒动作控制，分别是利用左转和右转来控制上下货。

（1）自动循迹定位控制系统组成

自动循迹控制系统主要由电源管理模块、循迹检测模块、电机驱动模块等组成。AGV 小车的工作过程处于一个简单的闭环控制中，循迹检测模块的传感器将采集到的数据经过单片机分析后，使用采集到的数据结果去控制电动机的运行，AGV 小车自动循迹控制系统图如图 4.20 所示。

① 电源管理模块。由于系统 CPU、小车电机、传感器以及其他部分采用5V 和 12V 混合电源供电，而且考虑小车功率以及摩擦等问题，电源采用小车自带锂电池。它是一类由锂金属或锂合金为负极材料，使用非水电解质溶液的电池，是一种充电电池。

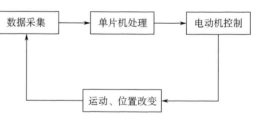

图 4.20　自动循迹控制系统图

② 循迹检测模块。循迹检测模块是自动循迹控制系统的关键模块之一，检测系统主要实现光电检测，即利用各种传感器对 AGV 小车的位置、行车状态进行测量。传感器是将感受到的外界信息，按照一定规律转换成所需的有用信息的装置。常用的传感器包括电阻应变式传感器、电容式传感器、电感式传感器、温度传感器、光电式传感器、红外传感器等等。传感器是信息采集系统的关键元件，是实现现代测量和自动控制（包括遥感、遥测、运控）的主要环节，是现代信息产业的源头，又是信息社会赖以生存和发展的技术基础。

③ 电机驱动模块。从单片机输出的信号功率很弱，即使在没有其他外在负载时也无法带动电机正常运转，引入电机驱动模块就可以提高电机输入功率，使电机正常运转。常用的电机有直流电机、可逆电机、步进电机、直线电机等等。驱动电路能使电机完成正反转以及调速功能。

a. 电机。采用普通的直流电机。直流电机具有优良的调速特性，调速平滑、方便，调整范围广，过载能力强，能承受频繁的冲击负载，可实现频繁的无级快速启动、制动和反转，可以满足实验要求。

b. 驱动方案。L298N芯片采用15个引脚封装。主要特点是：工作电压高，最高工作电压可达46V；输出电流大，瞬间峰值电流可达3A，持续工作电流为2A；额定功率为25W。内含两个H桥的高电压、大电流全桥式驱动器，可以用来驱动直流电动机和步进电动机、继电器线圈等感性负载；采用标准逻辑电平信号控制；具有两个使能控制端，在不受输入信号影响的情况下允许或禁止器件工作；有一个逻辑电源输入端，使内部逻辑电路部分在低电压下工作；可以外接检测电阻，将变化量反馈给控制电路。L298N芯片可以驱动一台两相步进电机或四相步进电机，也可以驱动两台直流电机。

（2）自动循迹定位控制原理

小车要沿着地面粘贴的黑带轨迹运动，但在运动过程中，车体不可避免地会偏离运动轨迹，为了能使车体在偏离后可以自动调整方向，重新回到运动轨迹上，系统需要将车体的运动状态及时地以电信号的形式反馈到控制部分，控制部分控制两个电机的左转、右转，使小车重新回到轨迹上。AGV小车使用两个BFD-1000专用黑（白）线检测传感器装在车体的前后方，每个BFD-1000专用黑（白）线检测传感器包含5个集成的红外对管（SS1、SS2、SS3、SS4、SS5）。

当检测到黑线时，红外对管的接收端接收到黑（白）线反射回来的红外光，其输出经电压比较器后立即发生高低电平信号转换，该信号经放大后送到单片机进行分析处理。然后将处理后的结果发送到电机驱动模块，进行校正。

循迹子程序中红外对管与小车偏转方向关系，如表4.9所示。

表4.9　红外对管与小车偏转方向关系

小车状态	红外对管 SS1	红外对管 SS2	红外对管 SS3	红外对管 SS4	红外对管 SS5
直行	0	0	1	0	0
直行	0	1	1	1	0
直行	0	1	0	1	0
左偏	0	0	0	0	1
左偏	0	0	0	1	1
左偏	0	0	0	1	0
右偏	1	0	0	0	0
右偏	1	1	0	0	0
右偏	0	1	0	0	0
站点	1	0	0	0	1
脱线	0	0	0	0	0

每当红外对管 SS1 和 SS5 检测到黑带，则视为一个站点，当到达目标站点启动定位子程序来校正 AGV 小车的到站停车姿态。到站后停车，由于惯性 AGV 小车会向前滑行一段距离，此时 AGV 小车离开目标站点的黑带，因此到站后两车轮以一个极低的速度向后退，当只有一个红外对管 SS1（或红外对管 SS5）检测到黑带，让红外对管 SS5（或红外对管 SS1）同侧的车轮向后转，直到红外对管 SS1 和红外对管 SS5 均检测到黑带即可。

（3）循迹定位检测方案

BFD-1000 专门设计用作黑（白）线检测的传感器，如图 4.21 所示，特别适合复杂黑（白）线、交叉黑（白）线的检测，它有 6 路高灵敏度的红外传感器（5 路循线、1 路避障），能够对黑（白）线准确地识别，它有如下功能和特点：

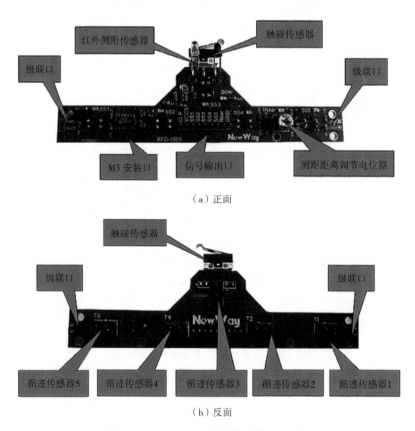

（a）正面

（b）反面

图 4.21　BFD-1000 循迹传感器正、反面

① BFD-1000 集成 5 路循迹传感器，适合复杂黑线（白线）的跟踪，对于简单的黑线（白线）循迹更不在话下。

② BFD-1000 有一路避障用的红外传感器，避障距离可以通过滑动变阻器调节，为有避障需求的机器人设计。

③ BFD-1000 有一个专门设计的触碰传感器，使得有这方面需求的机器人设计时更加简便。

④ BFD-1000 输出信号全部都为数字信号，方便与单片机相连。

⑤ BFD-1000 全部传感器都有 LED 灯作为指示，方便调试。

⑥ BFD-1000 支持电压为 3.0～5.5V，满足大多数系统需求。

⑦ 输出形式：数字输出（高低电平）。探测到黑线时输出低电平，探测到白线时输出高电平。

⑧ 检测距离：0.5～40mm。

⑨ 输入电压：3.0～5.5V。

⑩ 尺寸：12.8cm×3.0cm。

（4）AGV 小车控制通信协议

① 通信形式：通过无线模块接收命令和反馈执行信息。

② 通信格式如下：

信息位	信息地址分隔位	发送方地址位	接收方地址位	校验位	结束标志标识位
D0～D8	0x2E	T1	T2	T3	0x0D、0x0A

共 15 位 16 进制数

其中：

D0～D8：有效信息部分，具体定义由控制协议给出，见具体控制协议。

T1：发送数据站点源地址，指明由谁发出的数据。

T2：接收数据站点目的地址，指明数据是发给谁。

T3：简单的数据校验。计算方法为 D0，…，D8，T1，T2 共 11 个数字的和取个位数，十六进制范围在 0x30～0x39 之间（数字 0～9）。

例如：0x38、0x30、0x30、0x30、0x30、0x30、0x30、0x30、0x30、2E、30、33、31、0D、0A、800000000.031。

主站点：控制电脑（0x30）。

从站点：AGV♯1（0x33）、AGV♯2（0x34）、AGV♯3（0x36）。

③ 具体指令信息。

第一位：目标站点。

第二位：滚筒动作（无动作　0x30；左转　0x31；右转　0x32）。

第三位：到站停车时间（默认 0x31）。

第四位：正反方向（正向　0x30；反向　0x31）。

第五位：岔路口 1 和转向，共用一位数据表示，前 6bit 数据表示岔路口站点号，后 2bit 数据表示转向（后 2bit 数据转向规则如表 4.10 所示）。

表 4.10　转向规则

Bit1	Bit0	转向	Bit1	Bit0	转向
0	0	直行	1	1	右转
0	1	左转	1	0	无效

第六位：岔路口 2 和转向，共用一位数据表示，前 6bit 数据表示岔路口站点号，后 2bit 数据表示转向。

第七位：岔路口 3 和转向，共用一位数据表示，前 6bit 数据表示岔路口站点号，后

2bit 数据表示转向。

第八位：岔路口 4 和转向 ，共用一位数据表示，前 6bit 数据表示岔路口站点号，后 2bit 数据表示转向。

第九位：执行步骤（默认 0x30）。

岔路口站点号和转向共用一位数据表示，如表 4.11 所示，前 6bit 数据表示岔路口站点号，后 2bit 表示转向。

表 4.11　一位数据表示岔路口站点号和转向

岔路口站点号						转向		数值
D7	D6	D5	D4	D3	D2	D1	D0	
0	0	0	0	0	0	0	0	0x00
0						直行		
0	0	1	0	1	0	0	1	0x29
10						左转		
0	0	1	0	1	1	1	1	0x2F
11						右转		
0	0	1	1	1	1	0	0	0x3C
15						直行		

例如：岔路口站点为 10，左转弯，则数据表示为 00101001，即 00 1010≪2＋01＝ 00101001。

4.4　传输系统

4.4.1　概述

物流传输系统是指借助信息技术、光电技术、机械传动装置等一系列技术和设施，在设定的区域内运物品的传输系统。物流传输系统起源于二十世纪五十年代的战后工业化大生产时期，当时主要的应用领域是电子、汽车等这类大规模工业化生产的领域。随着技术进步，各种各样的物流传输系统开始在机场、商场、银行、工厂、图书馆等广泛使用，随着信息技术的发展，物流传输系统自动化程度也越来越高，进入了一个新的发展时期。物流传输系统因为可以大大提高效率、节约人力而受到广泛欢迎，其应用逐步拓展到了医疗领域。

4.4.2　传输系统分类

在智能物流传输系统中，比较常见的有气动物流传输系统、传送带自动化传输系统、自动导引车物流传输系统（automated guided vehicle system，AGVS）和轨道物流传输系统（track vehicle system，TVS）等。

（1）气动物流传输系统

又称气动管道物流传输系统，是集合先进的现代通信技术、光机电一体化技术，将楼宇内的各个单元通过多条专用管道紧密地连接在一起，全面解决了楼宇内的物流自动配送问题。该系统通过压缩空气产生动力，采用 PVC 或其他钢材加工成的管道组合成符合要求的管路，借助气流的推动或吸引，通过专用管路实现站点间物品的智能双向点对点传输，并借助机电技术和计算机技术实现全网监控，速度可达 2～20m/s，且传输距离可达 1000m 以上。也正是由于其以气体作为动力，以管道作为传输载体，导致其对传输物品的外形尺寸要求较高，只能传输体积小、质量小的物品，而且传输装置容易堵塞，在物流高峰时排队现象严重，过快的运行速度还会造成如标本和血液等传输物品的物理特性的改变。

（2）传送带自动化传输系统

该传输系统可根据实际情况设计不同形式，有滚轴式、带式以及链式传送带，包括竖向和斜向传送带。这类系统主要在大型的工业生产部门和仓库配送中心使用，用于输送箱柜或托架等部件。

（3）自动导引车物流传输系统

自动导引车物流传输系统是由电池驱动并以无人驾驶搬运车为特色，故又称为无人搬运车系统。在此系统中，自动导向搬运车不用人驾驶，便能按照预定的程序，实现前进、转弯、减速、后退、停车，完成货物的运送、装卸工作。自动导向搬运车系统的出现是对传统物料搬运技术的一次革命，它以其机动、灵活的特点把物料搬运的高效率带到整个世界工业中。AGVS 是从二十世纪五六十年代美国超级市场送货中心用的遥控小车发展起来的，AGVS 真正崭露头角是应用在机械加工厂的生产线上。后来新技术不断出现，使其应用范围不断拓宽，越来越多的自动化仓库和配送中心使用 AGVS，特别是近几年来，随着科学技术的迅速发展和生产现场的综合自动化，AGVS 已广泛应用于许多领域，从超级市场、车间，扩大到办公室、宾馆、自动化仓库和配送中心，已成为工业自动化的主要标志之一。许多工业发达的国家广泛应用了这一先进技术。在世界范围内，诸多产业领域的即时配送系统、柔性制造系统、库存货物的运输、自动存取系统以及装配线上成千上万个 AGVS 的使用，已证明其价值。

现代 AGVS 依靠数字计算机，没有现代化计算机，系统工作将会很慢、很不方便，系统也将变得笨重、昂贵。在结构上，自动导向搬运车类似有人驾驶的货车，并且有对自动操作进行修正的功能。一般来讲，系统要正常工作，必须具备搬运车、导向通道、控制和引导装置、其他计算机与系统的接口等四个部分。

（4）轨道物流传输系统

轨道物流传输系统是一种通过特制的轨道和转轨器将分布在不同楼层、不同房间的收发站点连接起来，通过微型计算机控制运载小车和转轨器等在各个收发站点间传递物品的物流传输系统。轨道物流传输系统从诞生到现在已有近五十年的历史，相比于其他物流传输系统，其主要优势是装载的物品更大、更灵活。

4.4.3 传输系统主要应用

（1）自动化物流传输系统

在微型化智慧工厂中，自动化仓库系统、自动分拣模块及生产制造模块等均采用自动化物流传输系统。自动化仓库系统由传送带、组合式货架、堆垛机、出入货台、托盘及 RFID 读写器等组成；自动分拣模块由输送线、顶升平移机、电磁阻挡器以及 PLC 控制模块等组成；生产制造模块由工作台、输送线、顶升平移机、电磁阻挡器、电子看板以及 PLC 控制模块组成。如图 4.22 所示。

（a）自动化立体仓库系统　　　　　　　　　　（b）自动分拣模块

（c）生产制造模块

图 4.22　自动化物流传输系统

（2）轨道物流传输系统

轨道物流传输系统的结构示意图如图 4.23 所示，收发站点根据实际需求被规划在不同的房间中，各个收发站点之间通过轨道和转轨相连接。运载小车能够在转轨器的配合下在不同的轨道上行驶，完成不同地点的立体的、点对点的物品运输。

轨道物流传输系统主要由轨道、运载小车、转轨器、收发站点、车库、防风门、断轨器、PC 上位机、控制器和通信系统组成。

① 轨道。轨道一般由铝金属材料制成，分为直轨、水平弯轨和垂直弯轨。根据小车车厢悬挂方式的不同，轨道一般安装在建筑物的顶部或前面上端。轨道上贴有定位标签，用于小车的定位和控制系统的调度、控制等。

② 运载小车。运载小车是轨道物流传输系统中任务的具体执行者，物品通过运载小车由一个收发站点被运送到指定的收发站点。运载小车由微型计算机控制，由高性能伺服电机或步进电机驱动。同时，运载小车集成定位标签读码器，能够在车辆移动过程中快速读取轨道上定位标签中的编码信息，通过与存储在内存中的位置数据库信息作对比即可确定小车的

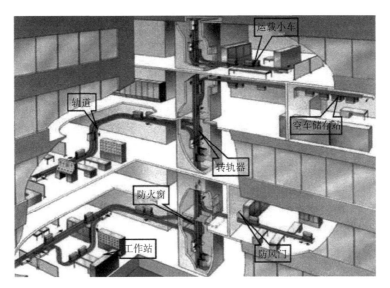

图 4.23　轨道物流传输系统的结构示意图

位置信息，系统基于这些位置信息可完成系统整体调度以及各种设备的自动控制。运载小车的前后部位均安装有激光测距传感器，小车会根据自己和前后方车辆的距离信息自主控制车速和启停。为方便阅读，后文中运载小车均简称为小车。

③ 转轨器。转轨器是切换小车行驶轨道的设备。不同轨道间由转轨器连在一起，通过路径上不同转轨器的轨道切换，小车能够顺利地驶向目标收发站点，完成运输任务。

④ 收发站点。收发站点是轨道物流传输系统的终端。工作人员在收发站点处的触摸屏上完成各种操作，包括发出调车、发车和存车等基本指令，也可以通过触摸屏查阅历史信息，查询任务小车的状态、位置等。

⑤ 车库。车库是存储未被调度使用的空闲小车的特殊的轨道。在轨道物流传输系统中，车库一般设置在运输繁忙的收发站点附近或走廊、竖井的尽头。当小车处于空闲状态时，系统将调度空车前往最近的车库待命。

⑥ 防风门。防风门的作用是防止空气对流和防噪。当车厢固定在车架上时，防风门由小车直接撞开。当车厢通过轴承侧挂在车架上时，小车不可直接撞开防风门，而是在读取到特定的定位标签后由控制器控制防风门的开闭。

⑦ 断轨器。断轨器主要分布在建筑物防火门、防火窗所在的区域，当建筑物发生火灾时，断轨器将自动断开轨道以便防火门和防火窗关闭。

⑧ PC 上位机。PC 上位机能够图形化整个轨道物流传输系统，实时显示系统的运行状态，记录收发任务信息、设备故障信息，并将各种信息存储到数据库中以便查询。同时，PC 上位机拥有控制系统中任何一台设备具体动作的权限，工作人员或维护人员可利用该权限从 PC 上位机上直接下达具体任务指令或对系统中的特定设备进行操作和维护。

⑨ 控制器。控制器是整个控制系统的大脑，负责系统的调度和控制等。系统中各种传感器、读码器的数据将进入不同的控制器进行分析和处理，之后，各个控制器将基于这些输入的数据完成各种设备底层驱动器的自动控制。

轨道物流传输系统有三种基本运输任务：

① 调车。通过调车指令将其他站点上或者车库中的空闲小车调度到调车指令发起站点，以便执行后续任务。

② 发车。当物品装入车厢之后，通过发车指令将装有物品的运载小车由发车指令发起站点调度到目标站点。

③ 存车。当完成一次发车任务后，小车会在目标站点停留60s等待被调度，若小车60s内未被调度则系统自动控制小车驶向最近的车库。此外，也可以通过站点触摸屏发起存车指令让小车立即驶向最近的车库。

一般情况下，操作人员通过收发站点触摸屏下达运输任务指令，控制系统在收到任务指令后将通过运行动态调度算法确定执行任务的小车，并规划任务路径，任务的具体执行则由各个分布式控制器完成。小车到达目标站点后，任务结束。

（3）自动导引车物流传输系统

自动导引车物流传输系统主要由AGV小车、指引和导向系统、上位机管理系统、其他辅助设备等部分组成，下面对其进行简要介绍。

① 指引和导向系统。具体包括引导线路（电缆、磁带、激光引导反射板等）、定位标识（RFID识别卡等），用来引导AGV单车行进。

② 上位机管理系统。主要由上位机（计算机）、系统调度管理软件等组成，是整个系统的管理核心。

③ 其他辅助设备。包括充电设备、无线设备等。其拓扑结构如图4.24所示。

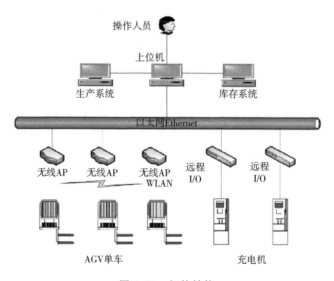

图4.24　拓扑结构

4.5　本章小结

本章首先对智能物流系统进行了概述，介绍了智能仓储系统、AGV系统及传输系统。智能物流系统的未来发展将会体现出四个特点：智能化、一体化和层次化、柔性化、社会化。智能物流系统的发展将会促进区域经济的发展和世界资源优化配置，实现社会化。

第**5**章

工业机器人系统

随着自动化技术、计算机技术、人工智能的快速发展，机器人在人们的生产生活中扮演着越来越重要的角色。在工业领域内应用的机器人我们称之为工业机器人，是一种能够模拟人的手、臂、腰的部分动作，按照预定的程序、轨迹及其他要求，实现搬运、码垛、装配、喷涂、焊接等功能的自动化装置，工业机器人被广泛应用于制造、电子、物流、化工等各个工业领域之中。

5.1 工业机器人概述

5.1.1 工业机器人的发展历程

1946 年，第一台数字电子计算机问世，它与人们在农业、工业社会中创造的那些只是增强体力劳动的工具相比完全不同，有了质的飞跃，为以后进入信息社会奠定了基础。同时大批量生产的迫切需求推动了自动化技术的进展，六年以后，即在 1952 年，计算机技术应用到机床上，在美国诞生了第一台数控机床。与数控机床相关的控制、机械零件的研究又为机器人的开发奠定了基础。

从国外的技术发展历程来看，工业机器人技术的发展经历了三个阶段。

① 产生和初步发展阶段：1958—1970 年。1954 年，乔治·德沃尔（George Devol）申请了一个"可编辑关节式转移物料装置"的专利，1958 年，他与约瑟夫·恩格尔伯格（Joseph F. Engelberger）合作成立了世界上第一个机器人公司 Unimation。1959 年，Unimation 公司研制出第一台工业机器人 Unimate，Unimation 是 Universal 和 Automation 的组合，意思是"万能自动"，恩格尔伯格也被称为工业机器人之父。

Unimate 机器人重达 2t，采用液压执行机构驱动，如图 5.1 所示。在固定基座上安

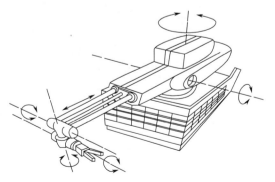

图 5.1 Unimate 机器人

装有一个大机械臂，大臂可绕竖直轴和水平轴在固定基座上转动，进行腰部回转和俯仰；大臂上安装有一个小机械臂，它相对大臂可以伸出或者缩回；小臂末端有一个机械手腕，可绕小臂转动，进行俯仰和侧摆；手腕末端安装有机械手，即操作器。Unimate 机器人的精确率达 1/10000in❶，率先于 1961 年在通用汽车的生产车间里使用，用于将铸件中的零件取出。Unimate 机器人使工业机器人的历史真正拉开了帷幕。

20 世纪 60 年代到 70 年代期间，美国当时失业率高达 6.65%，政府担心发展机器人会造成更多人失业，因此既未投入财政支持，又未组织研制机器人。在这一阶段美国的工业机器人主要立足于研究阶段，只是几所大学和少数公司开展了相关的研究工作，并未把工业机器人列入重点发展项目。

② 技术快速进步与商业化规模运用阶段。1973 年，第一台机电驱动的 6 轴机器人面世。德国库卡公司（KUKA）将其使用的 Unimate 机器人研发、改造成其第一台产业机器人，命名为 Famulus，这是世界上第一台机电驱动的 6 轴机器人。

1974 年，瑞典通用电机公司 ASEA（ABB 公司的前身）开发出世界上第一台全电力驱动，由微处理器控制的工业机器人 IRB-6。IRB-6 采用仿人化设计，其手臂动作模仿人类的手臂，载重 6kg，5 轴，主要应用于工件的取放和物料的搬运。

1978 年，美国 Unimation 公司推出通用工业机器人（programmable universal machine for assembly，PUMA），如图 5.2 所示，应用于通用汽车装配线，这标志着工业机器人技术已经完全成熟，PUMA 至今仍然工作在工厂一线。

1978 年，日本山梨大学的牧野洋发明了选择顺应性装配机器手臂（selective compliance assembly robot arm，SCARA），这是世界第一台 SCARA 工业机器人。

1979 年，日本不二越株式会社（Nachi）研制出第一台电机驱动的机器人。

1984 年，美国 Adept Technology 公司开发出第一台直接驱动的选择顺应性装配机械手臂（SCARA），命名为 AdeptOne。如图 5.3 所示。AdeptOne 的电力驱动马达直接和机器人手臂连接，省去了中间齿轮或链条传动，所以显著提高了机器人合成速度及定位精度。

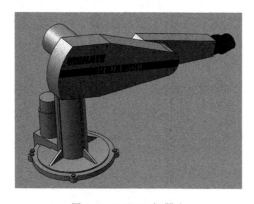

图 5.2　PUMA 机器人

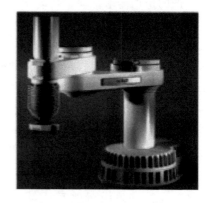

图 5.3　AdeptOne 机器人

工业机器人在这一时期的技术有很大进步，开始具有一定的感知功能和自适应能力的离

---

❶ 1in≈0.0254m。

线编程，可以根据作业对象的状况改变作业内容。同时，伴随着技术的快速进步，工业机器人商业化运用迅猛发展，工业机器人的"四大家族"——库卡、ABB、安川、FANUC 公司就是在这一阶段开始了全球专利的布局。

③ 智能机器人阶段：1985 年至今。智能机器人带有多种传感器，可以将传感器得到的信息进行融合，有效地适应变化的环境，因而具有很强的自适应能力、学习能力和自治功能。在 2000 年以后，美国、日本等国都开始了智能军用机器人的研究，并在 2002 年由美国波士顿公司和日本公司共同申请了第一件"机械狗"（Boston Dynamics Big Dog）智能军用机器人专利。

我国的工业机器人发展历程具有不同于国外的特点，起步相对较晚，从 20 世纪 70 年代引入了工业机器人之后，我国的工业机器人大致经历了四个发展阶段。

① 工业机器人理论研究阶段：20 世纪 70 年代到 80 年代初。因实施了改革开放政策，我国也开始关注西方发达国家在工业机器人方面的发展潜力，但由于当时国家经济条件等因素的制约，我国主要从事工业机器人基础理论的研究，在机器人运动学、机构学等方面取得了一定的进展，为后续工业机器人的研究奠定了基础。

② 工业机器人创新阶段：20 世纪 80 年代中后期。随着工业发达国家开始大量应用和普及工业机器人，我国的工业机器人研究得到政府的重视和支持，国家组织了对工业机器人需求行业的调研，投入大量的资金开展工业机器人的研究，进入了样机创新开发阶段。1985 年，上海交通大学机器人研究所完成了"上海一号"弧焊机器人的研究，这是中国自主研制的第一台 6 自由度关节机器人。很多技术的出现使工业机器人进入到了小规模的生产阶段，但是，因技术还不成熟，并没有在大范围内得以生产运用。

③ 工业机器人实用阶段：20 世纪 90 年代。我国在这一阶段研制出平面关节型装配机器人、直角坐标机器人、弧焊机器人、点焊机器人等 7 种工业机器人系列产品，102 种特种机器人，实施了 100 余项机器人应用工程。工业机器人已逐渐趋于成熟，各个行业对工业机器人的使用更加广泛，在 90 年代末建立了 9 个机器人产业化基地和 7 个科研基地，为促进国产机器人的产业化发展奠定了坚实的基础。

④ 初步产业化阶段：21 世纪以来。在这一阶段，国内一大批企业或自主研制或与科研院所合作，加入工业机器人研制和生产行列，我国工业机器人进入初步产业化阶段。

经过上述四个阶段的发展，我国的工业机器人得到一定程度的普及。数据显示，到 2016 年，中国工业机器人的保有量达到 30 万台。但是，与具有先进制造业的国家相比，我国工业机器人使用密度仍有不少差距，工业机器人的保有量仍有巨大上升空间。

机器人使用密度是指每万名工人配套使用工业机器人的数量，该指标是反映一个国家制造业水平的重要参数。中国的机器人使用密度在全球增长速度最快，2017 年，中国工业机器人使用密度为 97 台/万人，首次超过全球的平均水平。自动化发展程度在全世界范围来看，排位顺序依次是韩国、新加坡、德国、日本、瑞典，他们的机器人使用密度分别是 631 台/万人、488 台/万人、309 台/万人、303 台/万人、233 台/万人。预计中国机器人使用密度将在 2024 年达到 138 台/万人，达到发达国家的平均水平。

5.1.2　工业机器人定义和特点

工业机器人是机器人家族中的重要一员，也是目前在技术上发展最成熟、应用最广泛的一类机器人。世界各国对工业机器人的定义不尽相同，目前公认的是国际标准化组织（ISO）的定义。

美国工业机器人协会（U.S.RIA）对工业机器人的定义：工业机器人是用来进行搬运物料、零件、工具或专用装置的，通过不同程序的调用来完成各种工作任务的多功能机械手。

日本机器人工业协会（JARA）对工业机器人的定义：工业机器人是一种装备有记忆装置和末端执行器的，能够通过自动化的动作代替人类劳动的通用机器。

国际标准化组织（ISO）对工业机器人的定义：工业机器人是一种能自动控制、可重复编程、多功能、多自由度的操作机，能搬运物料、工件或操持工具来完成各种作业。

我国国家标准将工业机器人定义为：自动控制的、可重复编程的、多用途的操作机，并可对3个或3个以上的轴进行编程。它可以是固定式或移动式，在工业自动化中使用。

和传统的工业设备相比，工业机器人的主要特点如下：

① 拟人化。工业机器人可以是固定式或者是移动式，在机械结构上能实现类似于人的行走、腰部回转、大臂回转、小臂回转、腕部回转、手爪抓取等功能，通过示教器和控制器可以进行编程，控制机器人的运动。

② 通用性。工业机器人一般分为通用和专用两类，除了专门设计的专用的工业机器人外，一般通用工业机器人能执行不同的作业任务，完成不同的功能。比如，更换工业机器人的手部末端执行器（手爪、工具等）便可执行搬运、焊接等不同的作业任务。

③ 可编程。工业机器人可随其工作环境变化的需要而再编程，因此它在小批量、多品种的柔性制造过程中能发挥很好的功用，是柔性制造系统的一个重要组成部分。

④ 智能化。智能化工业机器人上安装有多种类型的传感器，如皮肤型接触传感器、力传感器、负载传感器、视觉传感器、声觉传感器等，传感器提高了工业机器人对周围环境的自适应能力，使工业机器人具有不同程度的智能功能。

5.1.3 工业机器人分类

目前，关于工业机器人的分类方法，国际上尚未统一，本节将主要从机器人的结构特征、驱动方式、技术发展水平等几个方面进行划分。

(1) 按结构特征划分

① 直角坐标机器人。如图5.4所示，直角坐标机器人在空间上具有三个相互垂直的移动关节，相当于笛卡儿坐标系的 X、Y、Z 轴，工作空间是立方体状的。基本工作单元为以伺服电机、步进电机驱动的单轴机械臂，传动方式一般采用滚珠丝杠、同步带、齿轮、齿条等方式。

其特点是结构简单、运动直观性强、便于实现高精度。但占据空间位置较大，相应的工作空间较小。

② 柱面坐标机器人。如图5.5所示，柱面坐标机器人具有2个移动关节（水平移动、竖

图 5.4 直角坐标机器人

直移动）和1个转动关节（基座回转），工作空间是一个开口空心圆柱体。其特点是运动直观性强、占据空间较小、结构紧凑、工作范围大，但受升降机构的限制，一般不能提升地面上或较低位置的工件。

③ 球面坐标机器人。如图5.6所示，球面坐标机器人具有1个移动关节（机械臂伸缩）和2个转动关节（基座回转、俯仰），工作空间是空心球体状的。美国Unimation公司的Unimate系列机器人就是球面坐标机器人。同柱面坐标机器人相比，在占据同样空间的情况下，由于其具有俯仰自由度，扩大了工作范围，可以将臂伸向地面，完成从地面提取工件的任务。但避障性能较差，存在平衡问题。

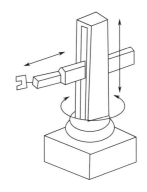

图5.5　柱面坐标机器人

④ 多关节机器人。多关节机器人是目前工业领域中应用最为广泛的一种机器人。按照关节构型不同，可分为垂直多关节机器人和水平多关节机器人。

垂直多关节机器人主要由基座和多关节臂组成，常用的关节臂数是3～6个，如图5.7所示，由多个旋转和摆动关节组成，具有人手臂的某些特征，工作空间近似一个球体。与其他类型的机器人相比，它占据空间最小，工作范围最大，此外还可以绕过障碍物提取和运送工件；其缺点是运动直观性更差，驱动控制比较复杂，当大臂和小臂舒展开时，机器人结构刚度较低。

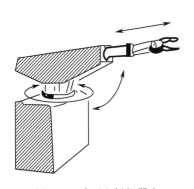

图5.6　球面坐标机器人

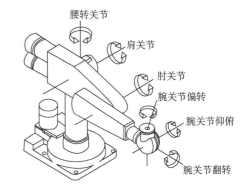

图5.7　垂直多关节机器人

水平多关节机器人也称为SCARA机器人，由4个关节组成，如图5.8所示。其中3个旋转关节的轴线相互平行，在平面内进行定位和定向。另1个关节是移动关节，用于完成末端件在垂直于平面上的运动，工作空间为圆柱体。其特点是动作灵活、速度快、重复定位精度高、工作效率高，在垂直方向具有很强的刚性，适用于平面定位、垂直方向进行装配的作业。

⑤ 并联机器人。并联机器人可以定义为动平台和定平台通过至少两个独立的运动链相连接，机构具有2个或2个以上自由度，且以并联方式驱动的一种闭环机构，如

图5.8　水平多关节机器人

图5.9所示。并联机器人的特点呈现为无累积误差、精度较高。驱动装置可置于定平台上或接近定平台的位置，这样运动部分重量轻、速度高、动态响应好。

图5.9　并联机器人

（2）按驱动方式划分

工业机器人的驱动系统，按动力源不同可以划分为液压驱动、气压驱动、电机驱动、新型驱动方式共四种基本类型，根据需要驱动系统也可以是四种基本类型的组合。

① 气压驱动。气压驱动机器人是以压缩空气来驱动执行机构的，具有速度快、系统结构简单、维修方便、价格低等特点。气压驱动系统的压力一般为0.7MPa，因空气具有可压缩性，其工作速度稳定性差、定位精度不高，所以适用于节拍快、负载小且精度要求不高的场合，如在上、下料或冲压机器人中应用较多。

② 液压驱动。液压驱动机器人是以液体油液来驱动执行机构的，结构紧凑、传动平稳、负载能力大，适用于重载搬运或零件加工。但液压驱动系统对密封性要求较高，并且存在管路复杂、清洁困难等问题，因此，不宜用于高温、低温或装配作业的工作场合。

③ 电机驱动。电机驱动机器人是由电动机产生的力矩来驱动执行机构的，在工业机器人中应用最为普遍。电动机可分为步进电机、直流伺服电机、交流伺服电机三种，电机驱动不需能量转换，使用方便、控制灵活、运动精度高，适用于中等负载，尤其是动作复杂、运动轨迹严格的各类机器人。

④ 新型驱动方式。伴随着机器人技术的发展，出现了利用新的工作原理制造的新型驱动器，如静电驱动器、压电驱动器、形状记忆合金驱动器、人工肌肉、磁致伸缩驱动器、超声波电机驱动器和光驱动器等。

（3）按技术发展水平划分

按机器人技术发展水平，可以将工业机器人划分为三代。

① 第一代机器人。第一代机器人具有示教再现功能，按照人类预先示教的轨迹、顺序、行为和速度进行重复作业，示教可由操作员通过示教器完成，但对外部信息不具备反馈能力。

② 第二代机器人。第二代机器人不仅具有内部传感器而且具有外部传感器，能获取外部环境信息，能在一定程度上适应环境的变化，目前已经进入应用阶段。

③ 第三代机器人。第三代机器人为智能机器人，安装有多种智能传感器，能感知和领会外部环境信息，具有发现问题，并且能自主解决问题的能力，尚处于实验研究阶段。

5.1.4　工业机器人的主要技术参数

工业机器人的技术参数是各工业机器人制造商在产品供货时所提供的技术参数，反映了机器人的适用范围和工作性能。工业机器人的主要技术参数包括自由度、工作空间、承载能力、最大工作速度、定位精度、重复定位精度、分辨率等。

① 自由度。自由度是指机器人具有的独立坐标轴运动的数目，不包括末端执行器的动作。机器人的自由度一般等于关节数目，机器人常用的自由度一般为3~6，也就是常说的3

轴、4轴、5轴和6轴机器人。如图5.7所示垂直多关节机器人自由度为6，如图5.8所示水平多关节机器人自由度为4。自由度越大，机器人动作越灵活，可以完成的动作越复杂，通用性越强，应用范围也越广，但机械臂结构也越复杂，会降低机器人的刚性，增大控制难度。

② 工作空间。工作空间也称为工作范围，是指机器人在运动时，其手腕参考点或末端执行器安装点所能到达的所有点所占的空间体积，一般用侧视图和俯视图的投影表示。为真实反映机器人的特征参数，工作空间一般不包括末端执行器本身所能到达的区域。如图5.10、图5.11所示，型号为IRB 120的ABB机器人工作空间可达580mm，轴1旋转范围为±165°。

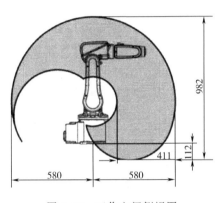

图5.10　工作空间侧视图

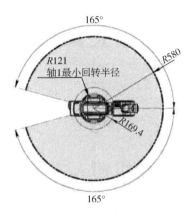

图5.11　工作空间俯视图

③ 承载能力。承载能力是指机器人在工作空间内的任何位姿上所能承受的最大质量。机器人的承载能力不仅取决于负载的质量，而且还和机器人的运行速度以及加速度的大小和方向有关。为了安全起见，承载能力是指高速运行时的承载能力。通常情况下，承载能力不仅包括负载质量，也包括末端执行器的质量。

④ 最大工作速度。不同的工业机器人厂家对最大工作速度的规定不同。有的厂家定义为工业机器人主要关节上最大的稳定速度；有的厂家定义为工业机器人手臂末端所能达到的最大的合成线速度。工作速度越大，相应的工作效率就越高，但是也要花费更多的时间去升速或降速。

⑤ 定位精度、重复定位精度、分辨率。定位精度和重复定位精度是机器人的两个精度指标。工业机器人的定位精度是指每次机器人末端执行器定位一个位置产生的误差，重复定位精度是指机器人反复定位一个位置产生误差的均值，而分辨率则是指机器人的每个关节能够实现的最小移动距离或者最小转动角度。

5.1.5　工业机器人发展趋势

目前，工业机器人的自动化程度在逐年提高，应用领域也在逐年扩大。未来工业机器人会向着高度智能化、人机协作、模块化、网络化方向发展。

① 高度智能化。高度智能化是工业机器人未来的主要发展方向，随着环境的传感能力、感知能力的不断提升，机器人能够准确地检测、判断各种复杂的信息。随着执行与控制、自

主学习与智能发育等技术进步，机器人将从预编程、示教再现控制、直接控制、遥操作等被操纵作业模式，逐渐向自主学习、自主作业方向发展。

②人机协作。人机协作机器人是工业机器人中的新成员，与传统工业机器人相比，在安全性方面更加出色。主要工作在需要与工人相配合的生产线中，工人和机器人完全共享同一个工位，不用做围挡和隔离，这是最理想的人与机器人协作模式，这种工作模式需要工业机器人更加具有柔性，并集成视觉、压力等多种高精度智能传感器。不断提高机器人的安全性、定位精度和运行速度是人机协作机器人未来努力的方向。

③模块化。通过标准化模块组装、制造工业机器人将成为趋势。当前，各个国家都在研究、开发和发展模块化组合式机器人，工业机器人由标准化的伺服电机、传感器、手臂、手腕与机身等工业机器人标准化组件拼装制成，大部分零部件可以通用。

④网络化。随着多机器人协同、控制、通信等技术进步，机器人从独立个体向相互联网、协同合作方向发展。例如，大型生产线会需要大量机器人一起完成工作任务，所以工业机器人的设计和控制不仅是单一的自身控制，而且是能够实现多台机器人互相配合、协调工作。

工业机器人全面代替人工进行生产劳动是智能制造业的必由之路。未来将有更多先进技术与工业机器人技术相融合，进一步提升机器人工作效率，降低生产成本。

5.2 工业机器人主要组成部分

一般来说，工业机器人由机械结构系统、驱动系统、感知系统、机器人-环境交互系统、人机交互系统和控制系统六个主要部分组成。工业机器人的组成结构框图如图 5.12 所示。

5.2.1 工业机器人机械结构

从机械结构上来看，服务于智能制造的工业机器人总体上分为串联机器人和并联机器人。串联机器人一般具有串联机构，表征为一个开放的运动链，其所有的运动杆件在结构上没有形成一个封闭的结构链。串联机器人的工作空间大，运动正解求解比较容易，可以避免驱动轴之间的耦合效应，但其各轴必须要实现独立地同步控制，且需要搭配编码器或相应的传感器来提高机构运动时的定位精度和重复定

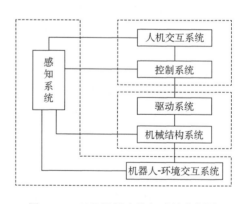

图 5.12 工业机器人的组成结构框图

位精度。早期的工业机器人都是采用串联机构，串联机器人如图 5.13（a）所示。

并联机构定义为动平台和定平台通过至少两个独立的运动链相连接，机构具有两个或两个以上自由度，且以并联方式驱动的一种闭环机构。1978 年，Hunt 等首次提出把 6 自由度并联机构作为机器人操作器，由此拉开了并联机器人研究的序幕。并联机器人不易产生动态误差，运动精度较高；结构紧凑稳定，输出轴大部分承受轴向力，机器刚性高，承载能力大。但是，并联机器人在位置求解中正解求解比较困难，而反解求解相对容易。并联机器人

和传统的串联机器人在应用上构成互补关系。并联机器人如图 5.13（b）所示。

（a）串联机器人　　　　　　　　　　（b）并联机器人

图 5.13　服务于智能制造的工业机器人

工业机器人机械结构的一个重要特征是机器人的自由度。工业机器人的自由度是指机器人机构能够独立运动的关节数目，代表机器人动作的灵活性，通常作为机器人的技术评价指标之一。6 自由度机器人已经具有完整的空间定位能力，因此自由度多于六的机器人为冗余度机器人，多余的自由度可用来改善机器人的灵活性，提高机器人的运动学和动力学性能，提高机器人的避障能力。

工业机器人机械结构的组成关节通常使用旋转关节，一般由电机通过减速器驱动。作为核心零部件的重要组成，减速器是工业机器人能够可靠、精确运行所不能或缺的部分。减速器有多种类别，分别有谐波齿轮减速器、摆线针轮减速器、RV 减速器、精密行星减速器和滤波齿轮减速器等。

作为工业机器人核心零部件的精密减速器，与通用减速器相比，机器人用减速器要求具有传动链短、体积小、功率大、质量小和易于控制等特点。精密减速器使机器人的伺服电机在一个合适的速度下运转，并精确地将转速降到工业机器人各部位需要的速度，提高机械体刚性的同时输出更大的力矩。

在关节型机器人上使用的减速器主要有两类，即 RV 减速器和谐波齿轮减速器，如图 5.14 所示。一般将 RV 减速器放置在机座、大臂、肩部等重负载的位置，即主要用于 20kg 以上的机器人关节；而将谐波齿轮减速器放置在小臂、腕部或手部等位置，即 20kg 以下机器人关节。另外，精密行星减速器一般用在直角坐标机器人上。

谐波传动方法是由美国发明家 C.Walt Musser 在 20 世纪 50 年代中期发明的，谐波齿轮减速器主要由波发生器、柔性齿轮和刚性齿轮三个基本构件组成，依靠波发

（a）RV减速器　　　　（b）谐波齿轮减速器

图 5.14　减速器

生器使柔性齿轮产生可控弹性变形，并与刚性齿轮相啮合来传递运动和动力，单级传动速比可达 70～1000，借助柔轮变形可做到反转无侧隙啮合。与一般的减速器比较，输出相同力矩时，谐波齿轮减速器的体积可减小 2/3，重量可减轻 1/2。工作中，谐波齿轮减速器的柔轮承受较大的交变载荷，因而对材料的抗疲劳强度、加工和热处理的要求较高，制造工艺复杂。柔轮性能是高品质谐波齿轮减速器的关键。

德国人 Lorenz Baraen 于 1926 年提出摆线针轮行星齿轮传动原理，日本帝人株式会社（TEIJIN SEIKICo. Ltd）于 20 世纪 80 年代率先开发了 RV 减速器。RV 减速器是由一个行星齿轮减速器的前级和一个摆线针轮减速器的后级组成。相比于谐波齿轮减速器，RV 减速器具有更好的回转精度和精度保持性。

目前，国际机器人减速器的主要制造厂商是 Harmonic Drive 和 Nabtesco（原日本帝人株式会社），前者主要生产谐波齿轮减速器，后者主要提供 RV 减速器。国内机器人减速器生产企业主要有苏州绿的谐波传动科技有限公司、山东帅克机械制造股份有限公司、浙江恒丰泰减速机制造有限公司和陕西秦川机械发展股份有限公司等。

5.2.2 工业机器人驱动系统

工业机器人的驱动方式主要包括液压驱动、气压驱动和电机驱动，或者把它们结合起来应用的综合系统，可以直接驱动或通过同步带、链条、轮系、谐波齿轮等机械传动机构进行间接驱动。

（1）液压驱动方式

液压驱动方式是将油泵产生的工作油的压力能，转化为机械能，液压驱动方式的特点为：

① 液压驱动系统具有较高的控制精度，可实现无级调速，反应灵敏，可实现连续的轨迹控制；

② 操作力大，功率体积比大，适用于低速、大负载驱动；

③ 对系统密封性要求较高，对工作温度有要求；

④ 液压系统存在泄漏、噪声和低速不稳定的问题。

早期的工业机器人，例如 Unimate，采用了液压驱动。目前只有大型重载机器人、并联机器人和一些特殊应用场合会使用液压驱动的工业机器人。

（2）气压驱动方式

气压驱动方式具有速度快、系统结构简单、维修方便和价格低等优点。但是气压装置的工作压强较低，不易精确定位和进行速度控制，一般用于两位式或有限点位控制的工业机器人（如冲压机器人）中和作为工业机器人末端执行器的驱动。常用的执行机构有气动手抓、旋转气缸和气动吸盘等。

（3）电机驱动方式

机器人的电机驱动方式就是利用各种电动机产生的力矩和力，直接或间接地驱动机器人以获得机器人的各种运动的执行机构。电机驱动方式是现代工业机器人的一种主流驱动方式，其一般要求如下：

① 快速性；

② 启动转动惯量比较大；

③ 控制特性的连续性和直线性；

④ 调速范围宽；

⑤ 体积小、质量小、轴向尺寸短；

⑥ 可进行频繁的正反向运行和加减速运行，并能在短时间内承受过载。

电机驱动方式应用类型一般可分为直流伺服电机驱动、交流伺服电机驱动和步进电机驱动等。在工业机器人中，交流伺服电机、直流伺服电机和直接驱动电机都采用闭环控制，常用于位置精度和速度要求较高的机器人中；步进电机主要适用于开环控制系统，一般用于位置和速度精度要求不高的环境。

目前，一般负载 1000N 以下的工业机器人大多采用伺服电机驱动系统。在使用中，不同种类的电机需要配置不同的电机驱动器。

① 直流伺服电机驱动器。直流伺服电机驱动器多采用脉宽调制（PWM）伺服驱动器，通过改变脉冲宽度来改变加在电机电枢两端的平均电压，从而改变电机的转速。PWM 伺服驱动器具有调速范围宽、低速特性好、响应快、效率高和过载能力强等特点，在工业机器人中经常作为直流伺服电机的驱动器。

② 同步式交流伺服电机驱动器。同直流伺服电机驱动系统相比，同步式交流伺服电机驱动器具有转矩转动惯量比高、无电刷及换向火花等优点，在工业机器人中得到广泛应用。

同步式交流伺服电机驱动器通常采用电流型脉宽调制（PWM）三线逆变器和具有电流环为内环、速度环为外环的多闭环控制系统，以实现对三相永磁同步伺服电机的电流控制。根据其工作原理、驱动电流的波形和控制方式的不同，它又可分为两种伺服系统：

a. 矩形波电流驱动的永磁交流伺服系统。

b. 正弦波电流驱动的永磁交流伺服系统。

③ 步进电机驱动器。步进电机驱动器作为一种开环数字控制系统，在小型机器人中得到较广泛的应用。步进电机是将电脉冲信号变换为相应的角位移或直线位移的元件，它的角位移和线位移与脉冲数成正比，转速或线速度与脉冲频率成正比。

步进电机驱动器的优点为：在负载能力的范围内，位移量与脉冲数成正比的关系，速度与脉冲频率成正比的关系，这些关系不因电源电压、负载大小、环境条件的波动而变化；误差不长期积累；步进电机驱动系统可以在较宽的范围内，通过改变脉冲频率来调速，实现快速启动、正反转制动。不足之处在于，由于其存在过载能力差、调速范围相对较小、低速运动有脉冲和不平衡等缺点，一般只应用于小型或简易机器人中。

三种驱动方式的对比如表 5.1 所示。

表 5.1 三种基本驱动系统的主要性能特点

内容	液压驱动	气压驱动	电机驱动
输出功率	很大；压力范围为 50～1400N/cm²；液体的不可压缩性	大；压力范围为 40～60 N/cm²；最大可达 100 N/cm²	较大
控制性能	控制精度较高，可无级调速，反应灵敏，可实现连续轨迹控制	气体压缩性大，精度低，阻尼效果差，低速不易控制，难以实现伺服控制	控制精度高，能精确定位；反应灵敏，可实现高速、高精度的连续轨迹控制；伺服特性好；控制系统复杂

内容	液压驱动	气压驱动	电机驱动
响应速度	很高	较高	很高
结构性能及体积	执行机构可标准化、模块化，易实现直接驱动；功率/质量比大；体积小、结构紧凑；密封问题大	执行机构可标准化、模块化，易实现直接驱动；功率/质量比较大；体积小、结构紧凑；密封问题小	伺服电动机易于标准化；结构性能好、噪声低；需要配置减速器；结构紧凑；无密封问题
安全性	防爆性能较好，用液压油做传动介质，在一定条件下有火灾风险	防爆性能好，高于1000kPa时应注意设备的抗压性	设备自身无爆炸和火灾危险；直流有刷电机在换向时有火花，环境的防爆性能较差
对环境的影响	传动介质泄漏对环境有污染	排气时有噪声	很小
效率与成本	效率中等（0.3～0.6），液压元件成本较高	效率低（0.15～0.2），气源方便，结构简单，成本低	效率为0.5左右，成本高
维修与使用	方便，但液压油对工作环境温度有一定要求	方便	较复杂
在工业机器人中的应用范围	适用于重载、低速驱动，电液伺服系统适用于喷涂机器人、重载点焊机器人和搬运机器人	适用于中小负载、快速驱动、精度要求较低的有限点位程序控制机器人，如冲压机器人、机器人本体的气动平衡及装配机器人的气动夹具	适用于中小负载，要求具有较高的位置控制精度，速度较高的机器人。如伺服喷涂机器人、点焊机器人、弧焊机器人和装配机器人等

5.2.3　工业机器人感知系统

工业机器人的感知系统担任着机器人神经系统的角色，它与机器人的控制系统和决策系统组成了机器人的智能核心。一个机器人的智能程度在很大程度上取决于它的感知系统。机器人的感知系统通常由多种传感器或视觉系统组成。目前，构成机器人感知系统的传感器种类繁多，具体包括视觉、听觉、触觉、力觉、距离觉和平衡觉等类型的传感器。

传感器为机器人系统提供输入信息，由这些传感器组成的"感觉"外部环境的系统就构成了机器人的感知系统，它将机器人内部状态信息（如位置、姿态、线速度、角速度、加速度、角加速度、平衡）和外部环境信息，转变为机器人系统自身或机器人相互之间能够理解和应用的数据、信息和知识的系统，包括各种机器人专用的传感器、信号调理电路、模数转换、处理器构成的硬件部分和传感器识别、校准、信息融合与传感数据库所构成的软件部分。

对于不同的传感器，原理虽然不同，但无论是哪种原理的传感器，最后都需要将被测信号转换为电阻、电容、电感等电信号，再经过信号处理变为计算机能够识别、传输的信号。

(1) 机器人内部传感器

机器人内部传感器是以自己的坐标系统确定其位置。一般安装在机器人本体上，主要包括位移和位置传感器、速度传感器和力觉传感器等。

① 位移和位置传感器。工业机器人运动关节的位置控制是机器人最基本的控制要求，而对位置和位移的检测也是最基本的感知要求。根据工作原理和组成的不同，位置和位移传感器具有多种形式，如图 5.15 所示列出常用的几种。

② 速度传感器。速度传感器是工业机器人中比较重要的内部传感器之一。由于在工业机器人中主要测量的是机器人关节的运行角速度，故这里仅介绍角速度传感器。目前广泛使用的角速度传感器有测速发电机和增量式光电编码

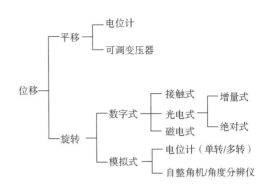

图 5.15　位移和位置传感器形式

器两种，如图 5.16 所示。测速发电机应用最广泛，能直接得到代表转速的电压且具有良好的实时性能；增量式光电编码器既可以测量角位移增量又可以测量瞬时角速度，作为速度传感器时既可以在模拟方式下使用，又可以在数字方式下使用。

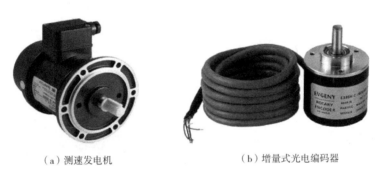

（a）测速发电机　　　　　　　（b）增量式光电编码器

图 5.16　角速度传感器

③ 力觉传感器。力觉传感器是指工业机器人的指、肢和关节等部件对运动中所受力或力矩的感知。工业机器人在进行装配、搬运和研磨等作业时需要对工作力和力矩进行控制。例如，装配时需完成将轴类零件插入孔里、调整零件的位置、拧紧螺钉等一系列的步骤，在拧紧螺钉过程中需要有确定的拧紧力矩；搬运时机器人手爪对工件需要有合理的紧握力；研磨时需要有合适的砂轮进给力以保证研磨质量。

目前广泛使用的是电阻应变片式六维力和力矩传感器，如图 5.17 所示，它能够同时获取三维空间的三维力和力矩信息，广泛应用于力/位置控制、轴孔配合、轮廓跟踪及机器人协调等机器人控制领域。

（2）机器人外部传感器

目前的工业机器人中，绝大多数是没有外部传感器的，但对于面向未来智能制造的智能工业机器人，要求必须具有自矫正能力和适应

图 5.17　电阻应变片式六维力和力矩传感器

环境变化的能力，因此需要多种类的外部传感器。目前主要的外部传感器有触觉传感器和接近度传感器。

① 触觉传感器。研制满足要求的触觉传感器是机器人发展中的关键技术之一。随着微机电技术的发展和各种新的有机材料的出现，已经提出了多种多样的触觉传感器。按照功能大致可分为接触觉传感器、力-力矩觉传感器、压觉传感器和滑觉传感器等。

② 接近度传感器。接近度传感器是检测物体接近程度的传感器。接近度传感器在生产过程和日常生活中广泛应用，它除了可用于检测计数，还可与继电器或其他执行元件组成接近开关，以实现设备的自动控制和操作人员的安全保护，特别是工业机器人发现前方有障碍物时，可限制机器人的运动范围，以避免与障碍物发生碰撞等。

其他的外部传感器有：声觉传感器、温度传感器、滑觉传感器等。

（3）机器人视觉系统

机器人视觉系统是一种非接触式的光学传感系统，同时集成软硬件、计算机技术、光学和电子技术，能够自动地从所采集到的图像中获取信息或者产生控制动作。在整个过程中，被测对象的信息反映为图像信息，进而经过分析，从中得到特征描述信息，最后根据获得的特征进行判断和动作。最典型的机器人视觉系统一般包括：光源、光学成像系统、相机、图像采集卡、图像处理硬件平台、图像和视觉信息处理软件、通信模块。如图 5.18 所示。

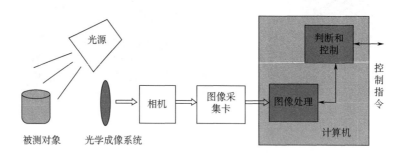

图 5.18　机器人视觉系统

机器人视觉系统具有如下优势：
① 可靠性高。
② 精度高。
③ 灵活性好。
④ 自适应性强。

5.2.4　工业机器人控制系统

机器人控制系统的功能是接收来自传感器的检测信号，根据操作任务的要求，驱动机器人运动。

（1）机器人控制系统的基本功能

机器人控制系统包括如下的几个基本功能：
① 控制机器人末端执行器的位置和运动（即控制末端执行器经过的点和移动路径）。
② 控制机器人的运动姿态（即控制相邻两个活动构件的相对位置）。
③ 控制末端执行器的运动速度（即控制末端执行器运动位置随时间变化的规律）。

④ 控制末端执行器的运动加速度（即控制末端执行器在运动过程中的速度变化）。

⑤ 控制机器人中各关节的输出转矩（即控制对操作对象施加的作用力）。

⑥ 具备操作方便的人机交互功能，机器人通过示教和再现来完成规定的任务。

⑦ 机器人对外部环境有检测和感觉功能。工业机器人配备视觉、力觉、触觉等传感器并进行测量、识别，判断作业条件的变化。

(2) 工业机器人控制系统的特点

机器人的结构采用空间开链接结构，其各个关节的运动是独立的，为了实现末端执行器的运动轨迹，需要多关节的运动协调。所以，其控制系统要比普通的控制系统复杂得多，具有以下几个特点：

① 机器人的控制与结构运动学及动力学密切相关。机器人手爪的状态可以在各种坐标系下进行描述，根据需要选择不同的参考坐标系并做适当的坐标变换。

② 经常要求解运动的正问题和逆问题，除此之外还要考虑惯性力、外力（包括重力）、哥氏力、向心力的影响。

③ 一个简单的机器人也至少有3~5个自由度，比较复杂的机器人有十几个，甚至几十个自由度。每个自由度一般包含一个伺服机构，它们必须协调起来，组成一个多变量控制系统。

④ 把多个独立的伺服系统有机地协调起来，使其按照人的意志行动，甚至赋予机器人一定的智能，这个任务只能是由计算机来完成。因此，机器人控制系统必须是一个计算机系统。

⑤ 描述机器人状态和运动的数学模型是一个非线性模型，随着状态的不同和外力的变化，其参数也在变化，各变量之间还存在耦合。

⑥ 机器人的运动可以通过不同的方式和路径来完成，因此，存在一个"最优"的问题。较高级的机器人可以用人工智能的方法，用计算机建立起庞大的信息库，借助信息库进行控制、决策、管理和操作。

⑦ 传统的自动化机械是以自身的动作为重点，而工业机器人的控制系统更看重本体与操作对象的互相关系。所以，机器人控制系统是一个与运动学和动力学原理密切相关的、有耦合的、非线性的多变量控制系统。

随着实际工作情况的不同，可以有各种不同的控制方式，从简单的编程自动化、微处理器控制到小型计算机控制等等。

(3) 工业机器人控制系统的特性和基本要求

从机器人动力学来说，具有以下特性：

① 机器人本质是一个非线性系统。引起机器人非线性的因素有很多，结构方面、传动件、驱动元件等都会引起系统的非线性。

② 各关节间具有耦合的作用，表现为某一个关节的运动会对其他关节产生动力效应，使得每一个关节都要承受其他关节运动所产生的扰动。

③ 是一个时变系统，动力学参数随着关节运动位置的变化而变化。

从使用的角度来看，机器人是一种特殊的自动化设备，对它的控制有如下特点和要求：

① 多轴运动协调控制，以产生要求的工作轨迹。因为机器人末端执行器的运动是所有关节运动的合成运动，要使末端执行器按照设定的规律运动，就必须很好地控制各关节协调

动作，包括运动轨迹、动作时序等多方面协调。

② 较高的位置精度，很大的调速范围。

③ 系统的静差率要小。

④ 各关节的速度误差系数应尽量一致。

⑤ 位置无超调，动态响应尽量快。

⑥ 需采用加（减）速控制。

⑦ 从操作角度来看，要求控制系统具有良好的人机交互界面，尽量降低对操作者的要求。

⑧ 从系统成本来看，要求尽可能降低系统的硬件成本，更多地采用软件伺服的方法来完善控制系统的性能。

（4）工业机器人智能控制系统

① 开放性模块化的控制系统体系结构。采用分布式 CPU 计算机结构，分为机器人控制器（RC）、运动控制器（MC）、光电隔离 I/O 控制板、传感器处理板和编程示教盒等。机器人控制器（RC）和编程示教盒通过串口/CAN 总线进行通信。机器人控制器（RC）的主计算机完成机器人的运动规划、插补和位置伺服以及主控逻辑、数字 I/O、传感器处理等功能，而编程示教盒完成信息的显示和按键的输入。

② 模块化、层次化的控制器软件系统。软件系统建立在基于开源的实时多任务操作系统上，采用分层和模块化结构设计，以实现软件系统的开放性。整个控制器软件系统分为三个层次：硬件驱动层、核心层和应用层。三个层次分别面对不同的功能需求，对应不同层次的开发。系统中各个层次内部由若干个功能相对立的模块组成，这些功能模块相互协作共同实现该层次所提供的功能。

③ 机器人的故障诊断与安全维护技术。通过各种信息，对机器人故障进行诊断，并进行相应维护，是保证机器人安全性的关键技术。

④ 网络化机器人控制器技术。目前机器人的应用工程由单台机器人工作站向机器人生产线发展，机器人控制器的联网技术变得越来越重要。控制器上具有串口、现场总线及以太网的联网功能，可用于机器人控制器之间和机器人控制器同上位机的通信，便于对机器人生产线进行监控、诊断和管理。

5.3 工业机器人的典型应用

工业机器人的应用范围很广。在工业生产中，焊接机器人、喷涂机器人、装配机器人、搬运机器人等已被大量采用，用于替代人从事危险、有毒、劳动强度大、单调重复的作业，提高生产效率，降低生产成本。

5.3.1 焊接机器人

有着"工业裁缝"之称的焊接在工业生产领域起着举足轻重的作用。近些年来，随着科学技术的不断发展，高质量产品的需求量大大增加，同时也对焊接技术提出了更高的要求。传统的手工焊接技术在质量和效率上已经无法满足当今产品生产的需要了，所以焊接自动化逐渐为世人所重视。焊接机器人作为工业机器人最重要的应用板块发展非常迅速，已广泛应用于工业制造各领域，占整个工业机器人应用的 40% 左右，焊接机器人已经成为焊接自动化的标志。

焊接机器人是从事焊接（包括切割与喷涂）的工业机器人。焊接机器人主要包括机器人和焊接设备两部分。机器人由机器人本体和控制柜（硬件及软件）组成。而焊接设备，以弧焊及点焊为例，则由焊接电源（包括其控制系统）、送丝机（弧焊）、焊枪（钳）等部分组成。对于智能机器人而言还应有传感系统，如激光或摄像传感器及其控制装置等。

采用焊接机器人的主要意义如下：

① 稳定和提高焊接质量，保证其均一性。焊接参数如焊接电流、电压、焊接速度及焊接干伸长度等对焊接结果起决定作用。采用机器人焊接时，每条焊缝的焊接参数都是恒定的，焊缝质量受人的因素影响较小，降低了对工人操作技术的要求，因此焊接质量是稳定的。而人工焊接时，焊接速度、焊接干伸长度等都是变化的，因此很难做到质量的均一性。

② 改善了工人的劳动条件。采用机器人焊接，工人只是去装卸工件，远离了焊接弧光、烟雾和飞溅等。对于点焊来说工人不再搬运笨重的手工焊钳，使工人从大强度的体力劳动中解脱出来。

③ 提高劳动生产率。机器人没有疲劳，一天可 24 小时连续生产，另外随着高速、高效焊接技术的应用，使用机器人焊接，效率提高得更加明显。

④ 产品周期明确，容易控制产品产量。机器人的生产节拍是固定的，因此安排生产计划非常明确。

⑤ 可缩短产品改型换代的周期，减小相应的设备投资。可实现小批量产品的焊接自动化。机器人与专机的最大区别就是它可以通过修改程序以适应不同工件的生产。

焊接机器人是工业机器人的重要组成部分。在中国工业机器人市场，焊接同样是工业机器人最重要的应用领域之一。焊接机器人在汽车、摩托车、工程机械等领域都得到了广泛的应用。焊接机器人在提高生产效率、改善工人劳动强度及环境、提高焊接质量等方面发挥着重要作用。焊接机器人的出现消除了对人力的需求，通过有效且高效地执行重复任务来确保卓越的操作。此外，各个行业对机器人技术进行研发活动的巨额投资鼓励科研人员使用新的先进技术来开发焊接机器人。可以对焊接机器人进行定制，以满足特定要求，例如在线焊缝跟踪和远程监控，使用创新技术来改善与人工的兼容性，如图 5.19 所示。

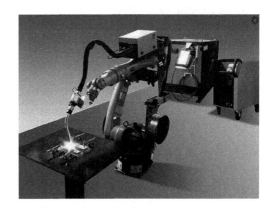

图 5.19　焊接机器人

5.3.2　喷涂机器人

喷涂机器人又叫喷漆机器人（spray painting robot），是可进行自动喷漆或喷涂其他涂料的工业机器人，如图 5.20 所示。喷涂机器人是 1969 年由挪威 Trallfa 公司（后并入 ABB 集团）发明。喷漆机器人主要由机器人本体、计算机和相应的控制系统组成，液压驱动的喷漆机器人还包括液压油源，如油泵、油箱和电机等。多采用 5 或 6 自由度关节式结构，手臂

图 5.20　喷涂机器人

有较大的运动空间，可做复杂的轨迹运动，其腕部一般有 2～3 个自由度，可灵活运动。较先进的喷漆机器人腕部采用柔性手腕，既可向各个方向弯曲，又可转动，其动作类似人的手腕，能方便地通过较小的孔伸入工件内部，喷涂其内表面。喷漆机器人一般采用液压驱动，具有动作速度快、防爆性能好等特点，可通过手把手示教或点位示教来实现示教。喷漆机器人广泛用于汽车、仪表、电器、搪瓷等工艺生产部门。

喷涂机器人的主要优点：①柔性大，工作范围大。②提高喷涂质量和材料使用率。③易于操作和维护，可离线编程，大大地缩短现场调试时间。④设备利用率高，喷涂机器人的利用率可达 90％～95％。

喷涂机器人与人工相比，可以提升 60％ 的效率，节省 30％ 的涂料。同时，机器人喷涂的产品良率可以接近 100％，这是人工所消除不了的偏差。传统往复机由于机制不够灵活，尤其是无法完成精细化操作，且喷漆的利用率低以及喷漆成品良率偏低，也是传统往复机的短板，与喷涂机器人相比，可运用的领域受限。喷涂机器人的适用范围则相对较广，与往复机和人工比较，除了设备投资与维护费用较大外，其他指标均有明显优势，特别是喷漆的利用率和喷漆成品质量均较高。

综合来讲，喷涂机器人的总涂装成本最小，优势较为明显。与手工喷涂和往复机喷涂相比，喷涂机器人在良率、误差、总成本方面有较明显的优势。

5.3.3　装配机器人

装配是工业产品生产的后续工序，在制造业中占有重要地位，随着劳动力成本的不断上升，以及现代制造业的不断换代升级，机器人在工业生产中装配方面的应用越来越广泛，与人工装配相比，机器人装配可使工人从繁重、重复、危险的体力劳动中解放出来，用机器人来实现自动化装配作业是现代化生产的必然趋势。

据资料统计，机器人装配作业中的 85％ 是轴与孔的插装作业，如销、轴、电子元件引脚等插入相应的孔，螺栓拧入螺孔等。如图 5.21 所示，在轴与孔存在误差的情况下进行装配，需要机器人具有动作的柔顺性。主动柔顺性是根据传感器反馈的信息调整机器人手部动作，而从动柔顺性则利用不带动力的机构来控制手爪的运动以补偿其位置误差。用于装配的机器人和一般工业机器人相比具有柔顺性好、定位精度高、工作范围小、能与其他系统配套使用等特点。

装配机器人是柔性自动化装配系统的核心设备。

图 5.21　装配机器人

常用的装配机器人是由机器人本体、末端执行器、控制系统和感知系统组成。其中，机器人本体的结构类型有垂直多关节、水平多关节、直角坐标、柱面坐标、并联机器人等，以适合不同的装配作业，企业可根据需要进行合理选择；末端执行器种类很多，有吸附式、夹钳式、专用式和组合式，根据夹持需求合理选择；与其他机器人相比，装配机器人的控制系统能够使机器人实现更高的速度、加速度、定位精度，能够对外部信号实时反应；在机器人上安装有各种传感器，组成机器人的感知系统，用于获取装配机器人与装配对象、外部环境之间的相互作用信息。

5.3.4 搬运机器人

搬运作业是指用一种设备握持工件，从一个加工位置移到另一个加工位置。使用机器人代替人工来实现搬运作业，不仅减轻了工人的体力劳动强度，而且提高了工作效率。根据安装在机器人本体末端的执行器不同（机械手爪、电磁铁、真空吸盘等），可以实现不同形状和状态的工件搬运工作。目前世界上已有超过10万台各类型的搬运机器人，它们主要应用于自动化装配流水线、物料搬运、堆垛、码垛、集装箱搬运等各种自动搬运作业。

用于搬运作业的机器人包括：①可以移动的搬运小车（AGV），用于实现自主循迹、规避障碍、抓放物品等功能；②多关节6轴机器人，多用于各行业的重载搬运作业；③4轴码垛机器人，如图5.22所示，运动轨迹接近于直线，在搬运过程中，物体始终平行于地面，适合于高速码垛、包装等作业；④SCARA机器人，具有4个独立运动关节，多用于高速轻载的工作场合；⑤并联机器人，多用于食品、医药和电子等行业，目前ABB公司最新产品加速度可达$15g$（$1g=9.8\text{m/s}^2$），每分钟抓取次数可达180次。

图5.22 码垛机器人

搬运机器人在国外已经形成了非常成熟的理论体系和产品，并得到了广泛的应用，国内起步虽然比较晚，但近些年的发展非常迅速，取得了一系列成果。随着科技的发展和技术的进步，搬运机器人越来越朝着智能化、高负载、高可靠性以及和谐的人机交互等方向发展。

5.4 工业机器人在智慧工厂中的应用

随着"工业4.0"智能时代的到来以及《中国制造2025》的规划，工业机器人作为其重要的构成要素，在生产制造过程中，如雨后春笋般大量涌现，并且在工业生产中扮演着越来越重要的角色。从最初的企业为替代人力用于生产至今，工业机器人早已成为标准配置的自动化装备，在生产的方方面面获得了广泛的应用，并成为工厂规模化生产过程中一道独特的风景线。

随着市场发展及技术进步，工业机器人在工厂应用的范围越来越广，实现的功能也越来越多。从直接替代人力，不知疲倦地完成简单、重复的取放料动作，到目前从提升产品生产效率、工艺及品质入手，构建系统化运作平台，在实现以智慧工厂为代表的"工业4.0"时代进程中，工业机器人成为不可替代的重要生产军。

本书涉及的微型化智慧工厂，共采用三种类型的机器人扮演不同的生产角色，下面分别介绍其功能和重要性。

5.4.1 上下料机器人

一般在智慧工厂中，产品在CNC数控生产加工过程中，所需的人力角色较多，有CNC数控机床操作及取放料人员、检测人员、物流人员、流动夹具的装拆夹人员、维修保养人员、品质人员、生产技术及管理人员等。在这种人工参与度较多的生产环境下，对管理协调的要求较高，产能、品质、成本等方面很容易受到沟通协调不畅、不及时等不利因素的影响，造成浪费。因此，如何利用机器人和自动化设备改变目前不利的生产局面显得尤为重要。当前的智慧工厂方案中，为了减少物流人力，同时降低机器人的生产投入，通常开发机器人"一托N"系统，由一台机器人为多台CNC数控机床服务，减少人力流动，科学合理地提高生产效率。

在微型化智慧工厂实例中，由YASKAWA六轴机器人和行走机构配合，同时服务于三台数控铣床和一台数控车床，完成多个机床工位的上下料工作。

(1) 工艺分析

以微型化智慧工厂加工印章为例，其工艺过程如图5.23所示。现阶段微型化智慧工厂的产品为印章，共有两种原材料：一种为棒状材料，通过数控车床的车削加工后，作为印章的柄部；一种为块状材料，通过数控铣床对材料的两面进行铣削加工，形成印章的两面。

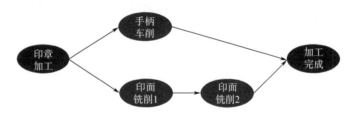

图5.23 印章加工工艺流程

(2) 机器人选型

机器人结合行走机构要同时服务于一台数控车床和一台数控铣床，完成上下料操作。考虑到不同的机床具有不同的夹持方式，同时机器人还需要从预备位置夹取原材料和向加工完成位置放置半成品，因此对机器人的空间姿态要求较高，所以选择使用六轴机器人，如图5.24所示。同时为了灵活服务多个机床，需要设置机器人行走机构。因此，此部分机器人选型采用六轴机器人和外部行走机构。

图5.24 六轴机器人

(3) 机器人动作流程

机器人动作流程如图5.25所示。

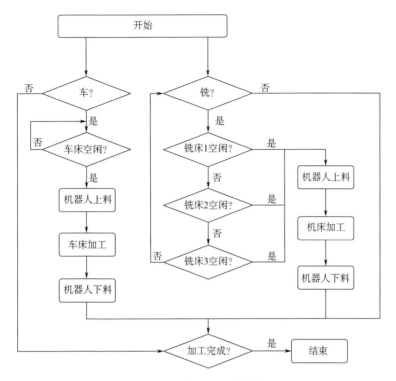

图 5.25 六轴机器人动作流程

① 首先，调度系统调度柔性 AGV 系统，将原材料运送至预定位置，给上下料机器人发出运动指令。

② 机器人根据工艺要求，通过与调度系统沟通，询问数控车床是否空闲，如果空闲就抓取棒状材料给数控车床上料。

③ 同时，机器人根据工艺要求，通过与调度系统沟通，询问数控铣床是否空闲，如果空闲就抓取块状材料给数控铣床上料。

④ 数控车床和数控铣床加工完成后，机器人负责从机床上下料，并将加工好的成品放置在预设位置。

在整个过程中，机器人需要服从调度系统的智能调度，根据产品生产节拍和加工周期等，灵活地完成原材料抓取、机床上料、机床下料和搬运成品等动作，与调度系统进行对接，完成生产任务。

5.4.2 搬运机器人

智能搬运机器人系统用于控制 4 自由度直角坐标机器人在输送线与 AGV 之间或者 AGV 与 AGV 之间进行工件搬运作业，由于实际生产过程中工件在输送线的姿态以及 AGV 到站后的姿态不确定性，系统借助机器人上的相机进行姿态判定，辅助完成工件搬运作业。

(1) 搬运机器人系统本体组成

如图 5.26、图 5.27 所示，在微型化智慧工厂中所使用的智能搬运机器人系统本体主要由 4 自由度直角坐标机器人、DFK23GV024 工业相机及真空吸盘组成。

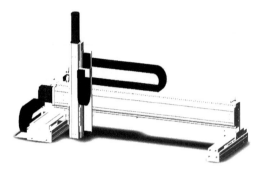

图 5.26　直角坐标机器人

图 5.27　智能搬运机器人系统

（2）搬运机器人电气控制原理

本套系统采用 B140 运动控制卡与 PC 机组成上下位机的控制方案，实现模块化机器人的控制。使用这种控制方案的优点是将运动控制卡与 PC 机配合，利用下位机运动控制卡运算速度快、实时性好，以及可实现多轴运动控制等特点，上位机 PC 机可以处理大量数据并由运动控制卡迅速执行，可以达到控制反应时间短、控制精度高的效果，电气控制原理如图 5.28 所示。

（3）搬运机器人系统软件开发

如图 5.29 所示，智能搬运机器人系统软件采用 C++语言开发，开发环境为 VS+OpenCV。

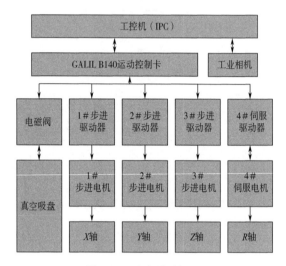

图 5.28　电气控制原理

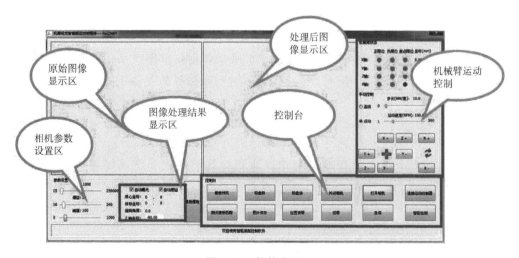

图 5.29　软件主界面

其主要功能有:

① 4 自由度直角坐标机器人运动控制及状态显示,如图 5.30 所示。

② 图像采集及视觉匹配处理。4 自由度直角坐标机器人上安装有工业相机,用于在输送线上识别工件的旋转角度或者识别 AGV 的姿态,便于准确无误地放置/抓取工件,采用的是 SURF 快速模板匹配算法,其界面如图 5.31 所示。

③ 具有远程通信,实现搬运作业任务、智能调度功能。4 自由度机械臂设备单元需要满足 FMS 调度,必须实时地上传机械臂状态和接收 FMS 调度作业命令并执行任务,与 FMS 之间采用工业以太网通信。

图 5.30 机器人运动控制界面

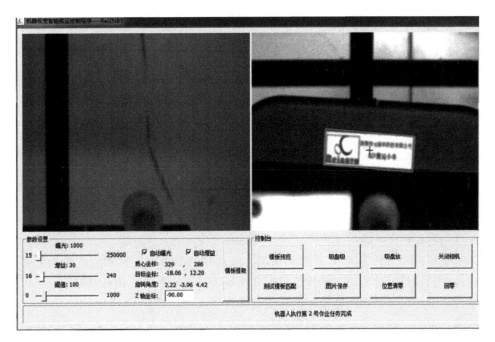

图 5.31 图像采集及视觉匹配界面

④ 具有标定设置功能。如图 5.32 所示,标定设置中主要包含摄像机内外参数、用户坐标系及关键点坐标参数,用户坐标系及机器人基坐标系转换参数主要采用三点标定法,分别示教用户坐标系原点、X 轴上一点及 XY 平面一点所对应的机器人坐标值,从而计算出之间的旋转平移矩阵,此矩阵参数由程序自动计算。

摄像机参数主要由内参数和外参数组成,采用张正友摄像机标定原理,需借助 MATLAB 的标定工具包 TOOLBOX_calib。

关键点坐标参数主要包含 6 个点坐标,分别是 3 个拍照点及 3 个机械臂取货点,机械臂的坐标值为 (X, Y, Z, R),其中 X、Y、Z 单位为毫米,R 单位为度。

3 个拍照点为输送线抓取托盘时拍照点、输送线左侧 AGV 抓取托盘时拍照点及输送线

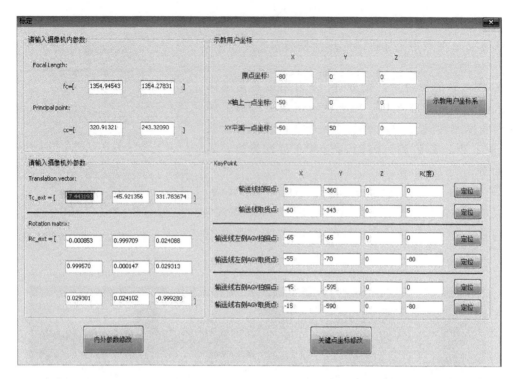

图 5.32 标定参数界面

右侧 AGV 抓取托盘时拍照点。建议 Z 值取 0。

3 个取货点为输送线取托盘时坐标点、输送线左侧 AGV 取托盘时坐标点及输送线右侧 AGV 取托盘时坐标点。一般 Z 值取 0，实际运动中根据界面 Z 轴坐标指定高度。

（4）软件操作流程

第一步：打开程序，弹出主界面。

第二步：点击"打开相机"，程序自动实时获取相机图像，并自动调取模板图像进行模板匹配处理，获取目标的质心，计算出目标在机器人基坐标系下的坐标并显示，可以根据实际环境情况调节相机参数使图像清晰，一般选择自动曝光即可。

第三步：点击"连接运动控制器"，程序自动根据设置的参数打开运动控制器，并发送机器人初始化命令，让机器人处于待机状态。注意：每次设备重新上电后均需要执行一次回零操作，否则机器人坐标系将显示不正确。

第四步：点击"智能检测"，程序根据设置的参数连接远端服务器，并开始接收命令。

第五步：等待远程服务器发送指令，程序控制机器人自动调用相关任务并执行，并反馈状态信息给服务器。

让机器人停止运动请按下系统停止按钮，特别注意：紧急情况下需按下控制盒上的 XYZ 模组按钮，使机器人断电。

5.4.3 装配机器人

工件输送至装配工位后，检测、点胶或者装配等工艺需要借助 SCARA 机器人来完成作业，智能装配系统实现了智能调度 SCARA 机器人进行不同作业的任务。由于印面、正面安装孔加工位置的不确定性，为了实现印柄的精确装配，系统配有工业相机，采用机器视觉进行精确定位。

（1）装配机器人系统本体组成

如图 5.33 所示，在微型化智慧工厂中所使用的装配机器人系统本体主要由 YAMAHA 机器人、DFK23GV024 工业相机、气动手爪及装配台组成。

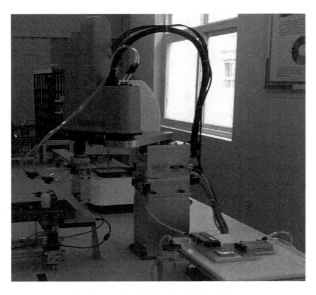

图 5.33　装配机器人系统本体组成

（2）搬运机器人电气控制原理

本系统采用 SCARA 机器人控制柜与 PC 机组成上下位机的控制方案，实现机器人的运动控制，电气控制原理如图 5.34 所示。

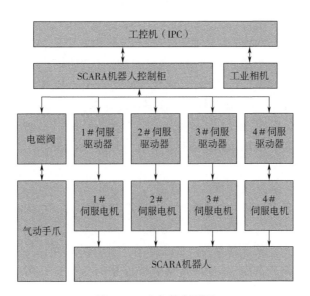

图 5.34　电气控制原理

（3）搬运机器人系统软件开发

如图 5.35 所示，智能装配机器人系统软件采用 C＋＋语言开发，开发环境为 VS＋OpenCV。

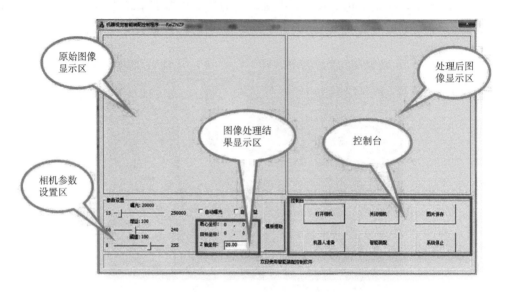

图 5.35　软件主界面

其主要功能有：

① 具有 SCARA 机械臂运动控制功能。

② 可实现自动点胶控制。

③ 具有机器视觉定位功能。

④ 具有远程通信及智能调度、装配作业任务功能。机器人设备单元需要满足 FMS 调度，必须实时地上传机器人状态和接收 FMS 调度作业命令并执行任务，与 FMS 之间采用工业以太网通信。

⑤ 具有标定设置功能。如图 5.36 所示，标定设置中主要包含摄像机内外参数、用户坐标系及机器人基坐标系转换参数，用户坐标系及机器人基坐标系转换参数主要采用三点标定法，分别示教用户坐标系原点、X 轴上一点及 XY 平面一点所对应的机器人坐标值，从而计算出之间的旋转平移矩阵，此矩阵参数由程序自动计算。

摄像机参数主要由内参数和外参数组成，采用张正友摄像机标定原理，需借助MATLAB 的标定工具包 TOOLBOX_calib。

（4）软件操作流程

第一步：打开程序，弹出主界面。

第二步：点击"打开相机"，程序自动实时获取相机图像，并自动调取模板图像进行模板匹配处理，获取目标的质心，计算出目标在机器人基坐标系下的坐标并显示，可以根据实际环境情况调节相机参数，使图像清晰，一般选择自动曝光即可。

第三步：点击"机器人准备"，程序自动根据设置的参数打开串口，并发送机器人准备命令，让机器人处于 AUTO 模式。

第四步：点击"智能装配"，程序根据设置的参数连接远端服务器，并开始接收命令。

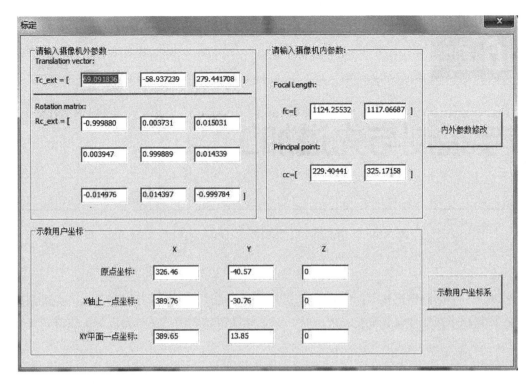

图 5.36　标定设置界面

第五步：等待远程服务器发送指令，程序控制机器人自动调用前期保存在机器人控制器内的相关任务并执行，并反馈状态信息给服务器。

让机器人停止运动请按下系统停止按钮，特别注意：紧急情况下需按下控制盒上的装配机器人按钮，使装配机器人断电。

5.5　本章小结

本章首先对工业机器人进行了概述，介绍了机器人的发展历程、定义、特点、分类、主要技术参数以及发展趋势；然后列举了工业机器人的主要组成部分，对其机械结构、驱动系统、感知系统、控制系统进行了详细说明；在工业机器人的典型应用中，着重介绍了工业生产中的焊接机器人、喷涂机器人、装配机器人、搬运机器人共四种典型应用场景；最后，对在微型化智慧工厂中所采用的上下料六自由度机器人、直角坐标搬运机器人、SCARA 装配机器人共三种不同类型的机器人分别进行了详细介绍。机器人在工业生产和日常生活中的地位和作用将会越来越大。

第6章

数字控制与先进加工

近年来，伴随着信息技术向工业制造渗透，融合机器人、数字化、新材料的先进制造技术正在加速推进制造业向智能化、服务化、绿色化转型，数字控制与先进加工方法在工业制造领域越来越重要。

6.1　数字控制

数字控制技术是用数字化信息对机电设备运动和工作流程进行控制的技术，它是集传统的机械制造技术、计算机技术、现代控制技术、传感检测技术、网络通信技术和光机电技术等于一体的现代制造业的基础性技术，具有精度高、效率高、柔性自动化等特点，对制造业实现柔性自动化、集成化、数字化和智能化起着举足轻重的作用。

6.1.1　数字控制概述

数字控制是利用数字信息对机械运动及加工过程进行控制的一种方法，简称数控。数控技术是在数字控制的基础上衍生出来的对机械运动和工作过程进行控制的技术。数控装备是以数控技术为代表的新技术面向传统制造业的机电一体化产品，即所谓的数字化装备，如数控机床和加工中心等，其技术涉及多个领域：机械设计与制造技术、自动控制技术、伺服驱动技术、传感器技术、计算机软件技术等。

有以下几个概念需要区分：

① 数字控制。数字控制（numerical control，NC）是一种用数字化信号对控制对象进行自动控制的技术，简称为数控。

② 数控技术。数控技术是指用数字、字母和符号对某一工作过程进行可编程的自动控制技术。它所控制的通常是位置、角度、速度、力和力矩等机械量和与机械能量流向有关的开关量。数控的产生依赖于数据载体和二进制形式数据运算的出现。数控技术的应用不但给传统制造业带来了革命性的变化，而且使制造业成为工业化的象征。

③ 数控系统。数控系统是指实现数控技术相关功能的软、硬件模块的有机的集成系统，它是数控技术的载体。它是在自动控制技术和计算机技术高速发展的基础上产生的。20世

纪 50 年代中期，经典控制理论已经发展得十分成熟，而且在很多工程技术领域中得到成功应用。具体来说，数控系统是指采用数字技术实现各种控制功能的自动控制系统。

④ 数控机床。数控机床（NC machine tool）是指应用数控技术对加工过程进行控制的机床，或者说装备了数控系统的机床。国际信息处理联盟（international federation of information processing）第五技术委员会对数控机床作了如下定义："数控机床是一个装有程序控制系统的机床，该系统能够逻辑地处理具有使用代码，或其他符号编码指令规定的程序。"换言之，数控机床是一种综合应用了计算机技术、自动控制技术、精密测量技术和机床设计技术等先进技术的典型机电一体化产品，是现代制造技术的基础。数控机床也是数控技术应用最早、最广泛的领域，数控机床的水平代表了当前的数控技术的性能、水平和发展方向。

数控技术和数控机床是实现柔性制造（flexible manufacturing，FM）和计算机集成制造（computer integrated manufacturing，CIM）的最重要基础技术之一。数控机床及其数控设备是制造系统最基本的加工单元。随着微电子技术、计算机技术、自动控制和精密测量技术的不断发展和迅速应用，在制造业中，数控技术和数控机床也早已从研制走向实用，并不断更新换代，向高速度、多功能、智能化、开放型以及高可靠性等方面迅速发展。当前柔性自动化（单机和生产系统）是世界机械电子工业发展的趋势。数控技术的应用、数控机床的生产量已成为衡量一个国家工业化程度和技术水平的重要标志。

6.1.2 数控机床在智慧工厂中的应用

本书涉及的微型化智慧工厂，共采用两种类型的数控机床扮演不同的生产角色，如图 6.1 所示。下面分别介绍其功能和重要性。以微型化智慧工厂加工印章为例，其工艺过程如图 6.1 所示。

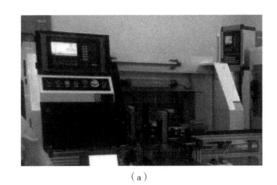 

（a） （b）

图 6.1 微型数控车床和数控铣床

6.1.2.1 数控车床

(1) 数控车床的基本组成

数控车床的基本组成如图 6.2 所示，它由床身、主轴箱、自动门、换刀装置、数控系统等组成，技术参数如表 6.1 所示。数控系统用于输入零件加工程序、控制机床工作状态以及驱动伺服电机。床身用于支承和连接机床各部件。主轴箱用于安装主轴和卡盘，用于完成零件的装夹和旋转。主轴前端的卡盘用于安装零件。用户编辑的零件程序经过 CNC 处理后，发出运动指令和控制指令，运动指令通过电机驱动装置驱动机床的进给运动，控制指令实现主轴启停、刀具选择、冷却、润滑等控制。通过刀具和工件的相对运动，实现零件的切削加工。

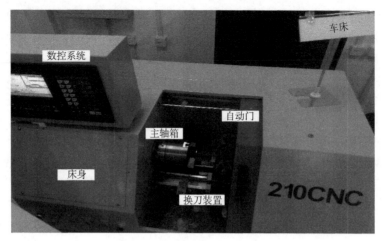

图 6.2　数控车床的基本组成

表 6.1　数控车床的基本技术参数

性能指标	参数
最大回转直径	200mm
最大夹持直径	80mm
床身长度	400mm
X 轴行程	80mm
Z 轴行程	280mm
主轴转速（G 代码控制转速）	（300～1750）r/min± （30～175）r/min
最大移动速度	2000mm/min
Z 轴最大进给速度	2000mm/min
X 轴最大进给速度	1000mm/min
电动刀架工位数	4 工位
刀架角度	360°
刀具回转精度	0.005mm
主轴通孔	20mm
冷却系统	有
车螺纹功能	有
主轴孔莫氏锥度	莫氏 3 号
尾轴孔莫氏锥度	莫氏 2 号
机械分辨率	0.0125mm
输出功率	500W
电子手轮	配有外挂式电子手轮
丝杠	C5 级滚珠丝杠
净重/毛重	145/160kg
外形尺寸（长×宽×高）	1500mm×1000mm×1550mm
数控系统	ADT-CNC4620 数控车床控制系统

（2）数控车床的特点

① 精度高、有保护罩和冷却系统，可自动车削各种回转表面，如圆柱面、圆锥面、特形面等，并能进行车螺纹、镗、铰加工，效率高、适用性强。

② 床身导轨经超音频淬火后精磨，硬度高、刚性好。床头、导轨、床鞍、拖板尺寸厚。

③ 滚珠丝杠采用整体内循环丝杠，配对角接触球轴承支承并预紧，导轨、丝杠等采用集中润滑，具有运动灵活、减少热变形、精度稳定的特点。

④ 电动刀架有 4 工位，采用精密齿盘定位，重复定位精度高。

⑤ 主要加工材料有铁、铜、铝等有色金属材料。

6.1.2.2 数控铣床

（1）数控铣床的基本组成

数控铣床的基本组成如图 6.3 所示，它由床身、立柱、主轴箱、工作台、滑鞍、数控系统等组成，技术参数如表 6.2 所示。数控系统用于输入零件加工程序、控制机床工作状态以及驱动伺服电机。床身用于支承和连接机床各部件。主轴箱用于安装主轴，该机器主轴转速可达 2400r/min，可以帮助其完成零件的加工。主轴下端的锥孔用于安装铣刀。当主轴箱内的主轴电机驱动主轴旋转时，铣刀能够切削工件。那么在加工过程中，机床是怎样实现 X、Y、Z 三轴的运动呢？首先主轴箱可沿立柱上的导轨在 Z 向移动，使刀具上升或下降。刀具可沿滑鞍上的导轨在 X 向移动，工作台可沿床身上的导轨在 Y 向移动。无论是 X、Y 向，还是 Z 向的移动都是靠伺服电机驱动滚珠丝杠来实现。同时，还包含了一些辅助功能的系统和装置，如气压、润滑、冷却系统及排屑、防护等装置。

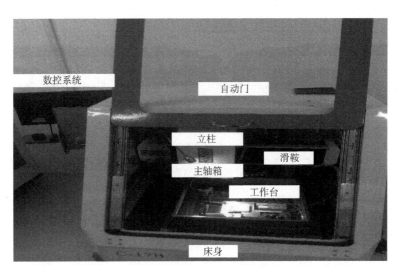

图 6.3　数控铣床的基本组成

表 6.2　数控铣床的基本技术参数

技术指标/项目	参数/说明
定位精度	0.03mm
重复定位精度	0.01mm

技术指标/项目	参数/说明
最大钻孔直径	13mm
最大铣削直径	16mm
系统分辨率	0.0025mm
工作台尺寸	400mm×350mm
X 方向行程	300mm
Y 方向行程	200mm
Z 方向行程	150mm
工作台 T 形槽尺寸	12mm
工作台 T 形槽个数	4 个
刀柄直径	3.175/4/6mm
主轴转速范围	100～4800r/min（无级调速）
快速移动速度	1200mm/min
分辨率	0.0025mm
主轴电机功率	400W
使用电压	220V
机床尺寸	1200mm×680mm×850mm
净重/毛重	300/350kg
数控系统	基于 FPGA＋ARM 平台开发的专用四轴铣床数控系统，使用国际标准 G 代码编程控制，支持 Mastercam、UG、文泰、Type3 等第三方 CAM 软件生成加工程序，采用速度前瞻算法优化加工速度，支持常用的 CAM 图形操作，简化系统编程，初始通用出厂配置参数，简化调试步骤，配置专业输入/输出板
故障检测	在软件工作主界面上实时监测、显示通信端口的通信状态，便于故障排除
误差补偿功能	具有刀补、丝杠的间隙补偿功能
门类	电动推拉门

（2）数控铣床的特点

该数控铣床能够实现三轴联动控制（可加至四轴）、全自动运行无需手工操纵，安全可靠。具有直线插补、圆弧插补、MDI 运行、点动、模拟运行等功能。

6.2　增材制造与先进加工技术

6.2.1　增材制造技术

一般通俗地称增材制造为 3D（三维）打印，而事实上 3D 打印只是增材制造工艺的一种，它不是准确的技术名称。增材制造指通过离散-堆积使材料逐点逐层累积、叠加形成三维实体的技术。根据它的特点又称增材制造、快速成形、任意成形等。

(1) 增材制造的优势

增材制造通过降低模具成本、减少材料、减少装配、减少研发周期等优势来降低企业制造成本，提高生产效益。具体优势如下：

① 与传统的大规模生产方式相比，小批量定制产品在经济上具有吸引力。

② 直接从 3D CAD 模型生产意味着不需要工具和模具，没有转换成本。

③ 以数字文件的形式进行设计方便共享，方便组件和产品的修改与定制。

④ 该工艺的可加性使材料得以节约，同时还能重复利用未在制造过程中使用的废料（如粉末、树脂）（金属粉末的可回收性估计在 95%～98% 之间）。

⑤ 新颖、复杂的结构，如自由形式的封闭结构和通道是可以实现的，使得最终部件的孔隙率非常低。

⑥ 订货减少了库存风险，没有未售出的成品，同时也改善了收入资金流，因为货物订金是在生产前支付的。

⑦ 分销允许本地消费者/客户和生产者之间的直接交互。

(2) 增材制造技术分类

① 光聚合成形技术增材制造。立体印刷术（stereolithography apparatus，SLA）是最早实用化的快速成形技术，如图 6.4 所示。具体原理是选择性地用特定波长与强度的激光聚焦到光固化材料（例如液态光敏树脂）表面，使之发生聚合反应，再按由点到线、由线到面顺序凝固，完成一个层面的绘图作业，然后升降台在垂直方向移动一个层片的高度，再固化另一个层面，这样层层叠加构成一个三维实体。

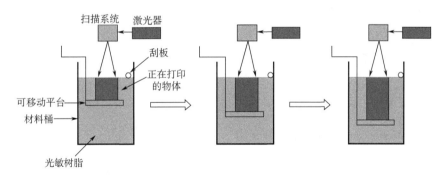

图 6.4　SLA 立体光聚合成形工艺

② 以烧结和熔化为基本原理的增材制造。选择性激光烧结（selective laser sintering，SLS）工艺是利用粉末状材料成形的，如图 6.5 所示。将材料粉末铺洒在已成形零件的上表面，并刮平；用高强度的 CO_2 激光器在刚铺的新层上扫描出零件截面；材料粉末在高强度的激光照射下被烧结在一起，得到零件的截面，并与下面已成形的部分黏接；当一层截面烧结完后，铺上新的一层材料粉末，选择烧结下层截面。SLS

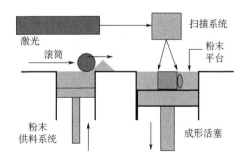

图 6.5　SLS 成形工艺

工艺最大的优点在于选材较为广泛。

③ 以粉末-黏合剂为基本原理的增材制造。三维打印技术（three dimensional printing，3DP）和平面打印非常相似，连打印头都是直接用平面打印机的，如图 6.6 所示。和 SLS 类似，这个技术的原料也是粉末状的，与 SLS 不同的是材料粉末不是通过烧结连接起来，而是通过喷头用黏合剂将零件的截面"印刷"在材料粉末上面。

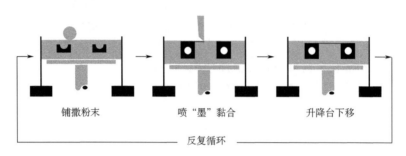

铺撒粉末　　　　　喷"墨"黏合　　　　　升降台下移

反复循环

图 6.6　3DP 成形工艺

④ 熔丝沉积成形。熔丝沉积成形（fused deposition modeling，FDM）工艺具体原理是将丝状的热熔性材料加热熔化，同时三维喷头在计算机的控制下，根据截面轮廓信息，将材料选择性地涂敷在工作台上，快速冷却后形成一层截面。一层成形完成后，机器工作台下降一个高度（即分层厚度）再成形下一层，直至形成整个实体造型，如图 6.7 所示。FDM 是一种成本较低的增材制造方式，所用材料比较廉价，无产生毒气和化学污染的危险。但是FDM 打印成形后表面粗糙，需进行后续抛光处理。最高精度只能为 0.1mm。由于喷头做机械运动，速度缓慢，而且同样需要支承台。很多人认为 FDM 价格低廉，并且相对初级，因此在工业中的应用不多，但是随着技术不断提高，现在 FDM 技术同样能够制造金属零件。

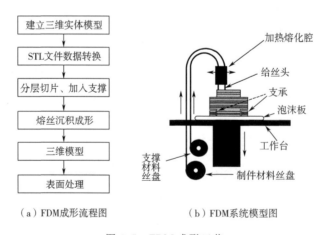

（a）FDM成形流程图　　　　（b）FDM系统模型图

图 6.7　FDM 成形工艺

⑤ 气溶胶打印技术。气溶胶打印技术（aerosol printing）这个技术主要用在精密仪器、电路板的打印上。UV 固化介质从 $10\sim100\mu m$ 气溶胶喷射系统分配并且瞬间完成。之后，一个金属纳米粒子油墨以精确的方式被分配/烧结在最近固化的材料上，然后重复一遍又一遍，直到结构形成。该过程具有快速凝固材料的特点，它依赖于本地沉积和局部固化。

⑥ 细胞 3D 打印。细胞 3D 打印（cell bioprinting）是快速成形技术和生物制造技术的有机结合，可以解决传统组织工程难以解决的问题，如图 6.8 所示。在生物医学的基础和应用研究中有着广阔的发展前景。主要以细胞为原材料，复制一些简单的生命体组织，例如皮肤、肌肉以及血管等，甚至在未来可以制造人体组织如肾脏、肝脏，甚至心脏，用于进行器官移植。

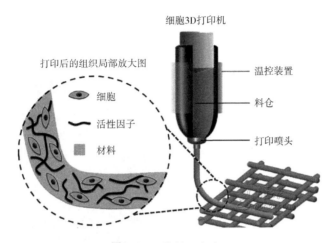

图 6.8　cell bioprinting

6.2.2　电子束与离子束加工技术

电子束加工和离子束加工是近年来得到较快发展的新型特种加工技术。它们在精密微细加工方面，尤其是在微电子学领域中得到较多的应用。通常来说，电子束加工主要用于打孔、焊接等热加工和电子束光刻化学加工，而离子束加工则主要用于离子刻蚀、离子镀膜和离子注入等加工。

6.2.2.1　电子束加工

(1) 电子束加工原理

电子束加工（electron beam machining，EBM）起源于德国。1948 年德国科学家斯特格瓦发明了第一台电子束加工设备。利用高能量密度的电子束对材料进行工艺处理的一切方法统称为电子束加工。

真空条件下，利用电子枪中产生的电子经加速、聚焦后能量密度为 $10^6 \sim 10^9 \, W/cm^2$ 的极细束流，高速冲击到工件表面上极小的部位，并在几分之一微秒时间内，将其能量大部分转换为热能，使工件被冲击部位材料的温度达到几千摄氏度，致使材料局部熔化和气化，来去除材料，如图 6.9 所示。

控制电子束能量密度的大小和能量注入时

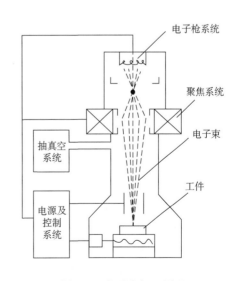

图 6.9　电子束加工原理

间，就可以达到不同的加工目的：

① 只使材料局部加热就可进行电子束热处理；

② 使材料局部熔化就可以进行电子束焊接；

③ 提高电子束能量密度，使材料熔化和气化，就可进行打孔、切割等加工；

④ 利用较低能量密度的电子束轰击高分子材料时产生化学变化的原理，即可进行电子束光刻加工。

（2）电子束主要加工装置

电子束加工装置主要由以下几部分组成，如图 6.10 所示。

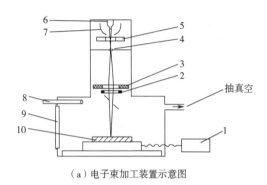

（a）电子束加工装置示意图

1—工作台系统；2—偏转线圈；3—电磁透镜；4—光闸；
5—加速阳极；6—电子发射阴极；7—控制栅极；
8—光学观察系统；9—带窗真空室门；10—工件

（b）电子束加工场景

图 6.10　电子束加工装置与加工场景

① 电子枪。获得电子束的装置，它包括：

a. 电子发射阴极——用钨或钽制成，在加热状态下发射电子。

b. 控制栅极——既控制电子束的强弱，又有初步的聚焦作用。

c. 加速阳极——通常接地，由于阴极为很高的负压，所以能驱使电子加速。

② 真空系统。保证电子加工时所需要的真空度。一般电子束加工的真空度维持在 $1.33 \times 10^{-2} \sim 1.33 \times 10^{-4}$ Pa。

③ 控制系统和电源。控制系统包括束流聚焦控制、束流位置控制、束流强度控制以及工作台位移控制。

束流聚焦控制：提高电子束的能量密度，它决定加工点的孔径或缝宽。

聚焦方法：一种方法是利用高压静电场使电子流聚焦成细束；另一种方法是利用"电磁透镜"依靠磁场聚焦。

束流位置控制：改变电子的方向。

工作台位移控制：加工时控制工作台的位置。

电源：对电压的稳定性要求较高，常用稳压电源。

（3）电子束加工工艺的特点

电子束能够极其微细地聚焦（可达 $1 \sim 0.1 \mu m$），故可进行微细加工；加工材料的范围广，能加工各种力学性能的导体、半导体和非导体材料；加工效率很高；加工在真空中进行，污染少，加工表面不易被氧化；电子束加工需要整套的专用设备和真空系统，价格较贵，故在生产中受到一定程度的限制。

6.2.2.2 离子束加工

(1) 离子束加工原理

在真空条件下，将离子源产生的离子束经过加速、聚焦后投射到工件表面。由于离子带正电荷，其质量数比电子大数千乃至数万倍，它撞击工件时具有很大的撞击动能，通过微观的机械撞击作用，从而实现对工件的加工。如图 6.11 所示。

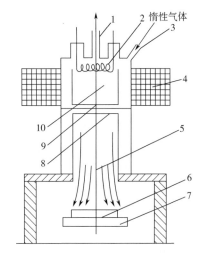

图 6.11 离子束加工原理

1—真空抽气口；2—灯丝；3—惰性气体注入口；
4—电磁线圈；5—离子束流；6—工件；7—阴极；
8—引出电极；9—阳极；10—电离室

(2) 离子束加工的分类

离子束加工的物理基础是离子束投射到材料表面时所发生的撞击效应、溅射效应和注入效应。通常分为以下四类：

① 离子刻蚀。采用能量为 $0.1 \sim 5 keV$、直径为十分之几纳米的氩离子轰击工件表面时，此高能离子所传递的能量超过工件表面原子（或分子）间键合力时，材料表面的原子（或分子）被逐个溅射出来，以达到加工目的。这种加工本质上属于一种原子尺度的切削加工，通常又称为离子铣削。

离子刻蚀可用于加工空气轴承的沟槽、打孔，加工极薄材料及超高精度非球面透镜，还可用于刻蚀集成电路等的高精度图形。

② 离子溅射沉积。采用能量为 $0.1 \sim 5 keV$ 的氩离子轰击某种材料制成的靶材，将靶材原子击出并令其沉积到工件表面上形成一层薄膜。实际上此法为一种镀膜工艺。

③ 离子镀膜。离子镀膜一方面是把靶材投射出的原子向工件表面沉积，另一方面还有高速中性粒子打击工件表面以增强镀层与基材之间的结合力（可达 $10 \sim 20 MPa$）。

该方法适应性强、膜层均匀致密、韧性好、沉积速度快，目前已获得广泛应用。

④ 离子注入。用 $5 \sim 500 keV$ 能量的离子束，直接轰击工件表面，由于离子能量相当大，可使离子钻进被加工工件材料表面层，改变其表面层的化学成分，从而改变工件表面层的物理力学性能。

该方法不受温度、注入何种元素及粒量限制，可根据不同需求注入不同离子（如磷、氮、碳等）。注入表面元素的均匀性好、纯度高，其注入的粒量及深度可控制，但设备费用大、成本高、生产率较低。

(3) 离子束加工工艺的特点

① 加工精度高。离子束加工是目前最精密、最微细的加工工艺。离子刻蚀可达纳米级精度，离子镀膜可控制在亚微米级精度，离子注入的深度和浓度亦可精确地控制。

② 环境污染少。离子束加工在真空中进行，特别适宜于对易氧化的金属、合金和半导体材料进行加工。

③ 加工质量高。离子束加工是靠离子轰击材料表面的原子来实现的，加工应力和变形极小，适宜于对各种材料和低刚度零件进行加工。

6.2.2.3 电子束加工与离子束加工工艺比较

(1) 原理比较

电子束加工是在真空条件下，利用聚焦后能量密度极高的电子束，以极高的速度冲击到工件表面极小面积上，在极短的时间（几分之一微秒）内，其能量的大部分转变为热能，使被冲击部分的工件材料达到几千摄氏度的高温，从而引起材料的局部熔化和气化，被真空系统抽走。控制电子束能量密度的大小和能量注入时间，就可以达到不同的加工目的。如只使材料局部加热就可进行电子束热处理；使材料局部熔化就可以进行电子束焊接；提高电子束能量密度，使材料熔化和气化，就可以进行打孔、切割等加工；利用较低能量密度的电子束轰击高分子光敏材料时产生化学变化的原理，即可以进行电子束光刻加工。

离子束和电子束加工原理基本类似，也是在真空条件下，将离子源产生的离子束经过加速、聚焦，使之撞击到工件表面。不同的是离子带正电荷，其质量比电子大数千、数万倍，如氩离子的质量是电子的 7.2 万倍，所以一旦离子加速到较高速度时，离子束比电子束具有更大的撞击动能，它是靠微观的机械撞击能量，而不是靠动能转化为热能来加工的。离子束加工的物理基础是离子束投射到材料表面时所发生的撞击效应、溅射效应和注入效应。具有一定动能的离子束投射到工件材料表面时，可以将表面的原子撞击出来，这就是离子的撞击效应和溅射效应；如果将工件直接作为离子轰击的靶材，工件表面就会受到离子刻蚀；如果将工件放置在靶材附近，靶材原子就会溅射到工件表面而被溅射沉积吸附，使工件表面镀上一层靶材原子的镀膜；如果离子能量足够大并垂直工件表面撞击时，离子就会钻进工件表面，这就是离子的注入效应。

(2) 特点比较

电子束加工的特点：

① 由于电子束能够极其细微地聚焦，甚至能聚焦到 $0.1\mu m$，所以加工面积和切缝可以很小，是一种精密微细的加工方法。

② 电子束能量密度很高，使照射部分的温度超过材料的熔化和汽化温度，去除材料主要靠瞬间蒸发，是一种非接触式加工。工件不受机械力作用，不产生宏观应力和变形。加工材料范围很广，脆性、韧性材料，导体、非导体及半导体材料都可以加工。

③ 电子束的能量密度高，因而加工生产效率很高，例如，每秒可以在 2.5mm 厚的钢板上钻 50 个直径为 0.4mm 的孔。

④ 可以通过磁场或电子对电子束的强度、位置、聚焦等进行直接控制，所以整个加工过程便于自动化，特别是在电子束曝光中，从加工位置找准到加工图形的扫描，都可实现自动化。在电子束打孔和切割时，可以通过电气控制加工异形孔，实现曲面弧形切割等。

⑤ 由于电子束加工是在真空中进行，因而污染少，加工表面不会被氧化，特别适宜于加工易氧化的金属及合金材料，以及纯度要求极高的半导体材料。

⑥ 电子束加工需要一整套专用设备和真空系统，价格较贵，故生产应用有一定的局限性。

离子束加工的特点：

① 由于离子束可以通过电子光学系统进行聚焦扫描，离子束轰击材料是逐层去除原子，离子束流密度及离子能量可以精确控制，所以离子刻蚀可以达到纳米（$0.001\mu m$）级的加工

精度。离子镀膜可以控制在亚微米级精度，离子注入的深度和浓度也可极精确地控制。因此，离子束是所有特种加工方法中最精密、最微细的加工方法，是当代纳米加工技术的基础。

② 由于离子束加工是在高真空中进行，所以污染少，特别适宜于易氧化的金属、合金材料和高纯度半导体材料的加工。

③ 离子束加工是靠离子轰击材料表面的原子来实现的。它是一种微观作用，宏观压力很小，所以加工应力、热变形等极小，加工质量高，适合于各种材料和低刚度零件的加工。

④ 离子束加工设备费用贵、成本高，加工效率低，因此应用范围受到一定限制。

(3) 应用比较

总体而言，电子束加工的加工效率更高，适用范围更广；而离子束加工的加工精度更大，是所有特种加工之中最精密、最细微的一种加工方式。

电子束加工根据其能量密度和能量注入时间的不同，可以用于打孔、切割、蚀刻、焊接、热处理和光刻等各种类型的加工。

离子束加工的应用范围正在日益扩大、不断创新。目前用于改变零件尺寸和表面物理力学性能的离子束加工有：用于从工件上做去除加工的离子刻蚀加工；用于给工件表面涂覆的离子镀膜加工；用于表面改性的离子注入加工；等。

电子束与离子束的加工装置都有真空系统、控制系统和电源等部分。主要不同是电子束加工用的是电子枪，离子束加工用的是离子源系统。电子束加工相对于离子束加工，加工效率更高，使用范围也更广；离子束加工的加工精度更高。

近年来，随着纳米科技和半导体集成电路产业的飞速发展，具有多功能、高分辨率的电子束加工和离子束加工技术受到人们空前的重视，它们已成为当前微米、纳米级加工的重要手段。

6.2.3 激光加工、超声波加工技术

6.2.3.1 激光加工

激光表面处理是采用大功率密度的激光束，以非接触性的方式加热材料表面，借助于材料表面本身传导冷却，来实现其表面改性的工艺技术，如图 6.12 所示。它在改善材料表面的力学性能和物理性能，以及提高零件的耐磨、耐蚀、耐疲劳性能方面大有裨益。近年来，激光清洗、激光淬火、激光合金化、激光冲击强化、激光雕刻、激光退火等激光表面处理技术，以及激光熔覆和激光 3D 打印等激光增材制造技术迎来了广阔的应用前景。

(1) 激光表面处理及增材制造技术概述

当前，中国传统制造业正面临深度的转型升级，高附加值、高技术壁垒的高端精密加工是其中的重要方向之一，而激光表面处理便是核心精密加工技术，其优势显著：能量作用集中、热影响区小、工件变形小；能够处理表面形状复杂的工件，且容易实现自动化生产线；通过激光表面处理可以大幅改善工件制品的性能，提高

图 6.12 激光加工原理

其使用效能以及延长使用寿命。

① 激光清洗。激光清洗是近年来得到快速发展、广泛应用的一种新型表面清洁技术。它是采用高能脉冲激光束照射工件表面，使表面的污物、颗粒或涂层瞬间蒸发或膨胀剥离，从而达到洁净化的工艺过程。激光清洗主要分为除锈、除油、除漆、除涂层等工艺，主要应用于金属类清洗、文物类清洗、建筑类清洗等。基于其功能全面、加工精准灵活、高效节能、绿色环保、对基材无损伤、智能、清洗质量好、安全、应用范围广等特点和优势，它在各个工业领域愈发受青睐。

② 激光淬火。激光淬火采用高能量激光作为热源，使金属表面快热快冷，瞬间完成淬火过程，得到高硬度、超细的马氏体组织，提高金属表面的硬度和耐磨性，并且在表面形成压应力，提高抗疲劳能力。这项工艺的核心优势包括热影响区小、变形量小、自动化程度高、选区淬火柔性好、细化晶粒硬度高和智能环保。譬如，激光光斑可调，能够对任意宽度的位置进行淬火；其次，激光头配合多轴机器人联动，可对复杂零件的指定区域进行淬火。又如，激光淬火极热速冷，淬火应力及变形小。激光淬火前后工件的变形几乎可以忽略，因此特别适合高精度要求的零件表面处理。

当前，激光淬火已成功应用于汽车、模具、五金工具、机械等行业中易损件的表面强化，尤其是在提高齿轮、轴面、导轨、钳口、模具等易损件的使用寿命方面，效果显著。

③ 激光合金化。激光合金化采用高能量激光作为热源，照射经过喷涂预制在金属工件表面的超细金属陶瓷材料，使之在激光束作用下快速熔凝渗透，从而改变工件表面的成分，获得组织细密、高耐磨的合金层，大幅提高工件在高温腐蚀条件下的耐磨性能。此项技术的特点是成本低、无需后续加工、变形小和速度快。

④ 激光冲击强化。激光冲击强化是利用强激光束产生的等离子冲击波，提高金属材料的抗疲劳、耐磨损和抗腐蚀能力的一种高新技术。它具有无热影响区、能量高效利用、超高应变率、可控性强以及强化效果显著等突出优点。同时，激光冲击强化具有更深的残余压应力、更好的微观组织和表面完整性、更好的热稳定性以及更长的寿命等特点。近年来该技术获得了迅速发展，在航空航天和国防军工等领域大有用武之地。另外，使用涂层的作用主要是保护工件不被激光灼伤并增强对激光能量的吸收，目前常用的涂层材料有黑漆和铝箔等。

⑤ 激光雕刻。激光雕刻是以数控技术为基础，将高能量的激光束投射到材料表面，利用激光产生的热效应，在材料表面产生清晰图案的激光加工过程。加工材料在激光雕刻照射下瞬间熔化和气化的物理特性，能使激光雕刻实现加工目的。激光雕刻就是运用激光在物件上面刻写文字，这种技术刻出来的字无刻痕，物体表面光滑平整，字迹亦不会磨损。其特点和优势涵盖：安全可靠；精确细致，精度可达到 0.02mm；节约环保、节省材料；高速快捷，可根据输出的图样高速雕刻；成本低廉、不受加工数量限制；等。

⑥ 激光退火。激光退火是指利用激光加热材料表面，将材料暴露于高温很长一段时间后，然后再慢慢冷却的热处理过程。该工艺主要目的是释放应力、增加材料延展性和韧性、产生特殊显微结构等。其特点是能够调整基体组织、降低硬度、细化晶粒和消除内应力。近年来，激光退火技术也成为半导体加工行业的一种新工艺，可大幅提高集成电路的集成度。

⑦ 激光熔覆。激光熔覆采用高能量激光作为热源，金属合金粉末作为焊材，通过激光与合金粉末同步作用于金属表面快速熔化形成熔池，再快速凝固形成致密、均匀并且厚度可

控的冶金结合层，熔覆层具有特殊物理、化学或力学性能，从而达到修复工件表面尺寸、延长寿命的效果。近年来，它已成为国内外激光表面改性研究的热点。这一技术的特点和优势包括选材多样化、成形优异、平整光洁、冶金结合强度高和环保降耗等。

2020 年 12 月，武钢华工激光公司联合苏州大学、华中科技大学申报的国家重点研发计划"增材制造与激光制造"专项——"高效高精度多功能激光增材制造系列熔覆喷头研发"项目已顺利完成科技部验收。公司此次承担"光外送粉激光熔覆系列喷头研发与集成"的课题，完成了激光深孔熔覆加工头、激光变焦熔覆头等 9 种光外激光熔覆头，其中已有 6 种通过装备系统集成提供给用户实际应用，解决了高功率、连续工作的工况应用。这些激光熔覆头将集成在激光熔覆设备上，用于冶金、煤炭、机械、化工、军工等行业。

⑧ 激光 3D 打印。该工艺采用激光熔覆技术，使用激光照射喷嘴输送的粉末流，直接熔化单质或合金粉末，在激光束离开后，合金液体快速凝固，实现合金快速成形。目前，已在工业造型、机械制造、航空航天、军事、建筑、影视、家电、轻工、医学、考古、文化艺术等领域得到广泛应用。

（2）激光表面处理及再制造典型行业应用

当前，激光表面处理及增材制造技术、工艺和装备被广泛应用于冶金、矿山机械、模具、石油、电力、五金工具、轨道交通、航空航天、机械等行业。

① 冶金行业典型应用。例如，针对 42CrMo 钢材的轧机驱动齿轮轴激光熔覆工艺，如图 6.13 所示，硬度可从 HRC 22～25 提升到 HRC 35～42。熔覆层的单边为 1.2mm。工艺特点表现为轴承位修复、恢复成品尺寸、耐磨性能大幅提高。另外，针对铸钢的轧机牌坊激光修复，加工后可从日常磨损的凹槽、腐蚀坑转变为恢复如初的机架尺寸，修复后使用寿命可提高 2 倍。

图 6.13　轧机驱动齿轮轴激光熔覆工艺

又如，对 T2 材质的铜喷嘴进行激光熔覆后，如图 6.14 所示，能够使易受损的基材（铜）的使用寿命提高 1～2 倍。工艺流程耐高温、耐磨、无开裂、无气孔，可实现废品利用，循环再用。

图 6.14　铜喷嘴激光熔覆

② 煤机行业典型应用。针对 27SiMn 钢材的液压缸激光熔覆，替代了传统的电镀工艺，加工后硬度为 HRC50～60，熔覆单层 0.6～1.5mm，基材的耐磨、耐腐蚀性能显著提升。

③ 模具行业典型应用。针对中碳钢的模具激光淬火，硬度从 HRC22～25 增加到 HRC55～58，淬火层厚度为 0.6～1.2mm。工艺特点显示为局部硬化、不变形，边角未出现烧融塌边现象，有效替代传统热处理无法处理的成形模 R 角选区淬火手段。

④ 轨道交通行业典型应用。无论是车轮和钢轨激光除锈，还是车身焊缝处理和钢轨除氧化层，激光清洗技术都可以具备基材无变形、绿色环保、高效以及操作便捷、无耗材等特点。

⑤ 航空航天行业典型应用。钛、铝、合金系列的航天零件和原材料的激光清洗工艺处理，采用 50～2000W 功率的设备，清洗效率为 0.5～8m²/h。精细高效、基材无损伤，有效替代传统的手工打磨和化学清洗等工艺。

6.2.3.2　超声波加工技术

超声波加工又称超声加工，不仅能加工脆硬金属材料，而且适合于加工半导体以及玻璃、陶瓷等非导体。同时，它还可应用于焊接、清洗等方面。

超声波通常指频率高于 20kHz，即高于人工听觉频率上限的一种振动波。超声波的上限频率范围主要取决于发生器，实际使用的频率在 5000MHz 以内。超声波与声波一样，可以在气体、液体和固体介质中传播，但由于频率高、波长短、能量大，所以传播时反射、折射、共振及损耗等现象很显著。

超声波具有下列主要性质：

① 能传递很强的能量，其能量密度可达 100W/m² 以上；

② 具有空化作用，即超声波在液体介质中传播时局部会产生极大的冲击力、瞬时高温、物质的分散和破碎及各种物理化学作用；

③ 通过不同介质时会在界面发生波速突变，产生波的反射、透射和折射现象；

④ 具有尖锐的指向性，即超声换能器设为小圆片时，其中心法线方向上声强极大，而偏离这个方向时，声强就会减弱；

⑤ 在一定条件下，会产生波的干涉和共振现象。

(1) 超声波加工原理

超声波加工原理如图 6.15 所示。由超声波发生器产生的 20kHz 以上的高频电流作用于超声换能器上，产生机械振动，经变幅杆放大后可在工具端面（变幅杆的终端与工具相连接）产生纵向振幅达 0.01～0.1mm 的超声波振动。工具的形状和尺寸取决于被加工面的形状和尺寸，常用韧性材料制成，如未淬火的碳素钢。

工具与工件之间充满磨料悬浮液（通常是在水或煤油中混有碳化硼、氧化铝等磨料的悬浮液，称为工作液）。加工时，由超声换能器引起的工具端部的振动传送给

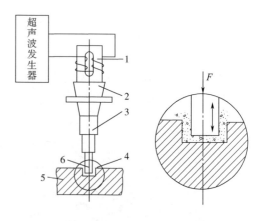

图 6.15　超声波加工原理

1—超声换能器；2，3—变幅杆；
4—工作液；5—工件；6—工具

工作液，使磨料获得巨大的加速度，猛烈地冲击工件表面，再加上超声波在工作液中的空化作用，可实现磨料对工件的冲击、破碎，完成切削功能。通过选择不同工具端部形状和不同的运动方法，可进行不同的微细加工。

超声波加工适合于加工各种硬脆材料，尤其是不导电的非金属硬脆材料，如玻璃、陶瓷、石英、铁氧体、硅、锗、玛瑙、宝石、金刚石等。对于导电的硬质金属材料如淬火钢、硬质合金等，也能进行加工，但加工效率较低。加工的尺寸精度可达 ±0.01mm，表面粗糙度 $Ra = 0.08 \sim 0.63\mu m$。超声波加工主要用于加工硬脆材料的圆孔、弯曲孔、型孔、型腔等，可进行套料切割、雕刻以及研磨金刚石拉丝模等；此外，也可加工薄壁、窄缝和低刚度零件。

（2）超声波加工的应用

超声波加工在焊接、清洗等方面有许多应用。

超声波焊接是两焊件在压力作用下，利用超声波的高频振荡，使焊件接触面产生强烈的摩擦作用，表面得到清理，并且局部被加热升温而实现焊接的一种压焊方法。用于塑料焊接时，超声振动与静压力方向一致，而用于金属焊接时超声振动与静压力方向垂直。振动方式有纵向振动、弯曲振动、扭转振动等。接头可以是焊点，相互重叠焊点形成连续焊缝。用线状声极一次焊成直线焊缝，用环状声极一次焊成圆环形、方框形等封闭焊缝。相应的焊接机有超声波点焊机、缝焊机、线焊机、环焊机。超声波焊接适用于焊接高导电、高导热性金属，以及焊接异种金属、金属与非金属、塑料等，也可焊接薄至 $2\mu m$ 的金箔，广泛用于微电子器件、微电机、铝制品工业以及航空、航天领域。

超声波清洗是表面技术中对材料表面常用的清洗方法之一。其原理主要是基于超声波振动在液体中产生的交变冲击波和空化作用。清洗液通常使用汽油、煤油、酒精、丙酮、水等液体。超声波在清洗液中传播时，液体分子高频振动产生正负交变的冲击波，声强达到一定数值后，液体中急剧生长微小空化气泡并瞬时强烈闭合，产生微冲击波，使材料表面的污物遭到破坏，并从材料表面脱落下来，即使是窄缝、细小深孔、弯孔中的污物，也很容易被清洗掉。

6.3 本章小结

本章首先对数字控制技术与先进加工技术进行了概述，介绍了数字控制技术、数控系统和数控机床的相关概念，并说明其在智慧工厂中的应用；介绍了增材制造与先进加工技术，分别介绍了3D打印、电子束与离子束加工技术、激光加工、超声波加工技术等先进制造技术的概念、特点和应用。

第7章

机器视觉检测与识别

由于对产品质量记录及许多检测功能的需求，机器视觉已成为生产过程中关键的技术之一。在机器或者生产线上，机器视觉可以检测产品质量以便将不合格产品剔除，或者指导机器人完成拣选、组装等工作，涉及定位、检测、识别等功能。例如：目标识别用来甄别不同的被检测物体，将需要的物体识别出来；位置定位检测可以控制机器人在组装生产线将组件安装到正确位置；形状尺寸检测可以用于检测产品的几何参数来保证其在允许的误差范围内；表面检测可以用来检测产品表面是否存在缺陷；等等。因此，机器视觉与现代化生产和智慧工业密切相关。

7.1　图像采集

机器视觉就是用机器代替人眼来做测量和判断。机器视觉系统是指通过机器视觉产品（即图像摄取装置，分 CMOS 和 CCD 两种）将被摄取目标转换成图像信号，传送给专用的图像处理系统，根据像素分布和亮度、颜色等信息，转变成数字信号；图像处理系统对这些信号进行各种运算来抽取目标的特征，进而根据判别的结果来控制现场的设备动作。机器视觉系统主要由照明光源、镜头、工业摄像机、图像采集/处理卡（模拟相机）、图像处理系统及其他外部设备组成。

7.1.1　光源

机器视觉中照明的目的是使被测物的重要特征显现，而抑制不需要的特征。为了达到此目的，需要考虑光源与被测物的相互作用。比如：使用单色光源照射彩色物体以增强被测物相应特征的对比度；或者在相对稳定的昏暗的工厂环境下打光，以补充物体亮度达到图像被测物的效果；再或者利用被测物和背景反光能力的差异凸显出被测物而抑制背景的效果。

（1）光源的选择与分类

光源的选择标准如下：光源均匀性要好，在有效的照射范围内，灰度值标准差要小；具有较宽的光谱范围，可以对不同材料的物体进行检测；光照强度要足够，提高信噪比，利于图像处理；具有较长的使用寿命及较高的稳定性，要保障光源在长时间运行状态下能够持续稳定地提供照明环境；成本低，易根据现场情况定制特殊形状光源。

（2）光源的分类

光源从大类上可分为普通自然光和人造光源，由光照强度、色温及光源的几何形状来描述。在不锈钢表面缺陷检测系统中，为使采集到的图像达到高质量的要求，需要依据待检测目标的颜色、材质和形状，考虑所需光源的强度、光路和光谱等特性。在实际应用中，应优先选择明场照明方式，从而可以抑制自然光源及外界环境的干扰。常见的光源有卤素灯、荧光灯、LED 灯、氙灯以及激光等，其中，LED 灯具有发热少、功耗低、寿命长、光谱范围宽、发光强度高等优点，且可组合多样化的外形。因此，常使用 LED 灯作为照明光源。

（3）颜色相关检测

在某些特定的检测场合下，光源颜色的不同会对最后的成像结果产生不同的影响。光源的颜色特性主要体现在以下两个方面：

色表：人眼直接观察光源所看到的颜色，即光源发出光的颜色。

显色性：光源发出的光照到物体上后，反（透）射光显现物体颜色的能力。

根据光源的颜色特性，可以依据具体的检测目标来选择最合适的光源，不同颜色的光是由其波长决定的。光源在使用过程中除了具有波长特性，还具有色相性。在光学中，将两种色光以适当的比例混合而能产生白光时，则称这两种颜色为"互补色"。如果希望提高缺陷颜色上的对比度来突出缺陷特征，则可以选择色环上相对应的互补颜色，这样可以明显地提高缺陷与背景的对比度。

对易拉罐罐顶表面进行划痕检测，如图 7.1（a）所示。由于罐顶表面印有大量红色的文字，所以如果采用白色光源，文字的存在会对表面检测产生干扰，大大增加了检测的难度。如果对白底红字的罐顶采用红色光源照明，则可以过滤掉红色的文字，如图 7.1（b）所示。

 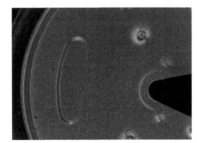

（a）白底红字罐顶　　　　　　　　　　（b）红色光源照射

图 7.1　颜色相关性检测

因此，根据光源与物体颜色相关性原理，合理运用互补色可以过滤掉干扰项的影响。当图像采集设备为黑白相机时，对于特定颜色的背景，可以采用与特定颜色相近或者差异较大的光源来提高或者降低背景的亮度。例如表面背景为红色时，在明视场，若要凸显出缺陷与背景的差异，可以选择与红色相近的紫红色或橙色光源。在暗视场拍摄图像，就需要选择与红色相差较远的青色光源。如果被测目标颜色背景比较复杂，且需要获取目标的颜色信息，则需要选择白色光源。不管选择何种颜色的光源，其根本目的都是提高待检测物体表面缺陷与背景的对比度。

7.1.2 镜头

镜头相当于充当晶状体这一环节，如图7.2所示，简而言之，镜头主要的作用就是聚光。为什么要聚光？比如说在晴天用放大镜生火，你会发现阳光透过放大镜聚集到一点，也就是说，想通过一块小面积的芯片去承载这么一片区域就不得不使用镜头聚光。

下面来看几个基本概念。

(1) 焦距

焦距是从镜头的中心点到胶平面上所形成的清晰影像之间的距离，如图7.3所示。焦距的大小决定着视角的大小，焦距数值小，视角大，所观察的范围也大；焦距数值大，视角小，观察范围小。根据焦距能否调节，可分为定焦镜头和变焦镜头两大类。

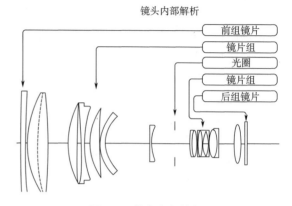

图7.2 镜头内部结构

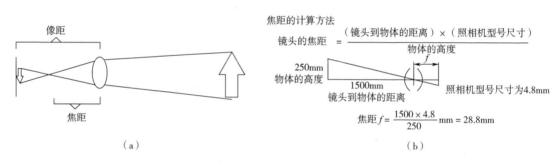

（a）   （b）

图7.3 焦距

(2) 光圈

光圈是一个用来控制光线透过镜头，进入机身内感光面光量的装置，它通常是在镜头内，如图7.4所示。

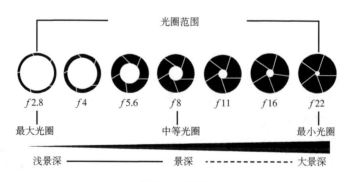

图7.4 光圈

（3）景深

景深（Depth of Field，DOF），在聚焦完成后，焦点前后的范围内呈现清晰图像，这一前一后的距离范围，便叫作景深，如图 7.5 所示。

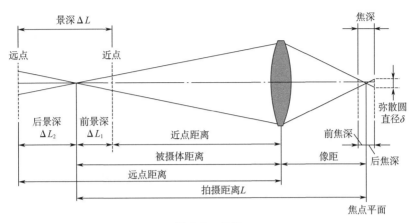

图 7.5　景深

光圈、镜头及拍摄物的距离是影响景深的重要因素。

① 光圈（f 值）越大景深越浅，光圈（f 值）越小景深越深。

② 焦距越长景深越浅，反之景深越深。

③ 主体越近景深越浅，主体越远景深越深。

（4）曝光

曝光是指在摄影过程中进入镜头照射在感光元件上的光量，由光圈、快门、感光度的组合来控制。

（5）视场角

视场角在光学工程中又称视场，视场角的大小决定了光学仪器的视野范围，如图 7.6 所示。

一般视场角越大视野范围越大，视场角越小视野范围越小。视场角大小因焦距而变化，焦距越近视场角越大，焦距越远视场角越小。

（6）分辨率

分辨率代表镜头记录物体细节的能力，以每毫米里面能够分辨黑白线对的数量为计量单位："线对/毫米"（lp/mm）。分辨率越高的镜头成像越清晰。

（7）数值孔径

数值孔径等于物体与物镜间媒质的折射

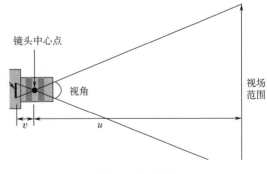

图 7.6　视场角

率 n 与物镜孔径角的一半 $a/2$ 的正弦值的乘积，计算公式为 $N.A = n \times \sin a/2$ 。数值孔径与其他光学参数有着密切的关系，它与分辨率成正比，与放大率成正比。也就是说数值孔径直接决定了镜头分辨率，数值孔径越大，分辨率越高，否则反之。

（8）畸变

一般来说，镜头畸变实际上是光学透镜固有的透视失真的总称，如图 7.7 所示，也就是因为透视原因造成的失真，这种失真对于照片的成像质量是非常不利的，但因为这是透镜的固有特性（凸透镜汇聚光线、凹透镜发散光线），所以无法消除，只能改善。

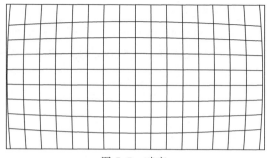

图 7.7 畸变

7.1.3 相机

工业相机（industrial camera）是机器视觉系统中的一个关键组件，其最本质的功能就是将光信号转变成有序的电信号。选择合适的相机也是机器视觉系统设计中的重要环节。

工业相机特点与普通相机（DSC）的区别：工业相机的性能稳定可靠，易于安装，相机结构紧凑结实不易损坏，连续工作时间长，可在较差的环境下使用，一般的数码相机没有这些特点。工业相机的快门时间非常短，可以抓拍高速运动的物体（例如，把名片贴在电风扇扇叶上，以最大速度旋转，设置合适的快门时间，用工业相机抓拍一张图像，仍能够清晰辨别名片上的字体。用普通相机来抓拍，是不可能达到同样效果的）。工业相机的图像传感器是逐行扫描的，而普通相机的图像传感器是隔行扫描的。工业相机的帧率远远高于普通相机。工业相机每秒可以拍摄十幅到几百幅图像，而普通相机只能拍摄 2~3 幅图像，相差较大。工业相机输出的是原始数据（raw data），其光谱范围也往往比较宽，比较适合进行高质量的图像处理算法，例如机器视觉（machine vision）应用。而普通相机拍摄的图片，其光谱范围只适合人眼视觉，并且经过了 MJPEG 压缩，图像质量较差，不利于分析处理。工业相机相对普通相机来说价格较贵。

工业相机选型主要考虑以下几个方面：

① 检测的物体类型。
② 尺寸。
③ 需要检测的指标（如颜色、缺陷、位置等）。
④ 工作距离。
⑤ 分辨率。
⑥ 光谱范围。
⑦ 检测速度。
⑧ 安装空间。
⑨ 价格允许范围。

7.2 视觉检测识别技术

7.2.1 形状检测

在工业领域的图像处理与机器视觉中，经常会应用到各种形状的检测，尤其是一些标准形状（如直线检测、圆检测等）。在特定的环境背景下，一些标准工件或者物体所包含的几何形状特征就会被用来检测该物体，锁定物体位置，判断物体形状标准程度等。常用的标准形状检测有直线检测和圆检测，这两种形状检测都可以使用霍夫变换进行检测。

霍夫变换（Hough transform）于 1962 年由 Paul Hough 首次提出，后于 1972 年由 Richard Duda 和 Peter Hart 推广使用，是图像处理领域内从图像中检测几何形状的基本方法之一。经典霍夫变换用来检测图像中的直线，后来霍夫变换经过扩展可以进行任意形状物体的识别，例如圆和椭圆。霍夫变换运用两个坐标空间之间的变换，将在一个空间中具有相同形状的曲线或直线，映射到另一个坐标空间的一个点上形成峰值，从而把检测任意形状的问题转化为统计峰值的问题。

（1）霍夫直线检测

霍夫直线检测的基本原理在于利用点与线的对偶性，在直线检测任务中，即图像空间中的直线与参数空间中的点是一一对应的，参数空间中的直线与图像空间中的点也是一一对应的。这意味着我们可以得出两个非常有用的结论：

① 图像空间中的每条直线在参数空间中都对应着单独一个点来表示；

② 图像空间中的直线上任何一部分线段在参数空间对应的是同一个点。

因此，霍夫直线检测就是把在图像空间中的直线检测问题转换到参数空间中对点的检测问题，通过在参数空间里寻找峰值来完成直线检测任务。

OpenCV 中霍夫直线检测之前，首先要对图像进行边缘检测，即霍夫变换的输入只能是边缘二值图像。OpenCV 支持三种不同的霍夫线变换，它们分别是：标准霍夫变换（standard Hough transform，SHT）、多尺度霍夫变换（multi-scale Hough transform，MSHT）和累计概率霍夫变换（progressive probabilistic Hough transform，PPHT）。

其中，多尺度霍夫变换（MSHT）为标准霍夫变换（SHT）在多尺度下的一个变种。而累计概率霍夫变换（PPHT）是标准霍夫变换（SHT）的一个改进，它在一定的范围内进行霍夫变换，计算单独线段的方向以及范围，从而减少计算量，缩短计算时间。

在 OpenCV 中，可以用 HoughLines 函数来调用标准霍夫变换（SHT）和多尺度霍夫变换（MSHT）。而 HoughLineP 函数用于调用累计概率霍夫变换（PPHT）。累计概率霍夫变换执行效率很高，应用更广泛。具体 API 如下：

void HoughLines（InputArray image，OutputArray lines，double rho，double theta，int threshold，double srn＝0，double stn＝0）；

参数说明：

//InputArray image：输入图像，必须是 8 位单通道图像。

//OutputArray lines：检测到的线条参数集合。

//double rho：以像素为单位的距离步长。

//double theta：以弧度为单位的角度步长。

//int threshold：累加计数值的阈值参数，当参数空间某个交点的累加计数的值超过该阈值，则认为该交点对应了图像空间的一条直线。

//double srn：默认值为 0，用于在多尺度霍夫变换中作为参数 rho 的除数，$rho = rho/srn$。

//double stn：默认值为 0，用于在多尺度霍夫变换中作为参数 $theta$ 的除数，$theta = theta/stn$。

//如果 srn 和 stn 同时为 0，就表示 HoughLines 函数执行标准霍夫变换，否则就是执行多尺度霍夫变换。

霍夫直线检测的优点是抗干扰能力强，对图像中直线的残缺部分、噪声以及其他共存的非直线结构不敏感，能容忍特征边界描述中的间隙，并且相对不受图像噪声的影响。但霍夫变换的特点导致其时间复杂度和空间复杂度都很高，并且在检测过程中只能确定直线方向，丢失了线段的长度信息。由于霍夫直线检测过程中进行了离散化，因此检测精度受参数离散间隔制约。

（2）霍夫圆检测

在工业视觉检测识别中，经常会遇到圆形检测的情况，因为很多工件或者物体的形状都是圆形的。比较常用的圆检测方法是霍夫变换圆检测。

大家都知道三点可以确定一个圆，以这三点做所有半径的圆则必有一个公共交点，这个交点为以三点为圆的圆心。其实检测圆形和检测直线的原理差别不大，只不过直线是在二维空间，因为 $y=kx+b$，只有 k 和 b 2 个自由度。而圆形的一般性方程表示为 $(x-a)^2+(y-b)^2=r^2$。那么就有 3 个自由度——圆心坐标 a、b 和半径 r，把问题转换成求解经过像素点最多的 $(a，b，r)$ 参数对。这就意味着需要更多的计算量，而 OpenCV 中提供的 HoughCircles（）函数里面可以设定半径 r 的取值范围，相当于有一个先验设定，对每一个 r 来说，在二维空间内寻找 a 和 b 就可以了，能够减少计算量，而且霍夫圆检测不要求输入源图像为二值图像。

具体步骤如下：

① 对输入图像进行边缘检测，获取边界点，即前景点。

② 假如图像中存在圆形，那么其轮廓必定属于前景点（此时请忽略边缘提取的准确性）。

③ 同霍夫变换检测直线一样，将圆形的一般性方程换一种方式表示，进行坐标变换。由 x-y 坐标系转换到 a-b 坐标系，写成如下形式 $(a-x)^2+(b-y)^2=r^2$，那么 x-y 坐标系中圆形边界上的一点对应到 a-b 坐标系中即为一个圆。

④ 那 x-y 坐标系中一个圆形边界上有很多个点，对应到 a-b 坐标系中就会有很多个圆。由于原图像中这些点都在同一个圆形上，那么转换后 a、b 必定也满足 a-b 坐标系中的所有圆形的方程式。直观表现为这许多点对应的圆都会相交于一个点，那么这个交点就可能是圆心 $(a，b)$。

⑤ 统计局部交点处圆的个数，取每一个局部最大值，就可以获得原图像中对应的圆形的圆心坐标 $(a，b)$。一旦在某一个 r 下面检测到圆，那么 r 的值也就随之确定。

在 OpenCV 中 HoughCircles（）函数具体如下：

void HoughCircles（InputArray image，OutputArray circles，int method，double dp，double minDist，double param1 = 100，double param2 = 100，int minRadius=0，int maxRadius=0）；

参数说明：

第一个参数，InputArray 类型的 image，输入图像，即源图像，需为 8 位的灰度单通道图像。

第二个参数，OutputArray 类型的 circles，经过调用 HoughCircles（）函数后，此参数存储了检测到的圆的输出矢量，每个矢量由包含了 3 个元素的浮点（vec3d）矢量（x，y，$radius$）表示。

第三个参数，int 类型的 method，即使用的检测方法，目前 OpenCV 中就霍夫梯度法一种可以使用，它的标识符为 CV_HOUGH_GRADIENT，在此参数处填这个标识符即可。

第四个参数，double 类型的 dp，用来检测圆心的累加器图像的分辨率与输入图像之比的倒数，且此参数允许创建一个比输入图像分辨率低的累加器。上述文字不好理解的话，来看例子。例如，如果 dp＝1，累加器和输入图像具有相同的分辨率。如果 dp＝2，累加器便有输入图像一半的宽度和高度。

第五个参数，double 类型的 minDist，为霍夫变换检测到的圆的圆心之间的最小距离，即让算法能明显区分的两个不同圆之间的最小距离。这个参数如果太小的话，多个相邻的圆可能被错误地检测成了一个重合的圆。反之，这个参数设置太大的话，某些圆就不能被检测出来了。

第六个参数，double 类型的 param1，有默认值 100。它是第三个参数 method 设置的检测方法对应的参数。对于当前唯一的方法——霍夫梯度法 CV_HOUGH_GRADIENT，它表示传递给 Canny 边缘检测算子的高阈值，而低阈值为高阈值的一半。

第七个参数，double 类型的 param2，也有默认值 100。它是第三个参数 method 设置的检测方法对应的参数。对于当前唯一的方法——霍夫梯度法 CV_HOUGH_GRADIENT，它表示在检测阶段圆心的累加器阈值。它越小，就可以检测到更多根本不存在的圆，而它越大，能通过检测的圆就更加接近完美的圆形了。

第八个参数，int 类型的 minRadius，有默认值 0，表示圆半径的最小值。

第九个参数，int 类型的 maxRadius，也有默认值 0，表示圆半径的最大值。

7.2.2　特征检测

在工业中进行机器视觉的检测识别操作，经常需要利用被检测物体本身的特征进行判断，本节将从点、线、区域三个层面进行物体特征的讲述。

（1）Harris 特征点检测

局部特征点是图像特征的局部表达，它只能反映图像上具有的局部特殊性，所以它只适合于对图像进行匹配、检索等应用，对于图像理解则不太适合。而后者更关心一些全局特征，如颜色分布、纹理特征、主要物体的形状等。全局特征容易受到环境的干扰，光照、旋转、噪声等不利因素都会影响全局特征。相比而言，局部特征点往往对应着图像中的一些线条交叉、明暗变化的结构，受到的干扰也少。特征点检测方法有很多，如 SIFT、SURF、SUSAN 等等。

角点是图像很重要的特征，对图像图形的理解和分析有很重要的作用。角点在保留图像图形重要特征的同时，可以有效地减少信息的数据量，使其信息的含量很高，有效地提高了计算的速度，有利于图像的可靠匹配，使得实时处理成为可能。角点在三维场景重建运动估计、目标跟踪、目标识别、图像配准与匹配等计算机视觉领域起着非常重要的作用。在现实世界中，角点对应于物体的拐角，道路的十字路口、丁字路口等。从图像分析的角度来定义角点，可以有以下两种定义：角点可以是两个边缘的角点；角点是邻域内具有两个主方向的特征点。本节以 Harris 角点检测为例介绍特征点检测。

Harris角点检测是一种基于图像灰度的一阶导数矩阵检测方法。检测器的主要思想是局部自相似性/自相关性，即在某个局部窗口内图像块与在各个方向做微小移动后的窗口内图像块的相似性。

人眼对角点的识别通常是在一个局部的小区域或小窗口内完成的。如果在各个方向上移动这个特征的小窗口，窗口内区域的灰度发生了较大的变化，那么就认为在窗口内遇到了角点。如果这个特定的窗口在图像各个方向上移动时，窗口内图像的灰度没有发生变化，那么窗口内就不存在角点；如果窗口在某一个方向移动时，窗口内图像的灰度发生了较大的变化，而在另一些方向上没有发生变化，那么，窗口内的图像可能就是一条直线的线段。如图7.8所示。

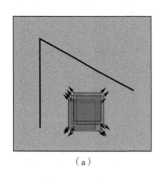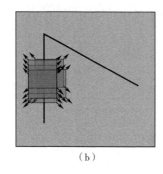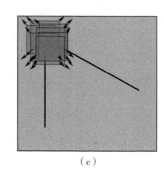

图7.8　角点检测示意图

Harris给出的角点识别方法并不需要计算具体的特征值，而是计算一个角点响应值 R 来判断角点。R 的计算公式为：

$$R = \det \boldsymbol{M} - \alpha (\text{trace}\boldsymbol{M})2R = \det \boldsymbol{M} - \alpha (\text{trace}\boldsymbol{M})2$$

式中，$\det \boldsymbol{M}$ 矩阵 $\boldsymbol{M} = [ABBC]$ 的行列式；$\text{trace}\boldsymbol{M}$ 为矩阵 $\boldsymbol{M}$ 的直迹；α 为经常常数，取值范围为 $0.04\sim0.06$。事实上，特征隐含在 $\det \boldsymbol{M}$ 和 $\text{trace}\boldsymbol{M}$ 中，因为：

$$\det \boldsymbol{M} = \lambda_1 \lambda_2 = AC - B2\det \boldsymbol{M} = \lambda_1 \lambda_2 = AC - B_2$$

$$\text{trace}\boldsymbol{M} = \lambda_2 + \lambda_2 = A + C \text{trace}\boldsymbol{M} = \lambda_2 + \lambda_2 = A + C$$

R 只与 $\boldsymbol{M}$ 的特征值有关。角点：R 为大数值正数。边缘：R 为大数值负数。平坦区：R 为小数值。在判断角点的时候，对角点响应函数 R 进行阈值处理：$R > threshold$，提取 R 的局部极大值。Harris角点检测具有对亮度和对比度的变化不敏感的性质，同时具有旋转不变性和尺度不变性。

OpenCV库中提供了Harris角点检测API函数，具体如下：

void cornerHarris（InputArray src，OutputArray dst，int blockSize，int ksize，double k，int borderType=BORDER_DEFAULT）；

参数说明：

　　第一个参数，InputArray类型的src，输入图像，应该是灰度和float32类型。

　　第二个参数，OutputArray类型的dst，函数调用后的运算结果存在这里，即这个参数用于存放输出结果，且和第一个参数中的Mat变量有一样的尺寸和类型。

　　第三个参数，这是考虑边角检测的领域大小。

　　第四个参数，使用Sobel衍生物的孔径参数。

（2）边缘检测

图像边缘信息主要集中在高频段，通常说图像锐化或检测边缘，实质就是高频滤波。我们知道微分运算是求信号的变化率，具有加强高频分量的作用。在空域运算中来说，对图像的锐化就是计算微分。由于数字图像的离散信号，微分运算就变成计算差分或梯度。图像处理中有多种边缘检测（梯度）算子，常用的包括普通一阶差分、Robert 算子（交叉差分）、Sobel 算子等等，是基于寻找梯度、强度。拉普拉斯算子（二阶差分）是基于过零点检测。通过计算梯度，设置阈值，得到边缘图像。本节主要讲解 Canny 边缘检测算法的原理。

Canny 边缘检测算子是一种多级检测算法。1986 年由 John F. Canny 提出，同时提出了边缘检测的三大准则。

低错误率的边缘检测：检测算法应该精确地找到图像中的尽可能多的边缘，尽可能地减少漏检和误检。

最优定位：检测的边缘点应该精确地定位于边缘的中心。

图像中的任意边缘应该只被标记一次，同时图像噪声不应产生伪边缘。

关于各种差分算子，还有 Canny 算子的简单介绍，这里就不再阐述，网上都可以找得到。直接进入 Canny 算法的实现，Canny 算法的实现分为几步：高斯模糊、计算梯度幅值和方向、非最大值抑制、双阈值、滞后边界跟踪。

Canny 算法相比普通的梯度算法大大抑制了噪声引起的伪边缘，而且是边缘细化，易于后续处理。对于对比度较低的图像，通过调节参数，Canny 算法也能有很好的效果，如图 7.9 所示。

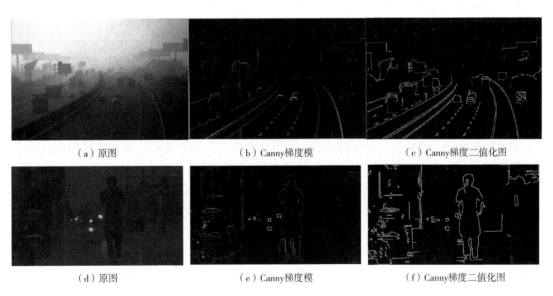

（a）原图　　　　　　　　（b）Canny梯度模　　　　　　　（c）Canny梯度二值化图

（d）原图　　　　　　　　（e）Canny梯度模　　　　　　　（f）Canny梯度二值化图

图 7.9　边缘检测结果图

OpenCV 中给出的 API 函数具体如下：

void Canny（InputArray image，OutputArray edges，double threshold1，double threshold2，int apertureSize ＝ 3，bool L2gradient ＝ false）；

参数说明：

第一个参数表示输入图像，必须为单通道灰度图。

第二个参数表示输出的边缘图像，为单通道黑白图。

第三个参数和第四个参数表示阈值，这两个阈值中的小阈值用来控制边缘连接，大的阈值用来控制强边缘的初始分割，即如果一个像素的梯度大于上限值，则被认为是边缘像素，如果小于下限阈值，则被抛弃。如果该点的梯度在两者之间，则当这个点与高于上限值的像素点连接时我们才保留，否则删除。

第五个参数表示 Sobel 算子大小，默认为 3，即表示一个 3×3 的矩阵。Sobel 算子与高斯拉普拉斯算子都是常用的边缘算子，详细的数学原理可以查阅专业书籍。

第六个参数表示归一化方式，选择 true 表示使用 L2 来归一化，否则使用 L1 归一化。

（3）连通域检测

在工业视觉检测识别中，经常用到图像的二值化进行物体的分割提取。而二值化后物体区域的一些几何特征（如面积、周长、圆形度、矩形度等）是描述物体的关键信息，这就需要对二值图像进行连通域提取来分析这些几何特征。

连通区域（connected component）一般是指图像中具有相同像素值且位置相邻的前景像素点组成的图像区域（Region）。连通区域分析（connected component analysis）是指将图像中的各个连通区域找出并标记。

连通区域分析是一种在 CVPR 和图像分析处理的众多应用领域中较为常用和基本的方法。例如：OCR 识别中的字符分割提取（车牌识别、文本识别、字幕识别等）、视觉跟踪中的运动前景目标分割与提取（行人入侵检测、遗留物体检测、基于视觉的车辆检测与跟踪等）、医学图像处理（感兴趣目标区域提取）等等。也就是说，在需要将前景目标提取出来以便后续进行处理的应用场景中都能够用到连通区域分析方法，通常连通区域分析处理的对象是一张二值化后的图像。

在连通域检测之前，首先要进行图像的二值化，因为连通域的检测需要在二值图像中进行。最常用、最经典的图像二值化方法就是阈值分割法，它利用图像中要提取的目标与背景在灰度上的差异，通过设置阈值来把像素级分成若干类，从而实现目标与背景的分离。

图像二值化的一般流程：通过判断图像中每一个像素点的特征属性是否满足阈值的要求，来确定图像中的该像素点是属于目标区域还是背景区域，从而将一幅灰度图像转换成二值图像。用数学表达式来表示，则可设原始图像 $f(x, y)$，T 为阈值，分割图像时则满足下式：

$$g(x, y) = \begin{cases} 1 & , f(x, y) \geqslant T \\ 0 & , f(x, y) < T \end{cases}$$

阈值分割法计算简单，而且总能用封闭且连通的边界定义不交叠的区域，对目标与背景有较强对比的图像可以得到较好的分割效果。OpenCV 中提供了阈值分割函数 threshold（）。具体如下：

double threshold（InputArray src，OutputArray dst，double thresh，double maxval，int type）；

第一个参数，InputArray 类型的 src，输入数组，填单通道，8 或 32 位浮点型的 Mat 即可。

第二个参数，OutputArray 类型的 dst，函数调用后的运算结果存在这里，即这个参数用于存放输出结果，且和第一个参数中的 Mat 变量有一样的尺寸和类型。

第三个参数，double 类型的 thresh，阈值的具体值。

第四个参数，double 类型的 maxval，当第五个参数阈值类型 type 取 THRESH_BINARY 或 THRESH_BINARY_INV 阈值类型时的最大值。

第五个参数，int 类型的 type，阈值类型。

第五个参数有以下几种类型：

① THRESH_BINARY，当前点值大于阈值时，取 maxval，也就是第四个参数，下面不再说明，否则设置为 0。

② THRESH_BINARY_INV，当前点值大于阈值时，设置为 0，否则设置为 maxval。

③ THRESH_TRUNC，当前点值大于阈值时，设置为阈值，否则不改变。

④ THRESH_TOZERO，当前点值大于阈值时，不改变，否则设置为 0。

⑤ THRESH_TOZERO_INV，当前点值大于阈值时，设置为 0，否则不改变。

连通区域提取是在二值图像的基础上进行的，OpenCV 中也集成了对应的 API 函数，具体如下：

void findContours (InputOutputArray image，OutputArrayOfArrays contours，OutputArray hierarchy，int mode，int method，Point offset＝Point ())；

第一个参数，image，单通道图像矩阵，可以是灰度图，但更常用的是二值图像，一般是经过 Canny、拉普拉斯等边缘检测算子处理过的二值图像。

第二个参数，contours，定义为 "vector＜vector＜Point＞＞contours"，是一个向量，并且是一个双重向量，向量内每个元素保存了一组由连续的 Point 点构成的点的集合的向量，每一组 Point 点集就是一个轮廓。有多少轮廓，向量 contours 就有多少元素。

第三个参数，hierarchy，定义为 "vector＜Vec4i＞hierarchy"，先来看一下 Vec4i 的定义：

typedef Vec＜int，4＞Vec4i；

Vec4i 是 Vec＜int，4＞的别名，定义了一个 "向量内每一个元素包含了 4 个 int 型变量" 的向量。所以从定义上看，hierarchy 也是一个向量，向量内每个元素保存了一个包含 4 个 int 型的数组。

向量 hierarchy 内的元素和轮廓向量 contours 内的元素是一一对应的，向量的容量相同。

hierarchy 向量内每一个元素的 4 个 int 型变量——hierarchy [i] [0] ～hierarchy [i] [3]，分别表示第 i 个轮廓的后一个轮廓、前一个轮廓、父轮廓、内嵌轮廓的索引编号。如果当前轮廓没有对应的后一个轮廓、前一个轮廓、父轮廓或内嵌轮廓的话，则 hierarchy [i] [0] ～hierarchy [i] [3] 的相应位被设置为默认值－1。

第四个参数，int 型的 mode，定义轮廓的检索模式：

取值一：CV_RETR_EXTERNAL，只检测最外围轮廓，包含在外围轮廓内的内围轮廓被忽略。

取值二：CV_RETR_LIST，检测所有的轮廓，包括内围、外围轮廓，但是检测到的轮廓不建立等级关系，彼此之间独立，没有等级关系，这就意味着这个检索模式下不存在父轮廓或内嵌轮廓，所以 hierarchy 向量内所有元素的第 3、4 个分量都会被置为 -1，具体下文会讲到。

取值三：CV_RETR_CCOMP，检测所有的轮廓，但所有轮廓只建立两个等级关系，外围为顶层，若外围内的内围轮廓还包含了其他的轮廓信息，则内围内的所有轮廓均归属于顶层。

取值四：CV_RETR_TREE，检测所有轮廓，所有轮廓建立一个等级树结构。外层轮廓包含内层轮廓，内层轮廓还可以继续包含内嵌轮廓。

第五个参数，int 型的 method，定义轮廓的近似方法：

取值一：CV_CHAIN_APPROX_NONE，保存物体边界上所有连续的轮廓点到 contours 向量内。

取值二：CV_CHAIN_APPROX_SIMPLE，仅保存轮廓的拐点信息，把所有轮廓拐点处的点保存入 contours 向量内，拐点与拐点之间直线段上的信息点不予保留。

取值三和四：CV_CHAIN_APPROX_TC89_L1 和 CV_CHAIN_APPROX_TC89_KCOS，使用 teh-Chinl chain 近似算法。

第六个参数，Point 偏移量，所有的轮廓信息相对于原始图像对应点的偏移量，相当于在每一个检测出的轮廓点上加上该偏移量，并且 Point 还可以是负值。

7.2.3　模板匹配

模板匹配是在一幅图像中寻找一个特定目标的方法。这种方法的原理非常简单，遍历图像中的每一个可能的位置，比较各处与模板是否"相似"，当相似度足够高时，就认为找到了目标。

在 OpenCV 中，提供了相应的函数完成这个操作。

matchTemplate 函数：在模板和输入图像之间寻找匹配，获得匹配结果图像。

minMaxLoc 函数：在给定的矩阵中寻找最大和最小值，并给出它们的位置。

在具体介绍这两个函数之前，我们还要介绍一个概念，就是如何来评价两幅图像是否"相似"。

对于 2 幅图像：

① 原图像（I）：在这幅图像里，我们希望找到一块和模板匹配的区域。

② 模板（T）：将和原图像比照的图像块。

我们的目标是检测最匹配的区域，如图 7.10 所示。

为了确定匹配区域，我们不得不滑动模板和原图像进行比较，如图 7.11 所示。

通过滑动，图像块一次移动一个像素（从左往右，从上往下）。在每一个位置，都进行一次度量计算来表明它是"好"还是"坏"地与那个位置匹配（或者说图像块和原图像的特

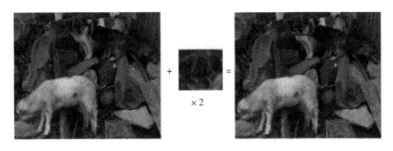

图 7.10　模板匹配

定区域有多么相似)。

对于 T 覆盖在 I 上的每个位置,我们都把度量值保存到结果图像矩阵 $\boldsymbol{R}$ 中。在 $\boldsymbol{R}$ 中的每个位置 (x,y) 都包含匹配度量值。

如图 7.12 所示就是 TM_CCORR_NORMED 方法处理后的结果图像矩阵 $\boldsymbol{R}$ 。最白的位置代表最高的匹配。椭圆框住的位置很可能是结果图像矩阵中的最大数值,所以这个区域(以这个点为顶点,长宽和模板图像一样大小的矩阵)被认为是匹配的。

图 7.11　滑动模板与原图像比较

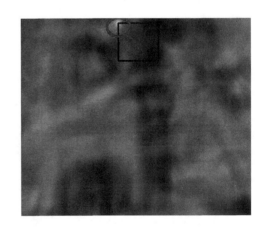

图 7.12　模板匹配效果图

实际上,我们使用函数 minMaxLoc 来定位在矩阵 $\boldsymbol{R}$ 中的最大值点(或者最小值,根据函数输入的匹配参数)。

OpenCV 通过函数 matchTemplate 实现了模板匹配算法。可用的方法有 6 个:

① 平方差匹配 method＝CV_TM_SQDIFF。

② 标准平方差匹配 method＝CV_TM_SQDIFF_NORMED。

③ 相关匹配 method＝CV_TM_CCORR。

④ 标准相关匹配 method＝CV_TM_CCORR_NORMED。

⑤ 相关匹配 method＝CV_TM_CCOEFF。

⑥ 标准相关匹配 method＝CV_TM_CCOEFF_NORMED。

通常,随着从简单的测量(平方差)到更复杂的测量(相关系数),我们可获得越来越准确的匹配(同时也意味着越来越大的计算代价)。最好的办法是对所有这些设置多做一些测试实验,以便为自己的应用选择同时兼顾速度和精度的最佳方案。

7.3 视觉尺寸测量

经过图像检测，我们得到了目标的像素坐标（或者以像素为单位的尺寸信息），然而在多数的视觉测量应用中，我们需要知道物体的实际尺寸信息（即以 m 或 cm 为测量标准的），常称之为实际的物理坐标，那么如何从像素坐标转化到实际的物理坐标，是视觉尺寸测量的核心步骤。现实世界的物体是用实际的物理坐标来描述的，图像是通过像素来描述的，相机作为转换的桥梁，完成了从现实世界到图像的变换。然而视觉测量研究的是反变换，即从图像尺寸反求解实际尺寸。为了实现这一求解过程，首先我们需要了解相机的成像原理。

7.3.1 相机成像模型

相机成像模型描述了三维世界到二维图像的变化，为了直观地理解这一变化，通常用几何模型来进行描述。这种模型有很多种，常用的经典模型是针孔模型（pinhole camera model），其框架如图 7.13 所示。该模型和初中物理课堂上学习的蜡烛投影实验原理一致，描述了一束光通过针孔，在针孔背面投影成像。这个简单的模型能够有效地解释相机的成像过程。

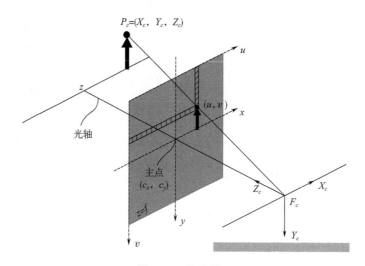

图 7.13　针孔模型

如图 7.13 所示，这个投影过程涉及了多个坐标系，分别为：相机坐标系、图像坐标系、像素坐标系。其中，$F_cX_cY_cZ_c$ 代表相机坐标系，F_c 为相机的光心，对应于针孔模型中的针孔，XY 平面平行于图像平面，Z 轴沿着光轴指向相机前方。图像坐标系和像素坐标系均位于图像平面上，两者的差别主要体现在两个方面：①原点位置；②单位。图像坐标系的原点为光轴和图像平面的交点，而像素坐标系的原点为图像左上角，即两个坐标系存在一个平移变换。像素坐标系是以像素为单位，而图像坐标系的单位是米。假设 d_x、d_y 为传感器 x 轴和 y 轴上单位像素的尺寸大小，其单位为米/像素；(c_x, c_y) 为图像坐标系原点在像素坐标系中的位置，称为主点（principal point），其单位为像素。若图像坐标系中的任一点 (x, y) 在像素坐标系中描述为 (u, v)，则两者间的关系可表示为：

$$\begin{bmatrix} u \\ v \end{bmatrix} = \begin{bmatrix} \dfrac{1}{d_x} & 0 & c_x \\ 0 & \dfrac{1}{d_y} & c_y \end{bmatrix} \begin{bmatrix} x \\ y \\ 1 \end{bmatrix} \tag{7.1}$$

空间点 P 在相机坐标系中的坐标为 $P_c(X_c, Y_c, Z_c)$，投影到图像坐标系中的点为 $p(x, y)$，如图 7.13 所示点的投影连线构成了三角形，根据三角形的相似关系，可得：

$$\begin{bmatrix} x \\ y \\ 1 \end{bmatrix} = \frac{1}{Z_c} \begin{bmatrix} f & 0 & 0 \\ 0 & f & 0 \\ 0 & 0 & 1 \end{bmatrix} \begin{bmatrix} X_c \\ Y_c \\ Z_c \end{bmatrix} \tag{7.2}$$

其中，f 为相机的焦距。结合式（7.1）和式（7.2），可得像素坐标和空间坐标点的变换关系：

$$\begin{bmatrix} u \\ v \end{bmatrix} = \frac{1}{Z_c} \begin{bmatrix} f_x & 0 & c_x \\ 0 & f_y & c_y \end{bmatrix} \begin{bmatrix} X_c \\ Y_c \\ Z_c \end{bmatrix} \tag{7.3}$$

其中，$f_x = f/d_x$，$f_y = f/d_y$。令 $\boldsymbol{K} = \begin{bmatrix} f_x & 0 & c_x \\ 0 & f_y & c_y \\ 0 & 0 & 1 \end{bmatrix}$，该矩阵取决于传感器自身的参数，因此称为相机的内参矩阵（camera intrinsics）。在实际应用中，非恶劣的环境不会导致硬件发生变化，经常假设相机的内参数是不变的，因此有些相机厂商会告诉相机的内参数，比如 NiKon D700 厂商提供的相机参数为：焦距 $f = 35\text{mm}$，最高分辨率为 4256×2832，传感器尺寸为 $36.0\text{mm} \times 23.9\text{mm}$。根据定义可得 $d_x = 36.0/4256\text{mm}$，$d_y = 23.9/2832\text{mm}$，$f_x = f/d_x = 4137.8$，$f_y = f/d_y = 4147.3$，主点通常为中心点，即 $c_x = 2128, c_y = 1416$。如果没有提供相机参数则需要进行标定，标定方法参考后续章节。

在上述模型中，空间点的坐标是在相机坐标系下进行定义的。在众多应用中，空间点的坐标是在世界坐标系下进行描述的。假设空间点 P 在世界坐标系下的坐标为 $P_w(X_w, Y_w, Z_w)$，在不同坐标系下的变换可表示为：

$$\begin{bmatrix} X_c \\ Y_c \\ Z_c \end{bmatrix} = \begin{bmatrix} \boldsymbol{R}_{3\times3} & \boldsymbol{t}_{3\times1} \end{bmatrix} \begin{bmatrix} X_w \\ Y_w \\ Z_w \\ 1 \end{bmatrix} \tag{7.4}$$

令 $T = \begin{bmatrix} \boldsymbol{R}_{3\times3} & \boldsymbol{t}_{3\times1} \end{bmatrix}$，该矩阵称为相机的外参矩阵（camera extrinsics）。

上面的模型是理想化的相机模型，实际应用中，需要考虑相机的畸变模型。常见的畸变分为径向畸变和切向畸变。径向畸变是由透镜形状的制造工艺引起的，具体体现在真实环境中的一条直线变成了曲线，越靠近图像的边缘，这种畸变越明显，如图 7.14 所示的桶形畸变和枕形畸变。由于畸变，如图 7.14（a）所示的墙好像凸出来了，如图 7.14（b）所示的大楼好像陷进去了。切向畸变是由透镜和 CMOS 或者 CCD 的安装位置误差导致，产生的原因是透镜不完全平行于图像平面，发生于成像仪被粘贴在相机上的时候。具体数学模型，本书不进行讨论，在实际应用中我们可查找相关资料根据需求选择合适模型，对图像进行畸变矫正。注意：在一些参考资料中会将相机的畸变参数融合到内参矩阵中。

（a）桶形畸变 （b）枕形畸变

图 7.14 相机的径向畸变

7.3.2 相机标定

相机标定的目的是求上述给出的相机的内外参数以及畸变参数，通过这些参数，我们即可确定空间物体表面某点的三维几何位置与其在图像中对应点之间的相互关系。相机参数的标定是基于视觉的应用中非常关键的一个环节，其标定结果的精度及算法的稳定性直接影响相机工作产生结果的准确性。因此，做好相机标定是做好后续工作的前提，提高标定精度是科研工作的重点所在。目前，相机的标定理论已相对成熟，方法众多。在实际应用中，我们需要根据具体问题选择特定、简便、实用、快速、准确的标定方法。

相机的标定方法有传统相机标定法、主动视觉相机标定法、相机自标定法。

传统相机标定法一般需要借助尺寸已知的标准参照物，建立标准参照物上已知坐标的点和其对应的图像点之间的映射关系，确立合适的算法，求解相机模型的内外参数。根据标准参照物的不同，可划分为基于平面参照物的标定和基于三维参照物的标定。三维参照物可由单幅图像进行标定，标定精度较高，但需制作高精密的三维参照物，加工难度较大，且维护和使用都相对困难。相比而言，平面参照物的制作比较简单，不需要在设备维护方面耗费过多的人力与物力，相对容易保证精度，但必须采用至少两幅图像来完成标定。如果不考虑镜头像差的影响，可以使用线性方法标定，如直接线性变换法。但由于没有考虑成像畸变因素，标定精度较低。为了提高标定精度，不少学者提出增加数据量，并引入最小二乘法和其他非线性的优化方法，以得到高精度优化的结果。

传统相机标定法已相对比较成熟。典型的方法有 Tsai 的 RAC 标定方法、张正友的平面标定方法。Tsai 方法的核心是利用径向一致约束来求解除相机光轴方向的平移外的其他相机外参数，然后再求解相机的其他参数。RAC 标定方法的最大好处是它所使用的大部分方程是线性方程，从而降低了参数求解的复杂性，因此其标定过程快捷、准确。张正友等人基于 2D 平面靶标提出了摄像机的三维标定方法。在该方法中，要求摄像机在两个以上不同方位拍摄一个平面靶标，摄像机和 2D 靶标都可以自由移动，不需要知道运动参数。在标定过程中，假定摄像机内部参数始终不变，即不论摄像机从任何角度拍摄靶标，摄像机内部参数都为常数，只有外部参数发生变化。

张正友标定法是张正友教授于 1998 年提出的单平面棋盘格的摄像机标定方法，已经作为工具箱或封装好的函数被广泛应用，是目前使用最为广泛的方法。该方法是对平面棋盘格进行多角度拍照，然后计算相机内参数，如图 7.15 所示。

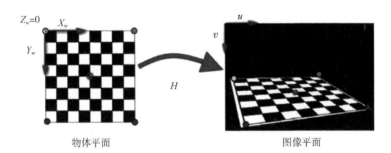

图 7.15　张正友标定法

以棋盘格所在的平面作为 XOY 平面建立世界坐标系，由于棋盘格在制作的时候规定了格子大小，故棋盘格上各角点（黑白格子的交点称为角点）坐标是已知的。摄像机拍摄棋盘格，黑白对比度明显，容易从图像中检测出角点，获得其像素坐标。结合式（7.3）和式（7.4）我们可知像素坐标和实际物理坐标之间的对应关系为：

$$Z_c \begin{bmatrix} u \\ v \\ 1 \end{bmatrix} = \begin{bmatrix} f_x & 0 & c_x \\ 0 & f_y & c_y \\ 0 & 0 & 1 \end{bmatrix} \begin{bmatrix} r_{00} & r_{01} & t_x \\ r_{10} & r_{11} & t_y \\ r_{20} & r_{21} & t_z \end{bmatrix} \begin{bmatrix} X_w \\ Y_w \\ 1 \end{bmatrix} \tag{7.5}$$

式中，令 $\boldsymbol{H} = \begin{bmatrix} f_x & 0 & c_x \\ 0 & f_y & c_y \\ 0 & 0 & 1 \end{bmatrix} \begin{bmatrix} r_{00} & r_{01} & t_x \\ r_{10} & r_{11} & t_y \\ r_{20} & r_{21} & t_z \end{bmatrix} = \boldsymbol{K} \begin{bmatrix} r_1 & r_2 & t \end{bmatrix}$，则得

$$Z_c \begin{bmatrix} u \\ v \\ 1 \end{bmatrix} = \boldsymbol{H} \begin{bmatrix} X_w \\ Y_w \\ 1 \end{bmatrix} \tag{7.6}$$

$\boldsymbol{H}$ 矩阵包含了相机的内外参数，是一个 3×3 的矩阵，并且有一个元素是作为齐次坐标的，因此 $\boldsymbol{H}$ 矩阵中有 8 个未知量待求解。由式（7.6）可知，一个点对应可以列出两个方程，因此要求解 $\boldsymbol{H}$ 矩阵需要至少四个点。在实际中，为了提高求解的鲁棒性，常选取大量的角点，使用优化算法获取 $\boldsymbol{H}$ 矩阵。

令 $\boldsymbol{H} = \begin{bmatrix} \boldsymbol{h}_1 & \boldsymbol{h}_2 & \boldsymbol{h}_3 \end{bmatrix}$，上述推导过程中有 $\boldsymbol{H} = \boldsymbol{K} \begin{bmatrix} r_1 & r_2 & t \end{bmatrix}$，其中，$r_1$ 和 r_2 是旋转矩阵对应的分量，根据旋转矩阵的性质有 $r_1^{\mathrm{T}} r_2 = 0$ 和 $\| r_1 \| = \| r_2 \| = 1$，故可得下面关系式：

$$\boldsymbol{h}_1^{\mathrm{T}} \boldsymbol{K}^{-\mathrm{T}} \boldsymbol{K}^{-1} \boldsymbol{h}_2 = 0$$

$$\boldsymbol{h}_1^{\mathrm{T}} \boldsymbol{K}^{-\mathrm{T}} \boldsymbol{K}^{-1} \boldsymbol{h}_1 = \boldsymbol{h}_2{}^{\mathrm{T}} \boldsymbol{K}^{-\mathrm{T}} \boldsymbol{K}^{-1} \boldsymbol{h}_2 \tag{7.7}$$

其中，$\boldsymbol{K}$ 为摄像机的内参矩阵，包含有 4 个未知内参数，通常的相机模型都要考虑畸变，若有一个畸变参数，则需要至少三组值（即不同位置的三幅图像）才能求解出内参数。

实际中常采用多幅图像进行优化求解。

张正友标定法是一个经典的方法，其步骤如下：

① 打印一张棋盘格标定图纸，将其固定在平面物体的表面。这里注意要贴平整，避免不平整带来的角点 Z 值不为 0，从而引入误差。

② 通过移动相机或者移动固定棋盘格的平面物体，拍摄一组不同方向棋盘格的图片。

③ 检测每张棋盘格图片中的角点，记录每个角点的像素坐标。

这种标定方法在 OpenCV 和 MATLAB 中均可通过调用一个函数实现。

传统相机标定法在标定过程中始终需要借助标准的参照物，且其制作精度会影响标定结果。同时在一些特殊的场合并不适合放置已知的标准参照物，从而传统相机标定法的应用范围受到限制。因此，基于主动视觉的相机标定法应运而生。

主动视觉相机标定法的前提条件是相机的某些运动信息是已知的，基于此已知条件来对相机进行标定。该方法在标定的过程中不需要制作任何标准参照物，但需要控制相机做某些特殊运动，利用这种运动的特殊性可以计算出相机的内部参数。这种特殊运动常可通过控制机器人运动或者执行某些既定位姿，从而带动相机运动或控制相机姿态。基于主动视觉的相机标定法的优点是算法相对简单，往往能够获得相机参数的线性解，故鲁棒性较高，系统稳定。其缺点是系统的成本高、实验设备昂贵、实验条件要求高，而且不适合运动参数未知或无法控制的场合。

另一类方法是相机自标定法。自标定方法是 20 世纪 90 年代中后期在机器视觉领域中最重要的研究方向之一。它是指不使用标定块，仅仅通过图像点之间的对应关系而进行相机标定的方法。大体来讲，相机自标定主要分为两类：基于 Kruppa 方程的自标定方法和基于绝对二次曲面的方法。目前出现的自标定算法中主要是利用相机运动的约束，相机的运动约束条件太强，因此使得它在实际中并不实用。利用场景约束就是利用工作环境中的一些实际存在的平行或者正交的信息，通过多组平行线与成像画面相交产生的交点作为投影几何的特征点对相机进行自标定。其中空间平行线在相机图像平面上的交点被称为消失点，它是射影几何中一个非常重要的特征，所以很多学者研究了基于消失点的相机自标定方法。自标定方法灵活性强，可对相机进行在线标定。但是由于工业摄像头的运行约束条件过于严苛，导致这种标定算法虽然操作便捷，但并不是很实用，由于它是基于绝对二次曲线或曲面的方法，其算法鲁棒性较差，容易导致整个系统运行的稳定性不强。

通过相机标定，我们得到了相机的内参，结合式（7.6）和式（7.7），我们可以看出只要知道被测对象的 Z 向距离，即可求解实际尺寸。这种视觉尺寸测量方法可称之为二维视觉测量，其采用单相机测量目标在特定平面中的位置或尺寸。在二维视觉测量中，相机与测量平面之间的距离固定，使得其应用受到很大的限制。

7.4 视觉空间定位

视觉空间定位的原理类似于人依靠双眼进行自定位，比如我们坐在行驶的车里，通过观察周围景物是否后退可判断车是否在前进，景物后退的速度反映了车的移动速度。在这个例子中，眼睛就相当于我们视觉系统中的摄像机，周围景物就是我们眼睛观察到的图像，这种通过搜集和分析图像信息来为自身所在方位做判断的技术就称为视觉定位技术。具体来说，视觉定位也被称为视觉空间定位、视觉目标定位或位姿测量，是测量一个物体相对于另一个物体的位置与姿态。从数学角度来讲，刚性物体可以通过一个坐标系来描述，位姿测量就是测量两个坐标系间的平移与旋转变换关系，即三个位置数据和三个旋转角，共六个量（也即经常在文献中看到的 6DOF）。

同视觉尺寸测量一样，基于视觉的定位系统也需要对摄像机进行标定，因为标定是像素尺寸和物理尺寸关联的桥梁。对于一个相机参数的标定，可参照前文所述的方法。

7.4.1　视觉定位分类

视觉定位系统有多种分类方式，可从定位目标的角度进行分类，也可根据使用的传感器类型进行分类。

根据定位的目标，可将视觉定位系统分为两类：自定位（inside-out）和外定位（outside-in）。顾名思义，自定位就是对摄像机自身进行定位，外定位就是通过摄像机采集的图像对其他目标进行定位。自定位指的是求解摄像机相对于参考坐标系的位置和姿态，其方法是通过对摄像机采集的场景图像进行分析，提取关键特征，以计算摄像机位姿。主要应用领域包括移动机器人、无人机、AR。比如，SLAM 就属于自定位类型。外定位比较常见的是 OptiTrack，特点是安装复杂、视角有限、定位精度高。主要应用领域包括影视动捕、VR、工业机器人。

根据传感器类型，视觉定位系统可以分为基于单目的定位系统、基于双目的定位系统、基于多目的定位系统、基于 RGB-D 的定位系统。下面具体介绍这几种定位系统。

7.4.1.1　单目视觉定位

单目视觉定位系统就是仅利用一台摄像机即可完成定位工作。该定位方法大类上包括基于单帧图像和基于多帧图像的方法。基于单帧图像的方法就是仅根据一幅图像即可求解出目标的位姿。从投影学原理可知，单幅图像丢失了深度信息，因此要完成定位必须借助某些已知条件来弥补这一信息的丢失。通常采用环境中的已知物体或者人工标记来弥补，其定位原理是利用特征投影前后的几何对应关系来求解位姿。常用的特征元素有点、直线、曲线等。直线和曲线特征都是借助环境的一些固有利用特点，比如马路上的车道线、圆特征点。这两种方法理解相对复杂，本书仅对基于点特征的方法进行描述。

基于点特征的定位即在文献中多见到的 PnP（Perspective-n-Points）问题，如图 7.16 所示，n 代表的是特征点的个数，这 n 个特征点的空间物理坐标（3D 坐标）是已知的，图像像素坐标（2D 投影坐标）可采用图像检测的方法获得，应用识别方法得到世界坐标系下的 3D 点和图像中提取的 2D 坐标之间的关联关系，从而得到了 n 个 2D-3D 点对，然后构建线性方程组求解初始位姿参数，接着再进行迭代优化求解得到最终相机位姿，最后根据需求转化为目标的位姿。作为特例，目前的方法有 P3P、P4P、P5P。针对 P3P 问题，要求 3 个控制

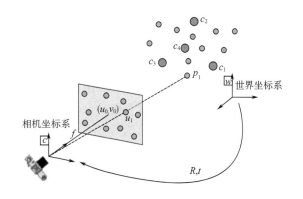

图 7.16　PnP 问题

点决定的平面不通过光心，此时最多有四组解，后续可通过其他约束选择出正确的解。针对 P4P 问题，要求 4 个空间点在同一平面上，此时解是唯一的（若 4 个空间点不共面，则存在多解）。针对 P5P 问题，要求 5 个控制点中任意 3 点不共线，此时最多有两个解，同样后续借助其他约束确定最终解。当点数较多时，PnP 问题就是利用经典的直接线性变换（direct linear transformation，DLT）进行求解。从上面分析可知，P4P 即可得到相机的确定位置，基于此不少学者提出了基于人工标识物的定位方法，如图 7.17 所示，这种标识物比较容易和环境分割开来，易于检测，从而得到较高精度的定位结果。一些环境中，无法提前设计一些标识物，这时就需要从实际环境中提取特征点。为了提高定位精度，常采用基于大量的特征点的 PnP 求解方法。

图 7.17　用于视觉定位的标识物

由上文可知，单幅图像必须借助一些已知标识物或是其他已知信息，这样明显限制了其应用，因此基于多幅图像的定位依然是单目定位技术中的一个重要研究点。基于多帧图像的定位方法，就是利用单一相机在运动中捕捉同一场景不同时刻的多幅图像，根据拍摄图像像素间的位置偏差来实现定位。原理类似于下文介绍的立体视觉，由于不同深度偏差不同，从而引入了深度差异这一约束，解决了部分单幅图像深度丢失的问题。该类方法常选择两幅图像，检索图像特征点，并进行匹配，得到多个匹配点对，然后基于这些点对估计出之间的变换矩阵（不同的方法使用不同类型的矩阵，有基础矩阵、本质矩阵、单应性矩阵），然后对矩阵进行分解获得单目相机的外部运动参数（旋转和平移），再利用坐标系转换获得目标的三维坐标。但上述计算中，估计出的坐标和实际坐标并不一致，相差一个比例因子，称为尺度因子，这就是常说的单目视觉定位系统缺少一个尺度信息，即尺度不确定性问题。要想获得真实尺度，必须借助其他能够获取实际度量值的信息。

总而言之，单目视觉定位系统只能获取二维信息，通常需要在环境中加入特定的人工图标或辅以其他测量设备来完成三维空间中的定位。

7.4.1.2　双目视觉定位

双目视觉定位系统就是利用两台摄像机来完成定位工作的，也常被称为基于立体视觉的定位系统。双目视觉定位系统的设计初衷是模仿人眼感知三维世界。我们眼中的世界之所以是三维的，是因为左右眼图像存在差异，这种差异被称为视差，视差的大小取决于物体的远近。相同距离的物体具有相同的视差，距离越近则视差越大，反之视差越小，这和我们生活中经常听到的近大远小是一致的。双目视觉定位的原理也是同样的，如图 7.18 所示，左右相机捕获的图像存在差异，各像素点的视差如图 7.18（c）所示，越亮代表视差越大，由此可见台灯距离相机最近。

（a）左相机图像

（b）右相机图像

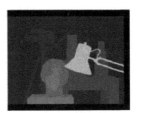
（c）视差图

图 7.18　双目图像

下面从数学角度分析如何根据左右眼图像的差异来计算目标点的三维空间位置，其计算过程是通过三角测量的原理来实现的，原理图如图 7.19 所示。

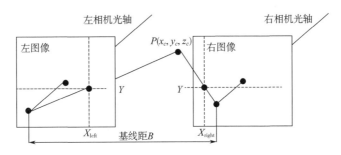

图 7.19　双目立体成像原理图

设两台摄像机在同一时刻观看空间物体的同一特征点 $P(x_c，y_c，z_c)$，分别在"左眼"和"右眼"上获取了点 P 的图像，它们的图像坐标分别为 $P_{\text{left}} = （X_{\text{left}}，Y_{\text{left}}）$，$P_{\text{right}} = （X_{\text{right}}，Y_{\text{right}}）$。

现两台摄像机的图像在同一个平面上，特征点 P 的图像坐标的 Y 坐标相同，即 $Y_{\text{left}} = Y_{\text{right}} = Y$，则由三角几何关系得到：

$$\begin{cases} X_{\text{left}} = f\,\dfrac{x_c}{z_c} \\[2mm] X_{\text{right}} = f\,\dfrac{x_c - B}{z_c} \\[2mm] Y = f\,\dfrac{y_c}{z_c} \end{cases}$$

其中，基线距 B 是两相机的投影中心之间的距离，该特征点对应的视差为：$Disparity = X_{\text{left}} - X_{\text{right}}$。由此可计算出特征点 P 在相机坐标系下的三维坐标为：

$$\begin{cases} x_c = \dfrac{B \times X_{\text{left}}}{Disparity} \\[2mm] y_c = \dfrac{B \times Y}{Disparity} \\[2mm] z_c = \dfrac{B \times f}{Disparity} \end{cases}$$

因此，左相机像面上的任意一点只要能在右相机像面上找到对应的匹配点，就可以确定出该点的三维坐标。这种方法是完全的点对点运算，像面上所有点只要存在相应的匹配点，就可以参与上述运算，从而获取其对应的三维坐标。

由上述的推导过程可知：通过双目视觉定位系统进行目标的空间定位，需要知道目标点视差和双目系统的基线距。视差是通过左右两幅图像匹配得到的，基线距取决于硬件配置，在整个定位过程中是固定的，因此可以通过事先测量获得。上述模型是一种理想化的模型，该模型中两相机的光轴完全平行，即不存在旋转变换，而且只在 X 轴上有相对的位移变换，该位移变换就是基线距。

综上可知，双目视觉定位系统的整体流程为双目相机标定、图像处理及特征检测、立体匹配、定位计算。其中，双目相机标定除了需要对两台摄像机自身进行标定，获取内参数，还需对两个相机之间的相对位姿关系（平移向量和旋转矩阵）进行标定。对于上述完全模仿人眼的双目视觉定位系统就是完成基线距的求取。由前文所介绍的标定方法，在求解相机内参数的时候，同时求解出了图像对应的相机外参数，在此基础上可通过坐标变换的方式推算出两个相机之间的变换矩阵。由透视投影变换可知，世界坐标系中的点 P_w 在左右相机中的投影分别为 P_l 和 P_r，其关系为：

$$P_l = \mathbf{R}_l P_w + \mathbf{t}_l$$
$$P_r = \mathbf{R}_r P_w + \mathbf{t}_r \tag{7.8}$$

其中，$\mathbf{R}_l$、$\mathbf{t}_l$、$\mathbf{R}_r$、$\mathbf{t}_r$ 分别为左右相机的旋转矩阵和平移向量。假定右相机相对于左相机的旋转矩阵为 $\mathbf{R}$，平移向量为 $\mathbf{t}$，则左右相机坐标系下的点具有如下变换关系：

$$P_r = \mathbf{R} P_l + \mathbf{t} \tag{7.9}$$

由式（7.8）和式（7.9）可推导出左右两相机的平移变换和旋转变换为：

$$\mathbf{R} = \mathbf{R}_r \mathbf{R}_l^\top$$
$$\mathbf{t} = \mathbf{t}_r - \mathbf{R} \mathbf{t}_l \tag{7.10}$$

在实际应用中，同求解内参数一样，需要考虑图像检测匹配的误差，因此常采用多组图像，最后通过优化的方法求得变换矩阵。

双目视觉定位系统中，当双目相机的位置或姿态发生变化时，前后两个时刻的特征点相对于摄像机的三维坐标发生变化，利用这些变化，通过解方程即可得到摄像机的相对位置与姿态，这是对双目相机自身的定位。这一点和单目视觉定位基于多幅图像原理是一致的，区别在于单目视觉定位系统每一时刻仅有一张图像，双目视觉定位系统在一个时刻对应左右两张图像，这两张图像能够恢复物体的深度信息，因此可以计算出外界各点相对于摄像机的三维坐标。

由上文可知，双目视觉定位系统的一个关键因素是配置合适的基线距，如图 7.20 所示。左右两幅图像存在共同的拍摄区域，称为双目共视区域。基线距太小，不确定度增加，定位精度降低。常用的基线距是在 8～12cm。为了增大测量距离，常通过加大基线距的方法，但是加大基线距会减少两个相机之间的共视区域。为了补偿共视区域则需要加大相机的视场角（FOV）。FOV 的增大会减小目标尺寸，增大图像的畸变的可能性，同时基线距太大也会增加标定的难度。因此，实际应用时需要根据实际关注点选择合适的基线距。

（a）双目共视　　（b）基线距过小增大不确定度

图 7.20　双目配置

总而言之，双目视觉定位系统可以恢复物体的真实尺度，因此可用于构建观测到的环境的三维模型。利用这一技术，面对陌生环境，只需使用搭载双目摄像机的车或机器人在环境中行驶一圈，即可得到整个环境的三维模型。如某化工厂发生爆炸后，部分建筑坍塌，有毒原料泄漏，此时救灾工作将变得异常困难，此时可使用搭载双目摄像机的探测车在工厂内行驶一圈，即可得到坍塌后的工厂三维模型，结合车上的其他探测器，可以获得整个工厂有毒气体浓度分布等信息，将相关信息叠加在三维模型上之后，便可对整个工厂的情况了如指掌，这将使得后续的救援、重建工作可以高效、安全地进行。

7.4.1.3　多目视觉定位

多目视觉定位系统是采用三台或三台以上的摄像机来实现定位的，其目的是通过增加约束条件来提高定位的鲁棒性，或者增加拍摄的场景范围。

三目视觉定位系统是其中一种（如图 7.21 所示的 Bumblebee 三目视觉相机），通常将外部参数已经精确校准的三台摄像机固定在一个支架上，利用三台摄像机对被测空间点进行成像来确定其空间位置。相对于双目，增加一个摄像头的目的是解决立体匹配的多义性问题（即一个图像点得到了多个匹配），提高匹配的精度，减少误匹配，改善定位的精度。首先考虑的都是任何视觉定位系统都需要进行标定，三目视觉定位系统的标定类似双目，可以先进行两两标定，然后再进行全局优化，即可得到三个相机的相对位姿关系。三目视觉定位系统虽然在精度上有改善，但是运算量比较大，相当于双目的 2 倍，且配置较双目更烦琐，要合理安置三台摄像机的相对位置，因此对于在线应用该方法缺点较明显，常应用于一些离线重建中。

图 7.21　Bumblebee 三目视觉相机

由于单目或是双目的拍摄范围有限，在实际系统中常配置多个相机进行全方位拍摄。多目系统可以认为是由单目、双目子系统任意组合而成的。这种系统需要根据具体需求进行定制，同三目类似，在每个时刻这些相机的相对位姿是固定的，因此都需要事先进行标定，该过程可通过坐标变换方式来实现。定位的基本原理和单目、双目是基本一致的，不同之处是采用子相机系统进行联合定位，需要将各个子系统中的定位结果统一到一个坐标系中，常称为参考坐标系。该过程是根据标定的结构参数，最终确定目标在参考坐标系中的位姿。

除了上述完全依靠彩色相机进行定位的方式，还有视觉传感器 RGB-D 相机，如微软的 Kinect（如图 7.22 所示）。该相机是在彩色相机的基础上增加了测量深度的传感器，或者是将深度计算融合到传感器单元中，因此我们不仅能获

图 7.22　Kinect 相机

得环境的色彩信息，还能捕获距离信息，解决了单目相机的尺度缺失问题。因此基于 RGB-D 相机的定位也是当前一个热门的定位方式。

7.4.2 定位系统比较

上文介绍了视觉定位系统的分类，那么在实际应用中我们应该如何选择？首先我们来对比一下上述系统。

① 标定问题。任何视觉系统都要进行标定。单目系统仅需要估计相机的内参数，而双目系统除了估计相机内参数还需要估计两个相机之间的外参数。多目系统除标定子相机系统外还需要估计多个相机子系统之间的外参数。

② 匹配问题。单目系统中基于单图像的定位问题需要解决刚体目标点和投影点间的匹配问题，双目系统主要是解决两台摄像机中的目标点匹配问题。单目系统的多幅图像定位类似于双目系统需要解决图像特征点之间的匹配问题。三目系统需要解决三幅图像的特征匹配问题。

③ 配置问题。双目相机配置需要考虑两个相机之间的基线距。基线距越大，能够测量到的距离就越远。但是基线距增加会导致左右图像重叠区域变小，能够定位的目标点减少。如图 7.23 所示，单目视觉有效视场更大，刚体定位不仅依赖多个相机，定位空间还可以通过多个相机进行扩展而不发生视场范围的损失。

（a）双目视场范围　　　　（b）单目视场范围　　　　（c）多个单目拓展视场范围

图 7.23　单、双目有效拍摄范围

④ 定位原理。单目视觉定位只有已知刚体上 4 个及以上的目标点的几何约束，才能实现物理空间的定位，否则会缺少尺度信息。双目视觉定位由于左右两幅图像的相对拍摄位置已知，无须有任何几何约束，即可实现真实空间的三维定位。由于存在几何模型约束优势，单目视觉定位会有更高精度与鲁棒性，仿真实验结果如图 7.24 所示。然而在不存在几何模型约束的情况下，双目视觉定位精度比单目定位要高。

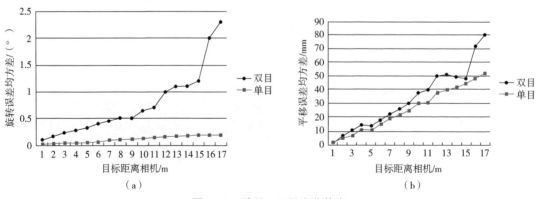

（a）　　　　　　　　　　　　　　　　（b）

图 7.24　单目、双目定位精度

综上可知，单目视觉定位系统无需解决立体视觉中的两台摄像机间的最优距离和特征点的匹配问题，配置相对简单，计算量小，具有简单易用、适用广泛的特点。但单目视觉定位系统需要场景的先验知识才能解决尺度的问题，实现物理空间的定位。双目视觉定位系统对目标物体无几何约束，应用场合灵活。实际应用中，根据具体需求选择合适的配置，多数情况下是采用多目视觉定位系统来提高定位的精度和鲁棒性。除了系统配置，要提高定位精度我们还需要考虑如何提取目标的高精度图像，这是任何视觉定位系统都需要解决的共同难题。

视觉定位有着自身的缺点，首先制约视觉定位发展的是计算量，由于摄像头拍到的图片是二维点阵信息，如一幅 HD 分辨率的图像包含了近 100 万个像素点信息，而视觉定位算法在实现定位的过程中需要进行多次迭代，使用 i7CPU 运算，在保证精度的前提下，一般的视觉定位算法处理速度可以达到 3～4 帧每秒，好一些的算法可以达到 7～8 帧每秒。如果摄像头的运动速度过快，会造成前后两帧图像拍到的内容重合度较少，可能会导致定位失败。同样，视觉定位还会受一定外界环境的影响，如当外界光照发生剧烈变化，会造成图像特征点匹配失败，进而影响定位结果。在现实中，当遇到对定位有较高要求的场景时，通常使用的都是多种定位方式结合的方法，比如搭配其他传感器（如激光传感器、IMU 等）。多传感器融合的方法是解决实际问题的一种有效途径。

7.4.3　视觉定位应用领域

（1）智能制造

近年来随着智能化、自动化等制造业新技术的不断涌现，很多企业已经开始宣布转型，试图撕掉身上的"传统制造商"的标签，向智能化制造商、人工智能企业等方向转型。企业在自身发展和行业需求方面应更贴近市场，才能给企业最大的发展空间。各级生产企业通过对机器视觉检测系统的现场应用，在实时监控产品生产质量、提高生产效率的同时，还可以大幅节约人工成本，是制造业在面向工业 4.0 时代的最佳选择。

在工业领域，传统的机器人大多是通过示教再现或者预编程来实现各种操作，主要应用于大批量、重复性的制造，如果你需要经常不停地改变这个加工的目标，这样的方式就显得效率低了。利用机器视觉定位技术，不需要预先对工业机器人的运动轨迹进行示教或离线编程，能够应对相对灵活的应用，从而提高生产效率。如图 7.25 所示的机器人分拣操作，通过视觉识别技术对包装箱进行识别，明确其类别，指派相应的机器人进行拣货，指定的拣货机器人根据视觉定位技术确定其位置，规划机械臂进行抓取。

图 7.25　机器人分拣操作

如图 7.26 所示的部件抓取，如图 7.26（a）所示是基恩士开发的视觉系统，采用四台顶部相机，全方位地对零件进行拍摄，通过图像分割识别技术提取单个零件，然后再采用定位技术确定其位置，进而指引机器人对准零部件进行抓取。如图 7.26（b）所示是采用双目视觉定位的方式对工件进行定位，引导机器人完成抓取。

（a）散乱密集零件抓取　　　　　　　　　　　（b）零散工件抓取

图 7.26　零部件抓取

总之，当前智能制造发展如火如荼，为社会带来持续不断的动能。无论是"中国制造2025"还是"工业 4.0"都离不开智能制造，离不开机器视觉，而机器视觉技术必将作为智能制造领域的"智慧之眼"不断发展、进步，未来必将大放异彩。

（2）自动驾驶

自动驾驶汽车是视觉定位的一个比较热门的应用，如图 7.27 所示的谷歌的自动驾驶汽车。摄像头通常安装在汽车前方的挡风玻璃上，通过对拍摄的环境图像进行分析，跟已知的地图元素做对比（绝对定位）或以递推的方式（相对定位）推算出汽车的当前位置并绘制出行进轨迹，视觉定位采用的是基于双目视觉的定位技术，用于定位的特征主要包括地面印刷物（车道线、斑马线、其他文字图标）、路标、交通灯等元素。同时，双目摄像头还可以感知其他路面及车辆信息，结合三维重建与图像识别技术，自动驾驶汽车可以自动识别出周围的行人、车辆，甚至是交通指示线，计算机利用这些信息再结合汽车自身状态便可以确定行驶路线及速度，并不断调整，保证与其他车辆、行人的安全距离，规避道路上的障碍物，以及按照交通规则行驶。

（a）传感器配置　　　　　　　　　　　　　（b）行人及车辆识别

图 7.27　Google 的自动驾驶汽车

谷歌的自动驾驶汽车不仅装有视觉传感器，还装有激光传感器，可以快速感知周围物体的距离，实现快速有效避障。除了谷歌，还有百度的 Apollo 也在自动驾驶领域做了大量的研究，从目前的应用来看，并没有完全单独使用视觉传感器，实际应用中仍以雷达定位为主，多采取多传感器融合的方案，以提高系统的鲁棒性。视觉定位由于其低廉的成本，正在不断地测试完善中。

(3) 虚拟现实

虚拟现实（virtual reality，VR）是视觉定位应用的一个重要领域。如图 7.28 所示的 VR 眼镜。如图 7.28（a）是 Oculus，采用的是单目光学摄像头和数十个 LED 主动光源进行定位。手柄和头盔通过无线控制红外定位点发光时间与摄像头曝光时间同步；PC 使用从图像获得的定位点信息与 IMU 数据融合，获得头盔和手柄的位置信息。如图 7.28（b）所示是 Sony PSVR，采用的是双目光学摄像头和九个 LED 主动光源进行定位。

增强现实是虚拟现实的一个分支，融入了真实的场景。如图 7.28（c）所示为微软的 HoloLens，实现了将计算机生成的效果叠加于现实世界之上，实现栩栩如生的效果。哥伦比亚大学的 Steve Henderson 和 Steven Feiner 开发的增强现实维护修理（ARMAR）程序是增强现实在这一领域的著名应用案例。ARMAR 科技把计算机图案定位在需要维护的真实设备上，从而提高机械维护工作的效率、安全性和准确性。增强现实维护修理技术，能够使工程师尽快地确定故障位置，并开始修理工作，极大地减少工作消耗的时间。

（a）Oculus　　　　　　（b）Sony PSVR　　　　　　（c）微软HoloLens

图 7.28　VR 眼镜

由上文可见，机器视觉定位技术无论在工业还是空间上都有大量的应用。它是指导机器人工作的必要技术。在无人机上，视觉定位也是不可缺少的，一些无人机通过安装在底部的摄像机拍摄地面画面实现悬停及自动回归。日常生活中，也有不少应用，比如扫地机器人，有些扫地机器人是通过安装在顶部的摄像机拍到的天花板画面来判断自身的位置。

7.5　机器视觉在智慧工厂中的应用

在制造业以及不断拓宽的其他领域的应用，带来了对机器视觉需求的提升。广泛的应用也决定了机器视觉将由过去单纯的采集、分析、传递数据，判断动作，逐渐朝着开放性的方向发展，这一趋势也预示着机器视觉将与自动化更进一步地融合。如图 7.29 所示，智慧工厂中主要应用于缺陷检测、视觉测量以及识别定位。如图 7.30 所示智慧工厂中的视觉系统。

智慧工厂中的机器视觉系统主要由硬件系统和软件系统构成，以软件系统为主导。硬件系统主要为摄像头和光源以及支承结构，软件系统是通过 MFC 平台使用 VC＋＋开发完成。

缺陷检测　　　　　　　　视觉测量　　　　　　　　识别定位

图 7.29　智慧工厂中的视觉应用案例

图 7.30　智慧工厂视觉系统

核心功能包括：

① 尺寸测量。软件通过几何测量等工具，运用高精度的测量方法，可以快速测量出产品的长度、宽度、圆周长等数据。

② 定位功能。软件可根据产品的不同形状实现识别定位，如基于形状轮廓的定位、基于边缘定位、基于灰度匹配的定位等。

③ 智能识别功能。软件通过与工业相机进行对接，可实现一维和二维码的识别，同时可对实验对象上的字母、数字等进行识别。

核心模块介绍：

① 图形处理。包括：图像采集、图像处理、图像修正、灰度特征、图像运算等。

② 检测识别。包括：直线检测、圆检测、区域特征、条码检测等。

③ 几何测量。包括：点点测量、点线测量、线线测量、同心度测量等。

④ 图像处理。包括：用户变量、数值计算、图形输出等。

7.6　本章小结

本章主要介绍了机器视觉在现代化和智慧工厂生产过程中的理论知识和应用。首先介绍了成像过程中用到的光源、相机以及成像过程的基础知识；然后从实际的生产线中提取出的视觉工程问题角度，分析了图像特征提取、图像匹配以及目标检测的理论和方法；工业中与相机配合的自动化需要对相机进行标定，本章对相机的标定过程进行了详细的介绍，并从视觉空间定位讲解了单目视觉、双目视觉以及多目视觉定位；最后介绍了机器视觉在智慧工厂中的应用。通过本章的学习，对机器视觉在工业生产中的应用有了一个宏观的认识，随着技术的发展，机器视觉也将会发挥越来越重要的作用。

第**8**章

通信机制

工业互联网是新一代信息通信技术与现代工业技术深度融合的产物，是制造业数字化、网络化、智能化的重要载体，也是全球新一轮产业竞争的制高点。工业互联网平台是面向制造业数字化、网络化、智能化需求，构建基于海量数据采集、汇聚、分析的服务体系，支撑制造资源泛在连接、弹性供给、高效配置的工业云平台。其本质是通过构建精准、实时、高效的数据采集互联体系，建立面向工业大数据存储、集成、访问、分析、管理的开发环境，实现工业技术、经验、知识的模型化、标准化、软件化、复用化，不断优化研发设计、生产制造、运营管理等资源配置效率，形成资源富集、多方参与、合作共赢、协同演进的制造业新生态。工业互联网的基础是计算机网络技术和有线、无线通信技术。

8.1 计算机网络构架与拓扑结构

计算机网络体系结构是指计算机网络层次结构模型，它是各层的协议以及层次之间端口的集合。在计算机网络中实现通信必须依靠网络通信协议，目前广泛采用的是国际标准化组织（ISO）于1997年提出的开放系统互联（open system interconnection，OSI）参考模型，习惯上称为ISO/OSI参考模型。计算机网络结构可以从网络体系（network architecture）结构、网络组织和网络配置三个方面来描述。网络体系结构是从功能上来描述，指计算机网络层次结构模型和各层的协议的集合；网络组织是从网络的物理结构和网络的实现两方面来描述；网络配置是从网络应用方面来描述计算机网络的布局、硬件、软件和通信线路。

计算机网络体系结构是计算机网络及其部件所应该完成功能的精确定义。这些功能究竟由何种硬件或软件完成，是遵循这种体系结构的。体系结构是抽象的，实现是具体的，是运行在计算机软件和硬件之上的。

世界上第一个网络体系结构是美国IBM公司于1974年提出的，它取名为系统网络体系结构SNA（system network architecture）。凡是遵循SNA的设备就称为SNA设备。这些SNA设备可以很方便地进行互联。此后，很多公司也纷纷建立自己的网络体系结构，这些体系结构大同小异，都采用了层次技术。

8.1.1　网络模型与结构

8.1.1.1　OSI 七层参考模型

为把在一个网络结构下开发的系统与在另一个网络结构下开发的系统互联起来，以实现更高一级的应用，使异种机之间的通信成为可能，便于网络结构标准化，国际标准化组织（ISO）于 1984 年形成了开放系统互联参考模型 OSI/RM（open systems interconnection reference model，OSI）的正式文件。

OSI 从逻辑上，把一个网络系统分为功能上相对独立的七个有序的子系统，这样 OSI 体系结构就由功能上相对独立的七个层次组成，如图 8.1 所示。它们由低到高分别是物理层、数据链路层、网络层、传输层、会话层、表示层和应用层。

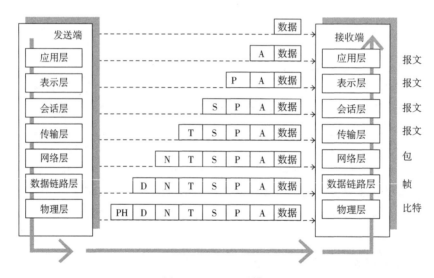

图 8.1　OSI 七层模型

① 物理层（physical，PH）。传递信息需要利用一些物理传输媒体，如双绞线、同轴电缆、光纤等。物理层的任务就是为上层提供一个物理的连接，以及该物理连接表现出来的机械、电气功能和过程特性，实现透明的比特流传输。在这一层，数据还没有组织，仅作为原始的比特流提交给上层——数据链路层。

② 数据链路层（data-link，D）。数据链路层负责在 2 个相邻的节点之间的链路上实现无差错的数据帧传输。每一帧数据包括一定的数据和必要的控制信息，在接收方接收到数据出错时要通知发送方重发，直到这一帧数据无差错地到达接收节点。数据链路层就是把一条有可能出错的实际链路变成让网络层看起来像不会出错的数据链路。实现的主要功能有：帧的同步、差错控制、流量控制、寻址、帧内定界、透明比特组合传输等。

③ 网络层（network，N）。网络层中通信的 2 个计算机之间可能要经过许多节点和链路，还可能经过几个通信子网。网络层数据传输的单位是分组（Packet）。网络层的主要任务是为要传输的分组选择一条合适的路径，使发送分组能够正确无误地按照给定的目的地址找到目的主机，交付给目的主机的传输层。

④ 传输层（transport，T）。传输层的主要任务是通过通信子网，最佳利用网络资源，

并以可靠与经济的方式为 2 个端系统的会话层之间建立一条连接通道，以便透明地传输报文。传输层向上一层提供一个可靠的端到端的服务，使会话层不知道传输层以下的数据通信的细节。传输层只存在于端系统中，传输层以上各层就不再考虑信息传输的问题了。

⑤ 会话层（session，S）。在会话层以及以上各层中，数据的传输都以报文为单位，会话层不参与具体的传输，它提供包括访问验证和会话管理在内的建立以及维护应用之间的通信机制。如服务器验证用户登录便是由会话层完成的。

⑥ 表示层（presentation，P）。这一层主要解决用户信息的语法表示问题。它将要交换的数据从适合某一用户的抽象语法，转换为适合 OSI 内部表示使用的传送语法。即提供格式化的表示和转换数据服务。数据的压缩和解压缩、加密和解密等工作都由表示层负责。

⑦ 应用层（application，A）。这是 OSI 参考模型的最高层。应用层确定进程之间通信的性质以满足用户的需求，以及提供网络与用户软件之间的接口服务。

8.1.1.2 TCP/IP 参考模型

20 世纪 70 年代初期，美国国防部高级研究计划局（DARPA）为了实现异种网之间的互联与互通，大力资助网络技术的研究开发工作。ARPANET 开始使用的是一种称为网络控制协议（network control protocol，NCP）的协议。随着 ARPANET 的发展，需要更为复杂的协议。

1973 年，引进了传输控制协议 TCP，随后，在 1981 年引入了网际协议 IP。1982 年，TCP 和 IP 被标准化成为 TCP/IP 协议组，1983 年取代了 ARPANET 上的 NCP，并最终形成较为完善的 TCP/IP 体系结构和协议规范。

传输控制协议/互联协议（transmission control protocol/internet protocol，TCP/IP）由它的 2 个主要协议即 TCP 协议和 IP 协议而得名。TCP/IP 是 Internet 上所有网络和主机之间进行交流时所使用的共同"语言"，是 Internet 上使用的一组完整的标准网络连接协议。通常所说的 TCP/IP 协议实际上包含了大量的协议和应用，且由多个独立定义的协议组合在一起，因此，更确切地说，应该称其为 TCP/IP 协议集。

TCP/IP 共有四个层次，它们分别是网络接口层、网际层、传输层和应用层。TCP/IP 层次结构与 OSI 层次结构的对照关系，如表 8.1 所示。

表 8.1　TCP/IP 与 OSI 七层模型对应关系

OSI 参考模型	TCP/IP 参考模型
应用层	应用层
会话层	
表示层	
传输层	传输层
网络层	网际层
数据链路层	网络接口层
物理层	

① 网络接口层。TCP/IP 模型的最底层是网络接口层，也被称为网络访问层，它包括了可使用 TCP/IP 与物理网络进行通信的协议，且对应着 OSI 的物理层和数据链路层。TCP/IP 标准并没有定义具体的网络接口协议，而是旨在提供灵活性，以适应各种网络类型，如 LAN、MAN 和 WAN。这也说明，TCP/IP 协议可以运行在任何网络上。

② 网际层。网际层是在 Internet 标准中正式定义的第一层。网际层所执行的主要功能是处理来自传输层的分组，将分组形成数据包（IP 数据包），并为该数据包在不同的网络之间进行路径选择，最终将数据包从源主机发送到目的主机。在网际层中，最常用的协议是网

际协议 IP，其他一些协议用来协助 IP 的操作。

③ 传输层。传输层也被称为主机至主机层，与 OSI 的传输层类似，它主要负责主机到主机之间的端对端可靠通信，该层使用了 2 种协议来支持 2 种数据的传送方法，它们是 TCP 协议和 UDP 协议。

④ 应用层。应用层在 TCP/IP 模型中，应用程序接口是最高层，它与 OSI 模型中高 3 层的任务相同，都是用于提供网络服务，如文件传输、远程登录、域名服务和简单网络管理等。

8.1.1.3 计算机网络拓扑结构

计算机网络的拓扑结构，是指网上计算机或设备与传输媒体形成的节点与线的物理构成模式。网络的节点有两类：一类是转换和交换信息的转接节点，包括节点交换机、集线器和终端控制器等；另一类是访问节点，包括计算机主机和终端等。线则代表各种传输媒体，包括有形的和无形的。

(1) 拓扑结构组成

每一种网络结构都由节点、链路和通路等几部分组成。

① 节点。又称为网络单元，它是网络系统中的各种数据处理设备、数据通信控制设备和数据终端设备。常见的节点有服务器、工作站、集线路和交换机等设备。

② 链路。两个节点间的连线，可分为物理链路和逻辑链路两种，前者指实际存在的通信线路，后者指在逻辑上起作用的网络通路。

③ 通路。是指从发出信息的节点到接收信息的节点之间的一串节点和链路，即一系列穿越通信网络而建立起的节点到节点的链。

(2) 拓扑结构选择性

拓扑结构的选择往往与传输媒体的选择及媒体访问控制方法的确定紧密相关。在选择网络拓扑结构时，应该考虑的主要因素有下列几点：

① 可靠性。尽可能提高可靠性，以保证所有数据流能准确接收；还要考虑系统的可维护性，使故障检测和故障隔离较为方便。

② 费用。建网时需考虑适合特定应用的信道费用和安装费用。

③ 灵活性。需要考虑系统在今后扩展或改动时，能容易地重新配置网络拓扑结构，能方便地处理原有站点的删除和新站点的加入。

④ 响应时间和吞吐量。要为用户提供尽可能短的响应时间和最大的吞吐量。

(3) 拓扑结构常见类型

计算机网络的拓扑结构主要有：星形拓扑、总线拓扑、环形拓扑、树状拓扑、混合型拓扑和网状拓扑。

① 星形拓扑。星形拓扑是由中央节点和通过点到点通信链路接到中央节点的各个站点组成，如图 8.2 所示。中央节点执行集中式通信控制策略，因此中央节点相当复杂，而各个站点的通信处理负担都

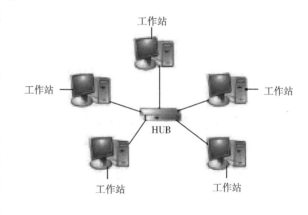

图 8.2 星形拓扑结构示意图

很小。星形网采用的交换方式有电路交换和报文交换，尤以电路交换更为普遍。这种结构一旦建立了通道连接，就可以无延迟地在连通的两个站点之间传送数据。流行的专用交换机PBX（private branch exchange）就是星形拓扑结构的典型实例。

② 总线拓扑。总线拓扑结构采用一个信道作为传输媒体，所有站点都通过相应的硬件接口直接连到这一公共传输媒体上，该公共传输媒体即称为总线，如图8.3所示。任何一个站点发送的信号都沿着传输媒体传播，而且能被所有其他站点所接收。

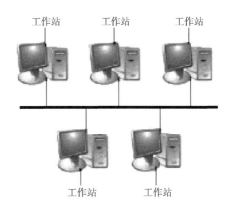

图8.3　总线拓扑结构示意图

因为所有站点共享一条公用的传输信道，所以一次只能由一个设备传输信号。通常采用分布式控制策略来确定哪个站点可以发送。发送时，发送站点将报文分成分组，然后逐个依次发送这些分组，有时还要与其他站点来的分组交替地在媒体上传输。当分组经过各站点时，其中的目的站点会识别到分组所携带的目的地址，然后复制下这些分组的内容。

③ 环形拓扑。环形拓扑中，各节点通过环路接口连在一条首尾相连的闭合环形通信线路中，环路上任何节点均可以请求发送信息，请求一旦被批准，便可以向环路发送信息，如图8.4所示。环形网中的数据可以是单向也可以是双向传输。由于环线公用，一个节点发出的信息必须穿越环中所有的环路接口，信息流中的目的地址与环上某节点地址相符时，信息被该节点的环路接口所接收，而后信息继续流向下一环路接口，一直流回到发送该信息的环路接口节点为止。

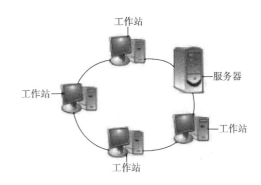

图8.4　环形拓扑结构示意图

④ 树状拓扑。树状拓扑可以认为是多级星形拓扑结构组成的，只不过这种多级星形拓扑结构自上而下是呈三角形分布的，就像一棵树一样，最顶端的枝叶少些，中间的多些，而最下面的枝叶最多。树的最下端相当于网络中的边缘层，树的中间部分相当于网络中的汇聚层，而树的顶端则相当于网络中的核心层，如图8.5所示。它采用分级的集中控制方式，其传输媒体可有多条分支，

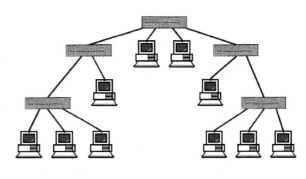

图8.5　树状拓扑结构示意图

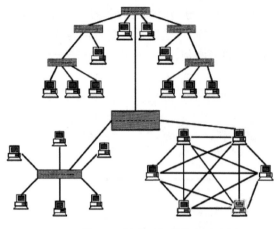

图 8.6　混合型拓扑结构示意图

但不形成闭合回路，每条通信线路都必须支持双向传输。

⑤ 混合型拓扑。混合型拓扑是将两种单一拓扑结构混合起来，取两者的优点构成的拓扑，如图 8.6 所示。

一种是星形拓扑和环形拓扑混合成的"星-环"拓扑，另一种是星形拓扑和总线拓扑混合成的"星-总"拓扑。这两种混合型拓扑结构有相似之处，如果将总线拓扑的两个端点连在一起也就变成了环形拓扑。在混合型拓扑结构中，汇聚层设备组成环形或总线拓扑，汇聚层设备和接入层设备组成星形拓扑。

⑥ 网状拓扑。这种结构在广域网中得到了广泛的应用，它的优点是不受瓶颈问题和失效问题的影响。由于节点之间有许多条路径相连，可以为数据流的传输选择适当的路由，从而绕过失效的部件或过忙的节点。这种结构虽然比较复杂，成本也比较高，提供上述功能的网络协议也较复杂，但由于它的可靠性高，仍然受到用户的欢迎。

网状拓扑的一个应用是在 BGP 协议中。为保证 IBGP 对等体之间的连通性，需要在 IBGP 对等体之间建立全连接关系，即网状网络。假设在一个 AS 内部有 n 台路由器，那么应该建立的 IBGP 连接数就为 $n(n-1)/2$。

8.1.2　工业以太网介绍

工业以太网是以太网，甚至互联网技术延伸到工业应用环境的产物。工业以太网既属于信息网络技术，也属于控制网络技术。工业以太网要在继承或部分继承以太网原有核心技术的基础上，应对适应工业环境性、通信实时性、时间发布、各节点的时间同步、网络的功能安全和信息安全等问题，提出相应的解决方案，并添加控制应用功能，还要针对某些特殊的应用场合提出的网络供电、防爆等要求给出解决方案。一般来讲是指技术上与商用以太网（IEEE 802.3 标准）兼容，但在设计产品时，在材质的选用、产品的强度、适用性以及实时性、可互操作性、可靠性、抗干扰性和本质安全等方面能满足工业现场的需要。

由于工业控制网络不仅是一个完成数据传输的通信系统，而且还是一个借助网络完成控制功能的自动化系统。它除了完成数据传输，往往还需要依靠所传输的数据和指令，执行某些计算与操作功能，由多个网络节点协调完成自控任务，因而它需要在应用、用户等高层协议与规范上满足开放系统的要求，满足互操作条件。

目前工业以太网主要还是用在控制级及监控级，特别是在过程工业测控现场仍然大量采用现有的现场总线，如 FF 和 PROFIBUS PA。但在制造业等领域，一些远程 I/O、变频器及人机界面等都向工业以太网接口快速过渡，市场上这类产品越来越多。例如西门子工控系统中以往采用 DP 总线实现主站与远程 I/O 站的通信，现在逐步采用工业以太网 ProfiNet；罗克韦尔自动化用 EtherNet/IP 工业以太网代替以往的设备层总线，连接控制器主站与远程 I/O 从站。

从实际应用状况分析，工业以太网的应用场合各不相同，它们有的作为工业网络应用环境下的信息网络，有的作为现场总线的高速（或上层）网段，有的是基于普通以太网的控制网络，而有的则是基于实时以太网技术的控制网络。不同网络层次、不同应用场合需要解决的问题，需要的特色技术内容各不相同。

8.1.2.1 工业以太网特色技术

（1）应对环境适应性的特色技术

在工业以太网环境下，建议采用带紧锁机构的连接件，采用防雨、防尘、防电磁干扰的封装外壳，采用工业防护等级的产品，使其在温度、湿度、强度、干扰、辐射等环境参数方面满足工业现场的需求。

（2）提高通信确定性和实时性

确定性是指网络中任何节点，在任何负载情况下都能在规定的时间内得到数据发送的机会，任何节点都不能独占传输媒体。而实时性主要通过响应时间和循环时间来反映。以太网虽然在商业领域得到了广泛的应用，但用标准的 UDP 或 TCP/IP 协议与以太网一起来构建实时控制网络是困难的。这主要是因为以太网的媒体访问控制协议 CSMA/CD 碰撞检测方式有无法预见的延迟特性。当实时数据与非实时数据在普通以太网上同时传输时，由于实时数据与非实时数据在源节点的竞争以及与来自其他节点的实时与非实时数据的碰撞，实时数据将有可能经历不可预见的大延时，甚至有长时间发不出去的情况。以太网的整个传输体系并没有有效的措施可以及时发现某一节点出现故障而加以隔离，从而有可能使故障节点独占总线而导致其他节点传输失效，工业控制响应的实时性问题就不能得到解决。

工业以太网可以利用以太网原有技术优势，扬长避短，缓解以上问题，如下：

① 利用以太网的高通信速率。相同通信量的条件下，提高通信速率可以减少通信信号占用传输媒体的时间。以太网的通信速率从 10Mbps、100Mbps 增大到如今的 1Gbps，在数据吞吐量相同的情况下，通信速率的提高意味着网络负荷的减轻和网络传输延时的减小，即网络碰撞概率大大下降。

② 控制网络负荷。减少网络负荷也可以减少信号的冲突，提高网络通信的确定性。采用星形拓扑结构，交换机将网络划分为若干个网段。以太网交换机由于具有数据存储、转发的功能，使各端口之间输入和输出的数据帧能够得到缓冲，不再发生碰撞。同时，工业以太网交换机还可对网络上传输的数据进行过滤，使每个网段内节点间数据的传输只限在本地网段内进行，而不需经过主干网，也不占用其他网段的带宽，从而降低了所有网段和主干网的网络负荷。

③ 采用全双工以太网技术。一对用来发送数据，一对用来接收数据，使得端口间两对双绞线（或两根光纤）上分别同时接收和发送报文，也不会发生冲突。

④ 采用交换式以太网技术。

（3）网络供电

工业以太网目前提出的网络供电方案一是沿用 IEEE 802.3af 规定的网络供电方式，二是采用双绞线内空闲线对向网络节点设备供电。

（4）本质安全

本质安全是指将送往易燃、易爆危险场合的能量控制在引起火花所需能量的限度之内，从根本上防止在危险场合产生电火花而使系统安全得到保障。

所以，对网络节点设备的功耗，设备所使用的电容、电感等储能元件的参数，以及网络连接部件提出了新的要求。

（5）可靠性

在基于以太网的控制系统中，网络成为关键性设备，系统和网络的结合使得可靠性成为设计重点。高可靠、重负荷设计的工业以太网能很好地满足这种要求。在 IEEE 802.3 标准中，对以太网的总线供电规范也进行了定义。此外，在实际应用中，主干网可采用光纤传输，对于重要的网段还可采用冗余网络技术，以此提高网络的抗干扰能力和可靠性。

（6）可恢复性

当网络系统中任一设备或网段发生故障而不能正常工作时，系统能依靠事先设计的自动恢复程序将断开的网络重新连接起来，并将故障进行隔离，使任一局部故障不会影响整个系统的正常运行。工业以太网通常使用光纤环网作为链路冗余，以此保证系统的不间断运行。

（7）可维护性

工业以太网通过使用网管软件进行故障定位和自动报警，使故障能够得到及时处理，同时网管软件还可以进行性能管理、配置管理、变化管理等内容。工业以太网使用导轨式安装或模块化结构来满足维修更换的快速性和便捷性。

（8）网络安全性

工业以太网把传统的三层网络系统（信息层、控制层、设备层）合为一体，使各层网络之间的数据能够"透明"地传输，数据传输的速率更快、实时性更高，同时还可以方便接入Internet，实现远程监控等功能。在这种情况下，网络安全就显得尤为重要。对此，可采用网络隔离的办法，如采用网关、路由器和防火墙将内部网络与外部网络分开。

8.1.2.2 实时以太网技术

在工业控制系统中，实时可定义为系统对某事件反应的可测性。也就是说，在一个事件发生后，系统必须在一个可以准确预见的时间范围内做出反应。工业上，对数据传递的实时性要求十分严格，例如，某些数据的收发要有严格的先后时序要求，某些数据要以固定的时间间隔定时刷新等，要确保这些数据的正确传送，就要求网络通信满足实时性、确定性、时序性要求。而传统以太网由于采用 CSMA/CD 这种随机的媒体访问方式，使多个节点以平等竞争的方式争夺总线使用权。当发生冲突时，数据就需要重新发送，很明显这种解决冲突的机制是以时间为代价的，很难满足工业控制领域对实时性的要求。

通过采用减轻以太网负荷、提高网络速度、采用交换式以太网和全双工通信、采用流量控制及虚拟局域网等技术，到目前为止可以将工业以太网的实时响应时间做到 5～10ms，相当于现有的现场总线。对于响应时间小于 5ms 的应用，工业以太网已不能胜任。为了满足高实时性能应用的需要，各大公司和标准组织纷纷提出各种提升工业以太网实时性的技术解决方案。这些方案建立在 IEEE 802.3 标准的基础上。通过对其和相关标准的实时扩展提高实时性，并且做到与标准以太网的无缝连接，从而产生了实时以太网（real time ethernet，RTE）。实时以太网是工业以太网针对实时性、确定性问题的解决方案，属于工业以太网的特色与核心技术。从控制网络的角度看，工作在现场控制层的实时以太网，实际上属于一个新类别的现场总线。

当前实时以太网还处于开发阶段，出现的技术种类繁多，仅在 IEC 61784-2 中就已囊括了 11 个实时以太网的 PAS 文件。它们是 EtherNet/IP、ProfiNet、P-NET、Interbus、

VNET/IP、TCNet、EtherCAT、EtherNet Powerlink、EPA、Modbus-RTPS、SERCOS-Ⅲ等。它们在实时机制、实时性能、通信一致性上都存在很大差异，可分为以下几类：

① 用一个主站控制网络上的时隙，主站授权每个节点独立发送数据。例如，在Ether-CAT和SERCOS-Ⅲ网络，集束帧报文的传输跟随主站的时钟。

② 采用专为实时以太网开发的专用通信芯片，实现等时、同步、实时通信机制，如ProfiNet。

③ 采用基于IEEE 1588时钟同步协议，运用软件、硬件配合的方式实现微秒乃至纳秒级的高精度时钟同步策略，如EtherNet/IP。

从目前发展情况来看，EtherNet/IP、ProfiNet、EtherCAT、EtherNet Powerlink、EPA和Modbus-RTPS是6个主要的竞争对手，其中大约四分之三的工业以太网使用Ethernet/IP、ProfiNet和Modbus/TCP，而EtherNet Powerlink和EtherCAT这两个系统特别适合硬实时性要求，SERCOS-Ⅲ尽管市场份额较小，但是，它在高速运动控制领域扮演着非常重要的角色。

8.2 有线接口技术

8.2.1 串行通信接口技术

计算机与计算机或计算机与终端之间的数据传送可以采用串行通信和并行通信两种方式。由于串行通信方式具有使用线路少、成本低，特别是在远程传输时，避免了多条线路特性的不一致而被广泛采用。

串行通信按位（bit）发送和接收字节，如图8.7所示，尽管比按字节（byte）的并行通信慢，但是串口可以在使用一根线发送数据的同时用另一根线接收数据，能够实现远距离通信。比如IEEE 488定义并行通信状态时，规定设备线总长不得超过20m，并且任意两个设备间的长度不得超过2m；而对于串行通信而言，长度可达1200m。

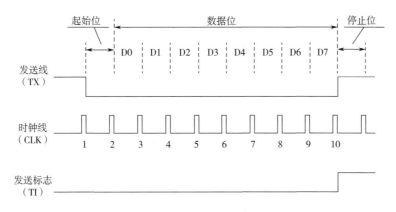

图8.7 串行通信示意图

串口用于ASCII码字符的传输。通信使用3根线完成：①地线；②发送；③接收。由于串行通信是异步的，端口能够在一根线上发送数据，同时在另一根线上接收数据。其他线一般用于通信握手，不是必需的。

(1) 串行通信参数

串行通信最重要的参数是波特率、数据位、停止位和奇偶校验位。两个端口通信时，这些参数必须匹配。

① 波特率。波特率是衡量通信速度的参数，表示每秒传送的 bit 的个数。例如 600 波特率表示每秒发送 600 个 bit。通信时钟周期一般是指波特率，例如协议需要 4800 波特率，那么通信时钟一般是 4800Hz，这意味着串行通信在数据线上的采样频率为 4800Hz。通常电话线的波特率为 14400、28800 和 36600。波特率可以远远大于这些值，但是波特率和距离成反比。高波特率常常用于近距离设备间的通信，典型的例子就是 GPIB 设备的通信。

② 数据位。数据位是衡量通信中实际数据量的参数。当计算机发送一个信息包（数据帧），实际的数据一般不会是 8 位，标准的值是 5、7 或 8，如何设置取决于需要传送的信息。比如，标准的 ASCII 码是 0~127（7 位），扩展的 ASCII 码是 0~255（8 位）。如果数据使用简单的文本（标准 ASCII 码），那么每个数据包使用 7 位数据。每个包是指一个字节，包括开始/停止位、数据位和奇偶校验位。由于实际数据位取决于通信协议的选取，术语"包"指任何通信的情况。

③ 停止位。停止位用于表示单个包的最后一位。典型的值为 1、1.5 和 2 位。由于数据是在传输线上定时发送的，并且每一个设备有自己的时钟，很可能在通信中两台设备会出现不同步的情况。因此停止位不仅仅是表示传输的结束，还提供计算机校正时钟同步的机会。停止位的位数越多，不同时钟同步的容忍程度越大，但是数据传输速率同时也越慢。

④ 奇偶校验位。奇偶校验是串口通信中一种简单的检错方式。奇偶校验有四种检错方式，即偶、奇、高和低，当然也可以没有校验位。对于偶和奇校验的情况，串口会设置校验位（数据位后面的一位），用一个值确保传输的数据有偶数个或者奇数个逻辑高位。例如，如果数据是 011，那么对于偶校验，校验位为 0，保证逻辑高的位数是偶数个；如果是奇校验，校验位为 1，这样就有 3 个逻辑高位。高位和低位不真正地检查数据，简单置位逻辑高或者逻辑低校验。这样使得接收设备能够知道一个位的状态，有机会判断是否有噪声干扰了通信或者传输和接收数据是否同步。

(2) 串行通信接口

在串行通信时，要求通信双方都采用一个标准接口，使不同的设备可以方便地连接起来进行通信。RS-232、RS-422 与 RS-485 都是串行数据通信接口标准，最初都是由电子工业协会（electronic industries association，EIA）制定并发布的。

RS-232 在 1962 年发布，命名为 EIA-RS-232，作为工业标准，以保证不同厂家产品之间的兼容，RS 是英文"推荐标准"的缩写，232 为标识号。

RS-422 由 RS-232 发展而来，它是为弥补 RS-232 的不足而提出的。为改进 RS-232 通信距离短、速率低的缺点，RS-422 定义了一种平衡通信接口，将数据传输速率提高到 10Mbps，传输距离延长到 4000 英尺（约为 1219m）（传输速率低于 100Kbps 时），并允许在一条平衡总线上连接最多 10 个接收器。RS-422 是一种单机发送、多机接收的单向、平衡传输规范，被命名为 TIA/EIA-422-A 标准。

为扩展应用范围，EIA 又于 1983 年在 RS-422 的基础上制定了 RS-485 标准，增加了多点、双向通信能力，即允许多个发送器连接到同一条总线上，同时增加了发送器的驱动能力和冲突保护特性，扩展了总线共模范围，后命名为 TIA/EIA-485-A 标准。由于 EIA 提出的建议标准都是以"RS"作为前缀，所以在通信工业领域，仍然习惯将上述标准以 RS 作前缀称谓。

RS-232、RS-422 与 RS-485 标准只对接口的电气特性做出规定，而不涉及接插件、电缆或协议，在此基础上用户可以建立自己的高层通信协议。

（3）RS-232 基础知识

① 电气特性。根据设备供电电源的不同，±5V、±10V、±12V 和 ±15V 这样的电平都是可能的。具体电平规格如下：

EIA-RS-232C 对电气特性、逻辑电平和各种信号线功能都做了规定。

在 TXD 和 RXD 上：逻辑 1（MARK）＝－3～－15V，逻辑 0（SPACE）＝＋3～＋15V。

在 RTS、CTS、DSR、DTR 和 DCD 等控制线上：信号有效（接通，ON 状态，正电压）＝＋3～＋15V，信号无效（断开，OFF 状态，负电压）＝－3～－15V。

② 连接器的机械特性。由于 RS-232C 并未定义连接器的物理特性，因此，出现了 DB-25、DB-15 和 DB-9 各种类型的连接器，其引脚的定义也各不相同。最近，8 引脚的 RJ-45 型连接器变得越来越普遍，尽管它的引脚分配相差很大。EIA/TIA 561 标准规定了一种引脚分配的方法，由 Dave Yost 发明的被广泛使用在 Unix 计算机上的 Yost 串联设备配线标准（Yost serial device wiring standard），其他很多设备都没有采用上述任一种连线标准。如表 8.2 所示是被较多使用的 RS-232 中的信号和引脚分配。

表 8.2　RS-232 信号和引脚分配

信号	DB-25	DB-9	EIA/TIA	Yost	RJ45-1	RJ45-2	RJ45-3
公共地	7	5	4	4.5	4.5	4.5	6
发送数据（TXD）	2	3	6	3	6	3	3
接收数据（RXD）	3	2	5	6	2	6	5
数据终端准备（DTR）	20	4	3	2	7	2	2
数据准备好（DSR）	6	6	1	7	2	7	7
请求发送（RTS）	4	7	8	1	8	1	1
允许发送（CTS）	5	8	7	8	1	8	8
数据载波检测（DCD）	8	1	2	7	—	—	—
振铃指示（RI）	22	9	1	—	—	—	—

如表 8.2 所示信号的标注是从 DTE 设备的角度出发的，TXD、DTR 和 RTS 信号是由 DTE 产生的，RXD、DSR、CTS、DCD 和 RI 信号是由 DCE 产生的。

PC 机的 RS-232 口为 9 芯连接器。一些设备与 PC 机连接的 RS-232 接口，因为不使用对方的传送控制信号，只需三条接口线，即"发送数据 TXD""接收数据 RXD"和"公共地 GND"，如图 8.8 所示。

双向接口能够只需要 3 根线是因为 RS-232 的所有信号都共享一个公共地。非平衡电路使得 RS-232 非常容易受两设备间基点电压偏移的影响。对于信号的上升期和下降期，RS-232 也只有相对较差的控制能力，很容易发生串话的问题。RS-232 被推荐在短距离（15m

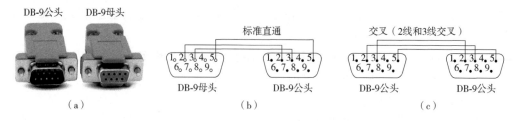

图 8.8 串行通信 DB-9 连接器及连接方式

以内）间通信。由于非对称电路的关系，RS-232 接口电缆通常不是由双绞线制作的。

③ 传输电缆。RS-232-C 标准规定的数据传输速率为 50、75、100、150、300、600、1200、2400、4800、9600、19200bit/s，驱动器允许有 2500pF 的电容负载，通信距离将受此电容限制。

例如，采用 150pF/m 的通信电缆时，最大通信距离为 15m。若每米电缆的电容量减小，通信距离可以增加。传输距离短的另一个原因是 RS-232 属单端信号传送，存在共地噪声和不能抑制共模干扰等问题，因此一般用于 20m 以内的通信。

由 RS-232C 标准规定在码元畸变小于 4% 的情况下，传输电缆长度应为 15m（50 英尺，15.24m），其实这个 4% 的码元畸变是很保守的，在实际应用中，约有 99% 的用户是按码元畸变在 10%～20% 的范围工作的，所以实际使用中最大距离会远超过 15m。

④ 链路层。在 RS-232 标准中，字符是以一系列位元一个接一个地传输。最常用的编码格式是异步起停（asynchronous start-stop）格式，它使用一个起始位后面紧跟 7 或 8 个数据比特（含 1 个奇偶校验位），然后是两个停止位。所以发送一个字符需要 10 或 11bit。

串行通信最常见的设置包括波特率、奇偶校验位和停止位。波特率是指从一设备发送到另一设备的波特率，即每秒多少比特。典型的波特率是 300bit/s、1200bit/s、2400bit/s、9600bit/s、19200bit/s。一般通信两端的设备都要设为相同的波特率，但有些设备也可以设置为自动检测波特率。

奇偶校验位（Parity）是用来验证数据的正确性。奇偶校验一般不用，如果使用，那么既可以做奇校验，也可以做偶校验。奇偶校验是通过修改每一发送字节（也可以限制发送的字节）来工作的，如表 8.3 所示。如果不做奇偶校验，那么数据是不会被改变的。在偶校验中，因为奇偶校验位会被相应地置 1 或 0（一般是最高位或最低位），所以数据会被改变，以使得所有传送的数位（含字符的各数位和校验位）中"1"的个数为偶数；在奇校验中，所有传送的数位（含字符的各数位和校验位）中"1"的个数为奇数。奇偶校验可以用于接收方检查传输是否发生错误——如果某一字节中"1"的个数发生了错误，那这个字节在传输中一定有错误发生。如果奇偶校验是正确的，那要么没有发生错误要么发生了偶数个错误。

停止位是在每个字节传输之后发送的，它用来帮助接收方硬件重同步。

在串行通信软件设置中 D/P/S 是常规的符号表示。8/N/1（非常普遍）表明 8bit 数据，没有奇偶校验，1bit 停止位。数据位可以设置为 7、8 或者 9，奇偶校验位可以设置为无（N）、奇（O）或者偶（E），奇偶校验位可以使用数据中的比特位，所以 8/E/1 就表示一共 8 位数据位，其中一位用来做偶校验位。停止位可以是 1、1.5 或者 2 位（1.5 是用在波特率为 60bps 的电传打字机上的）。

表 8.3 奇偶校验位示意

		信息组							校验位
		0	1	1	1	0	0	1	0
		0	0	1	0	1	0	1	1
		0	1	0	1	0	1	1	0
		1	0	1	0	1	0	1	0
垂直偶校验字符		1	0	1	0	0	1	0	1

⑤ 传输控制。当需要发送握手信号或检测数据完整性时需要制定其他设置。公用的组合有 RTS/CTS、DTR/DSR 或者 XON/XOFF（实际中不使用连接器引脚而在数据流内插入特殊字符）。

接收方把 XON/XOFF 信号发给发送方来控制发送方何时发送数据，这些信号是与发送数据的传输方向相反的。XON 信号告诉发送方，接收方准备好接收更多的数据，XOFF 信号告诉发送方停止发送数据直到知道接收方再次准备好。XON/XOFF 一般不赞成使用，推荐用 RTS/CTS 控制流来代替它们。

XON/XOFF 是一种工作在终端间的带内方法，但是两端都必须支持这个协议，而且在突然启动的时候会有混淆的可能。

XON/XOFF 可以工作于 3 线的接口。RTS/CTS 最初是为电传打字机和调制解调器半双工协作通信设计的，每次只能有一方的调制解调器发送数据。终端必须发送请求发送信号，然后等到调制解调器回应清除发送信号。尽管 RTS/CTS 是通过硬件达到握手，但它有自己的优势。

⑥ RS-232 标准的不足。经过 RS-232 器件以及通信技术的改进，RS-232 的通信距离已经大大增加。由于 RS-232 接口标准出现较早，难免有不足之处，主要有以下四点：

a. 接口的信号电平值较高，易损坏接口电路的芯片，又因为与 TTL 电平不兼容，故需使用电平转换电路方能与 TTL 电路连接。

b. 传输速率较低，在异步传输时，波特率为 20Kbps。现在由于采用新的 UART 芯片 16C550 等，波特率达到 115.2Kbps。

c. 接口使用一根信号线和一根信号返回线构成共地的传输形式，这种共地传输形式容易产生共模干扰，所以抗噪声干扰性弱。

d. 传输距离有限，一般用在 15m 左右。

（4）RS-485 基础知识

针对 RS-232 串口标准的局限性，人们又提出了 RS-422、RS-485 接口标准。RS-485/422 采用平衡发送和差分接收方式实现通信。发送端将串行口的 TTL 电平信号转换成差分信号 A、B 两路输出，经过线缆传输之后在接收端将差分信号还原成 TTL 电平信号。由于传输线通常使用双绞线，又是差分传输，所以有极强的抗共模干扰的能力，总线收发器灵敏度很高，可以检测到低至 200mV 的电压，故传输信号在千米之外都可以恢复。

① RS-485 的电气特性。驱动器能输出 ±7V 的共模电压，接收器的输入电阻 $R_{IN} \geqslant$ 12kΩ，输入端的电容≤50pF。在节点数为 32 个，配置 120Ω 的终端电阻的情况下，驱动器

至少还能输出电压 1.5V（终端电阻的大小与所用双绞线的参数有关）。发送端：逻辑"1"以两线间的电压差为＋2～＋6V 表示；逻辑"0"以两线间的电压差为－2～－6V 表示。接收器的输入灵敏度为 200mV［即（V＋）－（V－）≥0.2V，表示信号"0"；（V＋）－（V－）≤－0.2V，表示信号"1"］。

② 传输速率与传输距离。RS-485 的数据最高传输速率为 10Mbps，最大的通信距离约为 1219m，传输速率与传输距离成反比，传输速率低于 10Kbps 时，才可以达到最大的通信距离。

但是因为 RS-485 一般情况是与 PC 机的 RS-232 口通信，所以实际上一般最高115.2kbps，又因为太高的速率会使 RS-485 传输距离减小，所以往往设置为 9600bps 左右或以下。

③ 网络拓扑。RS-485 采用半双工工作方式，支持多点数据通信。RS-485 总线网络拓扑一般采用终端匹配的总线拓扑结构，即采用一条总线将各个节点串接起来，不支持环形或星形网络，如图 8.9 所示。如果需要使用星形结构，就必须使用 485 中继器或者 485 集线器才可以。RS-485/422 总线一般最大支持 32 个节点，如果使用特制的 485 芯片，可以达到 128个或者 256 个节点，最大的可以支持到 400 个节点。

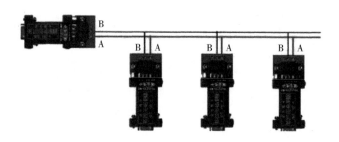

图 8.9　RS-485 半双工多机通信示意图

④ 连接器。RS-485 的国际标准并没有规定 RS-485 的接口连接器标准，所以采用接线端子或者 DB-9、DB-25 等连接器都可以。

(5) RS-422 基础知识

很多人往往都误认为 RS-422 串行接口是 RS-485 串行接口的全双工版本，实际上，它们在电气特性上存在不少差异，共模电压范围和接收器输入电阻不同使得这两个标准适用于不同的应用领域。

RS-485 串行接口的驱动器可用于 RS-422 串行接口的应用中，因为 RS-485 串行接口满足所有的 RS-422 串行接口性能参数，反之则不能成立。对于 RS-485 串行接口的驱动器，共模电压的输出范围是－7V 和＋12V 之间；对于 RS-422 串行接口的驱动器，该项性能指标仅有±7V。RS-422 串行接口接收器的最小输入电阻是 4kΩ；而 RS-485 串行接口接收器的最小输入电阻则是 12kΩ。

RS-422 的电气性能与 RS-485 近似一样。主要的区别在于：

① RS-485 有 2 根信号线。发送和接收都是 A 和 B。由于 RS-485 的接收与发送是共用两根线，所以不能够同时接收和发送（半双工）。

② RS-422 有 4 根信号线。两根发送（Y、Z）、两根接收（A、B）。由于 RS-422 的接收与发送是分开的，所以可以同时接收和发送（全双工）。

③ 支持多机通信的 RS-422 将 Y-A 短接作为 RS-485 的 A，将 RS-422 的 Z-B 短接作为 RS-485 的 B，可以这样简单转换为 RS-485，RS-422 通信示意图如图 8.10 所示。

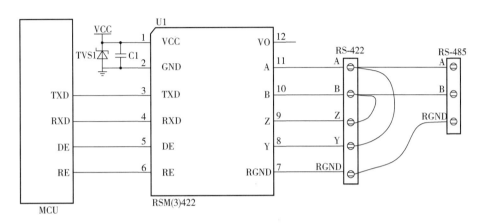

图 8.10　RS-422 通信示意图

8.2.2　PROFIBUS 现场总线

(1) PROFIBUS 概述

PROFIBUS 是目前国际上通用的现场总线标准之一，是程序总线网络（PROcess FIeld BUS）的简称，中文名称叫过程现场总线。PROFIBUS 是一个用于工厂自动化车间级监控和现场设备层数据通信与控制的现场总线标准，常用于 PLC 与现场设备的数据通信和控制。PROFIBUS 可实现现场设备层到车间级监控的分散式数字控制和现场通信网络，从而为实现工厂综合自动化和现场设备智能化提供了可行的解决方案，广泛适用于制造业自动化、流程工业自动化和楼宇、交通电力等其他领域自动化。

PROFIBUS 在 1987 年由德国西门子公司等十四家公司及五个研究机构所推动，目标是要推动一种串列现场总线，可满足现场设备接口的基本需求，通信速率为 9.6kbps～12Mbps。1999 年 PROFIBUS 成为国际标准 IEC 61158 的组成部分，2001 年批准成为中国的行业标准 JB/T 10308.3—2001，也是作为德国国家标准 DIN 19245 和欧洲标准 EN 50170 的现场总线。特别需要注意的是，PROFIBUS 和用在工业以太网的 ProfiNet 是两种不同的通信协议。

PROFIBUS 总线协议是基于 OSI 模型的，由 PROFIBUS-DP、PROFIBUS-FMS、PROFIBUS-PA 组成，PROFIBUS-DP 用于分散外设间的高速数据传输，适合于加工自动化领域的应用。PROFIBUS-FMS 为现场信息规范，适用于纺织、楼宇自动化、可编程控制器、低压开关等一般自动化。PROFIBUS-PA 是用于过程自动化的总线类型，遵循 IEC 1158-2 标准。

PROFIBUS 作为业界最成功、应用最广泛的现场总线技术，除具有一般现场总线的一切优点，还有许多自身的特点，具体表现如下：

① 最大传输信息长度为 255 字节，最大数据长度为 244 字节，典型长度为 120 字节。

② 网络拓扑为线性，树形或总线，两端带有有源的总线终端电阻。

③ 传输速率取决于网络拓扑和总线长度，从 9.6Kbps 到 12Mbps 不等。

④ 站点数量取决于信号特性，如使用屏蔽双绞线，每段可以接入 32 个站点（无转发器），最多可以接入 127 个站点（带转发器）。

⑤ 传输媒体为屏蔽/非屏蔽式光缆。

⑥ 当用双绞线时，传输距离最长可达 9.6km，用光缆时最大传输距离为 90km。

⑦ PROFIBUS-DP 和 PROFIBUS-FMS 的传输技术为 RS-485 方式，PROFIBUS-PA 遵守 IEC 1158-2 传输标准和光缆传输技术。

⑧ 采用单一的总线访问协议，包括主站之间的令牌传递方式和主站与从站之间的主从方式。

⑨ 数据传输服务包括循环和非循环两类。

PROFIBUS 总线的突出特点是可使分散式数字化控制器从现场层到车间级实现网络化，该系统分为主站和从站两种类型。主站决定总线的数据通信，当主站得到总线控制权（令牌）后，即使没有外界请求也可以主动传送信息。从站为外围设备，典型的从站包括输入/输出设备、控制器、驱动器和测量变送器。它们没有总线控制权，仅对接收到的信息给予确认或当主站发出请求时向主站发送信息。

(2) PROFIBUS 的组成与协议结构

PROFIBUS 协议包括三个主要部分：PROFIBUS-DP（分布式外部设备）、PROFIBUS-PA（过程自动化）和 PROFIBUS-FMS（现场总线报文规范）。

① PROFIBUS-DP（分布式外部设备）。PROFIBUS-DP 是一种高速、低成本的数据传输，用于自动化系统中单元级控制设备与分布式 I/O（例如 ET 200）的通信。主站之间的通信为令牌方式，主站与从站之间为主从轮询方式，以及这两种方式的混合。一个网络中有若干个被动节点（从站），而它的逻辑令牌只含有一个主动令牌（主站），这样的网络为纯主-从系统。如图 8.11 所示为典型的主从 PROFIBUS-DP 总线，其中有一个站为主站，其他站都是主站的从站。

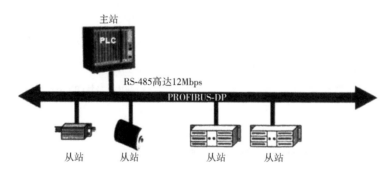

图 8.11　典型的主从 PROFIBUS-DP 总线

② PROFIBUS-PA（过程自动化）。PROFIBUS-PA 用于过程自动化的现场传感器和执行器的低速数据传输，使用扩展的 PROFIBUS-DP 协议。传输技术采用 IEC 1158-2 标准，可以用于防爆区域的传感器和执行器与中央控制系统的通信。使用屏蔽双绞线电缆，由总线

提供电源。典型的 PROFIBUS-PA 系统配置如图 8.12 所示。

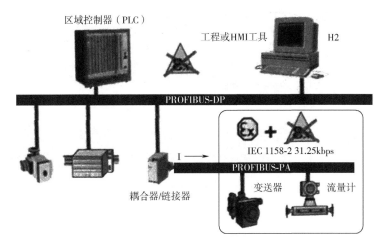

图 8.12　典型的 PROFIBUS-PA 系统配置

③ PROFIBUS-FMS（现场总线报文规范）。PROFIBUS-FMS 可用于车间级监控网络，FMS 提供大量的通信服务，用以完成中等级传输速率进行的循环和非循环的通信服务。对于 FMS 而言，它考虑的主要是系统功能而不是系统响应时间。如图 8.13 所示，一个典型的 PROFIBUS-FMS 系统是由各种智能自动化单元组成，如 PC、PLC、HMI 等。

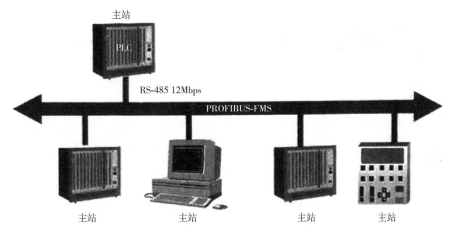

图 8.13　典型 PROFIBUS-FMS 系统

④ PROFIBUS 协议结构。PROFIBUS 协议结构以 ISO/OSI 参考模型为基础，其协议结构如图 8.14 所示。第 1 层为物理层，定义了物理的传输特性；第 2 层为数据链路层；第 3～6 层 PROFIBUS 未使用；第 7 层为应用层，定义了应用的功能；第 8 层为用户层。

PROFIBUS-DP 是高效、快速的通信协议，它使用了第 1 层与第 2 层及用户接口，第 3～7 层未使用。这种简化的结构确保了 DP 快速、高效的数据传输。

（3）PROFIBUS 传输技术

PROFIBUS 总线使用两端有终端的总线拓扑结构，如图 8.15 所示。

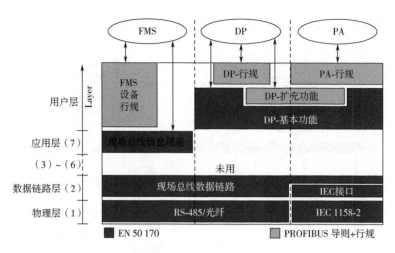

图 8.14　典型的 PROFIBUS 协议结构

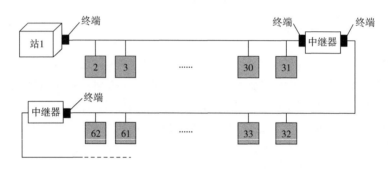

图 8.15　两端有终端的总线拓扑结构

注：中继器没有站地址，但它们被计算在每段的最多站数中

PROFIBUS 使用三种传输技术：

① 用于 PROFIBUS-DP/FMS 的 RS-485 传输技术。PROFIBUS-DP/FMS 符合 EIA-RS-485 标准（也称为 H2），使用 RS-485 传输，是 PROFIBUS 最常用的一种传输技术。由于 PROFIBUS-DP 与 PROFIBUS-FMS 系统使用了同样的传输技术和统一的总线访问协议，所以两套系统可在同一根电缆上同时操作，使用 RS-485 屏蔽双绞线电缆传输速度为 9.6kbps～12Mbps。一个总线段最多 32 个站、带中继器最多 127 个站。DP/FMS 传输距离与传输速率有关，3～12Mbps 时为 100m，9.6～93.75kbps 时为 1200m。

② 用于 PA 的 IEC 1158-2 传输技术（H1）。PROFIBUS-PA 采用 IEC 1158-2 传输技术（H1），IEC 1158-2 是一种位同步协议，可进行无电流的连续传输，用于 PROFIBUS-PA，能满足化工和石油化工的要求。它可保持其本质安全性，并通过总线对现场设备供电。

③ PROFIBUS 光纤传输技术。PROFIBUS 可使用光纤传输技术以适应强度很高的电磁干扰环境或适应高速、远距离传输情况，如：PLC 控制器和其他需要通信的设备相距比较远，PROFIBUS 信号不稳定情况时；一些电磁干扰特别强的现场，采用电缆布线后出现 PROFIBUS 通信不稳定情况时；需要电气隔离的强电、易燃易爆场合。

PROFIBUS 总线连接器是用于连接 PROFIBUS 站点与电缆实现信号传输，带有内置终端电阻，如图 8.16 所示。

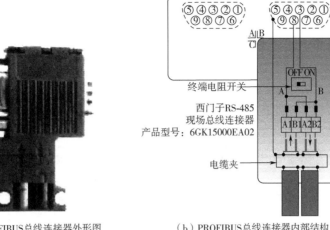

(a) PROFIBUS总线连接器外形图　　　（b) PROFIBUS总线连接器内部结构

图 8.16　PROFIBUS 总线连接器

(4) PROFIBUS 介质存取协议与网络配置

① PROFIBUS 介质存取协议。PROFIBUS 通信规程采用了统一的介质存取协议，此协议由 OSI 参考模型的第 2 层来实现。PROFIBUS 介质存取协议如下：

a. 在主站间通信时，必须保证在正确的时间间隔内，每个主站都有足够的时间来完成它的通信任务。

b. PLC 与从站间通信时，必须快速、简捷地完成循环，实时地进行数据传输。为此，PROFIBUS 提供了两种基本的介质存取控制，即令牌传递方式和主从轮询方式。

令牌传递方式可以保证每个主站在事先规定的时间间隔内都能获得总线的控制权。令牌是一种特殊的报文，它在主站之间传递着总线控制权，每个主站均能按次序获得一次令牌，传递的次序是按地址的升序进行的。主从轮询方式允许主站在获得总线控制权时可以与从站进行通信，每个主站均可以向从站发送或获得信息。

② PROFIBUS 系统配置。使用上述的介质存取协议，PROFIBUS 可以实现以下三种系统配置：纯主-从系统（单主站）、纯主-主系统（多主站）和两种配置的组合系统（多主-多从）。

a. 纯主-从系统（单主站）：单主站系统可实现最短的总线循环时间。以 PROFIBUS-DP 系统为例，一个单主站系统由一个 DP-1 类主站和 1 到最多 125 个 DP-从站组成，典型系统如图 8.17 所示。

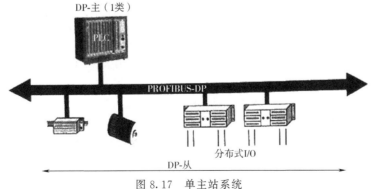

图 8.17　单主站系统

b. 纯主-主系统（多主站）：若干个主站可以用读功能访问一个从站。以 PROFIBUS-DP 系统为例，多主站系统由多个主设备（1 类或 2 类）和 1 到最多 124 个 DP-从设备组成。典型系统如图 8.18 所示。

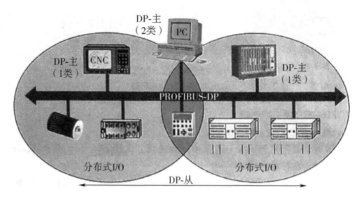

图 8.18　多主站系统

c. 两种配置的组合系统（多主-多从）：如图 8.18 所示为一个由 3 个主站和 5 个从站构成的 PROFIBUS 系统结构的示意图。其中 3 个主站构成了一个令牌传递的逻辑环，在这个环中，令牌按照系统确定的地址升序从一个主站传递给下一个主站。当一个主站得到令牌后，它就能在一定的时间间隔内执行该主站的任务，可以按主从关系与所有从站通信，也可按主-主关系与所有主站通信。

(5) PROFIBUS-DP 设备分类

PROFIBUS-DP 在整个 PROFIBUS 应用中，应用最多、最广泛，可以连接不同厂商制造的符合 PROFIBUS-DP 协议的设备。PROFIBUS-DP 定义了三种设备类型：

① DP-1 类主设备。DP-1 类主设备（DPM1）可构成 DP-1 类主站。这类设备是一种在给定的信息循环中与分布式站点（DP 从站）交换信息，并对总线通信进行控制和管理的控制器。典型设备如 PLC、CNC 或 PC 等。

② DP-2 类主设备。DP-2 类主设备（DPM2）可构成 DP-2 类主站。它是 DP 网络中的编程、诊断和管理设备。DPM2 除了具有 DP-1 类主设备的功能外，可以读取 DP 从站的输入/输出数据和当前的组态数据，可以给 DP 从站分配新的总线地址。如 PC、OP、TP 等。

③ DP-从设备。DP-从设备可构成 DP 从站。这类设备是 DP 系统中直接连接 I/O 信号的外围设备。典型 DP-从设备有分布式 I/O、ET 200、变频器、驱动器、阀、操作面板等。根据它们的用途和配置，可将 SIMATIC S7 的 DP 从站设备分为以下几种：

a. 分布式 I/O（非智能型 I/O）由主站统一编址，如 ET 200。

b. PLC 智能 DP 从站。PLC（智能型 I/O）作从站，存储器中有一片特定区域作为与主站通信的共享数据区。

c. 具有 PROFIBUS-DP 接口的其他现场设备。

在 DP 网络中，一个从站如果只能被一个主站所控制，那么这个主站是这个从站的 1 类主站；如果网络上还有编程器和操作面板控制从站，那么这个编程器和操作面板是这个从站的 2 类主站。另外一种情况，在多主网络中，一个从站只有一个 1 类主站，1 类主站可以对从站执行发送和接收数据操作，其他主站只能选择性地接收从站发送给 1 类主站的数据，这样的主站也是这个从站的 2 类主站，它不直接控制该从站。PROFIBUS-DP 基本功能如图 8.19 所示。

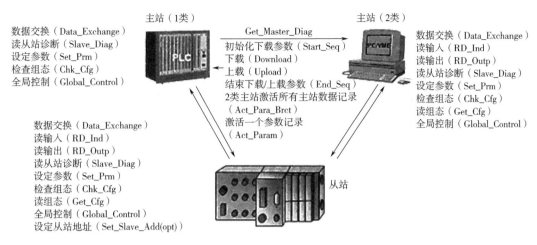

图 8.19　PROFIBUS-DP 基本功能

8.2.3　基金会现场总线 FF

基金会现场总线（fieldbus foundation，FF）是由 WORLDFIP NA（北美部分，不包括欧洲）和 ISP Foundation 于 1994 年 6 月联合成立的，它是一个国际性的组织，其目标是建立单一的、开放的、可互操作的现场总线国际标准。这个组织给予了 IEC 现场总线标准起草工作组以强大的支持。这个组织目前有 100 多个成员单位，包括了全世界主要的过程控制产品及控制系统的生产公司。1997 年 4 月这个组织在中国成立了中国仪协现场总线专业委员会（CFC），致力于这项技术在中国的推广和应用。FF 成立的时间比较晚，所以在推出自己的产品和把这项技术完整地应用到工程上，相比 PROFIBUS 和 WORLDFIP 要晚一些。但是，正是由于 FF 是以 Fisher Rosemount（罗斯蒙特）公司为核心的 ISP 与 WORLDFIP NA 两大组织合并而成的，因此这个组织具有相当强大的实力，目前 FF 在 IEC 现场总线标准的制订过程中起着举足轻重的作用。

（1）FF 总线的组成结构

FF 总线是一种全数字式的串行双向通信系统，用于连接工业现场各种智能仪表设备及自动化系统。FF 现场总线的网络协议是按照 ISO/OSI 模型建立的，FF 总线的组成结构如表 8.4 所示。

物理层分为 H1（过程）和 H2（工厂自动化）两级总线，其中 H1 符合 IEC 61158-2 标准，支持总线供电和本安防爆环境。H1 现场总线的主要电气特性是：数据采用数字化、位同步的传输方式，传输波特率为 31.25kbps；驱动电压为 9～32V DC，信号

表 8.4　FF 总线的组成结构

用户层
现场总线信息规划子层 FMS 现场总线访问子层 FAS
数据链路层
物理层

电流是±9mA，电缆形式采用屏蔽双绞线；网络拓扑结构可以采用线性、树状、星形及混合型的方式；无中继器时电缆长度应≤1900m，分支电缆长度在30～120m范围内；无中继器时设备挂接数不得超过32台，可用中继器数不得超过4台。H2采用高速以太网作为其物理层，传输速率为1Mbps和2.5Mbps，通信距离分别为750m和500m，支持双绞线、光缆和无线发射等物理传输媒体。

（2）FF总线仪表的选用原则

总线型控制系统的重要特点就是把控制权力下放到仪表中实现，因此仪表选型设计与其他常规仪表是有很大不同的，一般组成如图8.20所示。

首先，现场总线类的仪表由于内部模块的功能不同，故实现的功能也是不相同的，因此要考虑不同的场合选择不同的FF仪表。

其次，仪表的功能块所在的位置不同也会导致网络中数据量的不同，因此要合理选择，减少网络通信数据量，比如常用的PID控制模块是放在FCS系统中、FF变送器内，还是FF阀门定位器中，在设计的时候需要充分考虑。还有一点，由于不同厂家的FF总线仪表消耗的功率不同，内部算法的执行时间或速度是不同的，决定了网段的执行时间不同，而这也影响了挂接在FF总线上的仪表数量。

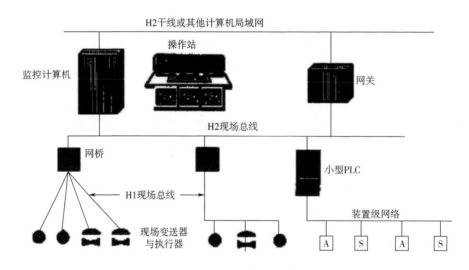

图8.20　FF总线的组成结构

（3）FF总线仪表类型

FF总线仪表是嵌入式微处理器、实时嵌入式操作系统和FF现场总线协议栈，具有传感测量、数字通信、自动补偿、自动诊断、分散控制、信息存储等功能的仪表。目前，国际上较为常用的FF总线仪表类型及用途主要有以下几种：

① IF表。IF表指电流信号到现场总线信号变送器。它是将4～20mA电流信号转换成现场总线信号，用于将传统的4～20mA输出的模拟仪表连接到现场总线控制系统中。适用于企业控制系统改造，可以在很大程度上保护用户原有的可利用的模拟仪表资源，减少用户投资。

② FI表。FI表指现场总线到电流信号变送器。它是将现场总线信号转换成4～20mA电流信号，用于现场总线控制设备与需要4～20mA电流输入信号的仪表的连接，也是现场总线与4～20mA电流控制的执行机构及控制装置的控制信号转换设备。适用于现场总线控

制系统与 4～20mA 电气转换器或电动调节阀的连接，有利于保留企业控制系统改造中可利用的执行设备。

③ TT 表。TT 表指现场总线温度变送器。它是将 Pt100、Cu50 等热电阻信号转换成现场总线信号，适用于现场总线控制系统中对温度信号的采集。

④ PT 表。PT 表指现场总线智能压力变送器。它是将压力信号转换成现场总线信号，适用于现场总线控制系统中对压力、流量、液位等信号的采集。

⑤ FP 表。FP 表指现场总线到气动信号转换器。它是将从现场总线接收的输入信号按比例转换成 3～15psi（1psi＝6894.757Pa）气压信号，连接到非现场总线类型的气动阀门定位器上，用于代替模拟的电/气转换器，控制系统中的气动阀门。

⑥ FY 表。FY 表指现场总线气动阀门定位器。它是将现场总线信号转换成相应的压力输出，控制阀门到所需位置，实现气动阀门的定位控制。

FF 总线网络连接方式如图 8.21 所示。

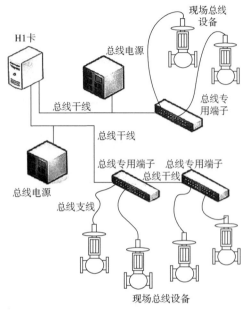

图 8.21　FF 总线网络连接方式

8.3　无线接口技术

8.3.1　ZigBee 技术

ZigBee（也称蜂舞协议）是一种低速、短距离传输的无线网络协议，底层是采用 IEEE 802.15.4 标准规范的媒体访问层与物理层。主要特点有低速、低耗电、低成本、支持大量网络节点、支持多种网络拓扑、低复杂度、快速组网、可靠、安全。

ZigBee 已广泛应用于物联网产业链中的 M2M 行业，其应用示意图如图 8.22 所示。

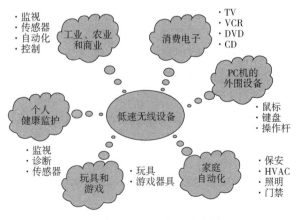

图 8.22　ZigBee 应用示意图

(1) ZigBee 发展历程

ZigBee 是建立在 IEEE 802.15.4 标准之上，由于 IEEE 802.15.4 标准只定义了物理层协议和 MAC 层协议，于是成立了 ZigBee 联盟，ZigBee 联盟对其网络层协议和 API 进行了标准化，还开发了安全层。经过 ZigBee 联盟对 IEEE 802.15.4 的改进，这才真正形成了 ZigBee 协议栈（Zstack），如图 8.23 所示。

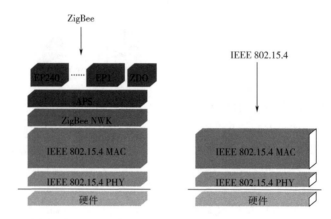

图 8.23　ZigBee 与 IEEE 802.15.4 标准对比示意图

ZigBee 主要由 Honeywell 公司组成的 ZigBee 联盟制定，从 1998 年开始发展，于 2001 年向电气与电子工程师学会（IEEE）提案纳入 IEEE 802.15.4 标准规范之中，自此使 ZigBee 技术渐渐成为各业界通用的低速、短距离无线通信技术之一。2002 年下半年，英国 Invensys 公司、日本三菱电气公司、美国摩托罗拉公司以及荷兰飞利浦半导体公司共同宣布加入 ZigBee 联盟，研发名为"ZigBee"的下一代无线通信标准，这一事件成为该技术发展过程中的里程碑。ZigBee 联盟曾经的理事公司包括 BM Group、Ember 公司、飞思卡尔半导体、Honeywell、三菱电机、摩托罗拉、飞利浦、三星电子、西门子及德州仪器。ZigBee 联盟的目的是在全球统一标准上实现简单可靠、价格低廉、功耗低、无线连接的监测和控制产品进行合作，并于 2004 年 12 月发布了第一个正式标准。

2021 年 5 月 11 日，ZigBee 联盟更名为"CSA 连接标准联盟"（connectivity standards alliance），CSA 连接标准联盟的董事会包括来自以下成员企业的高层管理人员：亚马逊、苹果公司、亚萨合莱、康卡斯特有线、谷歌、华为、宜家、克罗格公司、立达信、罗格朗、路创电子、恩智浦半导体、Resideo、施耐德电气、昕诺飞（原飞利浦照明）、芯科科技、SmarThings、尚飞、意法半导体、德州仪器、涂鸦智能和南京物联等。

(2) IEEE 802.15.4/ZigBee 协议概述

IEEE 802.15.4 协议是 IEEE 802.15.4 工作组为低速率无线个人区域网（wireless personal area network，WPAN）制定的标准，该工作组成立于 2002 年 12 月，致力于定义一种廉价的，固定、便携或移动设备使用的，低复杂度、低成本、低功耗、低速率的无线连接技术，并于 2003 年 12 月通过了第一个 IEEE 802.15.4 标准。随着无线传感器网络技术的发展，无线传感器网络的标准也得到了快速的发展。IEEE 802.15.4 标准定义了在无线个人区域网中通过射频方式在设备间进行互联的方式与协议，该标准使用避免冲突的载波监听多址接入方式作为媒体访问机制，同时支持星形与对等型拓扑结构。

在 IEEE 802.15.4 标准中指定了两个物理频段的直接串行扩频物理层频段：868/915MHz 和 2.4GHz 的直接串行扩频（DSSS）物理层频段。2.4GHz 的物理层支持空气中 250kbps 的传输速率，而 868/915MHz 的物理层支持空气中 20kbps 和 40kbps 的传输速率。由于数据包开销和处理延迟，实际的数据吞吐量会小于规定的比特率。作为支持低速率、低功耗、短距离无线通信的协议标准，IEEE 802.15.4 在无线电频率和数据率、数据传输模型、设备类型、网络工作方式、安全等方面都做出了说明，并且将协议模型划分为物理层和媒体接入控制层两个子层进行实现。

ZigBee 协议层从下到上分别为物理层（PHY）、媒体接入控制层（MAC）、网络层（NWK）、应用层（APL）等。网络设备的角色可分为 ZigBee Coordinator、ZigBee Router、ZigBee End Device 等三种。支持网络拓扑有星形、树状、网状等三种。

网络层（NWK）。网络层负责以下工作：加入与离开某个网络，将数据包做安全性处理，传送数据包到目标节点，找寻并维护节点间的绕径路线，搜索邻节点，存储相关邻节点信息。

应用层（APL）。ZigBee 应用层包含应用程序支持子层（APS）、应用程序框架（AF）、ZigBee 设备管控对象（ZDO）与各厂商定义的应用程序对象。

APS 子层提供网络层与应用层之间的接口，维持对象之间的链接表（binding table），并在链接的设备之间传递信息，它也维持了一个 APS 信息库（APS information base，AIB）。

ZDO 的功能包括初始化应用程序支持子层、网络层以及安全服务等。

（3）ZigBee 的网络拓扑模型

ZigBee 网络拓扑结构主要有星形网络和网状网络，如图 8.24 所示。不同的网络拓扑结构对应于不同的应用领域，在 ZigBee 无线网络中，不同的网络拓扑结构对网络节点的配置也不同，网络节点的类型：协调器、路由器和终端节点。

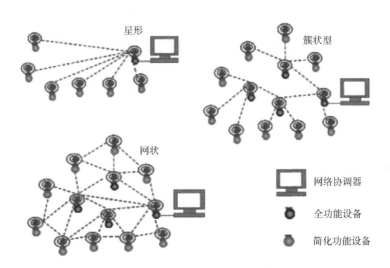

图 8.24　ZigBee 网络拓扑结构示意图

MESH 网状网络拓扑结构的网络具有强大的功能，网络可以通过多级跳的方式来通信，该拓扑结构还可以组成极为复杂的网络。网络还具备自组织、自愈功能。

（4）ZigBee 无线网络通信信道分析

天线对于无线通信系统来说至关重要，在日常生活中可以看到各式各样的天线，如手机天线、电视接收天线等。天线的主要功能可以概括为：完成无线电波的发射与接收。发射时，把高频电流转换为电磁波发射出去；接收时，将电磁波转换为高频电流。如何区分不同的电波呢？一般情况，不同的电波具有不同的频谱，无线通信系统的频谱有几十兆赫到几千兆赫，包括了收音机、手机、卫星电视等使用的波段，这些电波都使用空气作为传输媒体来传播，为了防止不同的应用之间相互干扰，就需要对无线通信系统的通信信道进行必要的管理。各个国家都有自己的无线管理结构，如美国的联邦通信委员会（FCC）、欧洲的电信标准组织（ETSI）。我国的无线电管理机构为中国无线电管理委员会，其主要职责是负责无线电频率的划分、分配与指配，卫星轨道位置协调和管理，无线电监测、检测、干扰查处，协调处理电磁干扰事宜和维护空中电波秩序等。一般情况，使用某一特定的频段需要得到无线电管理部门的许可。当然，各国的无线电管理部门也规定了一部分频段是对公众开放的，不需要许可使用，以满足不同的应用需求，这些频段包括工业、科学和医疗（Industrial、Scientific and Medical，ISM）频带。除了 ISM 频带外，在我国，低于 135kHz，在北美、日本等地，低于 400kHz 的频带也是免费频段。各国对无线电频谱的管理不仅规定了 ISM 频带的频率，同时也规定了在这些频带上所使用的发射功率。在项目开发过程中，需要查阅相关的手册，如我国原信息产业部发布的《微功率（短距离）无线电设备管理暂行规定》。

IEEE 802.15.4（ZigBee）工作在 ISM 频带，定义了两个频段，2.4GHz 频段和 868/915MHz 频段。在 IEEE 802.15.4 中共规定了 27 个信道（如图 8.25 所示）：在 2.4GHz 频段，共有 16 个信道，信道通信速率为 250kbps；在 915MHz 频段，共有 10 个信道，信道通信速率为 40kbps；在 868MHz 频段，有 1 个信道，信道通信速率为 20kbps。

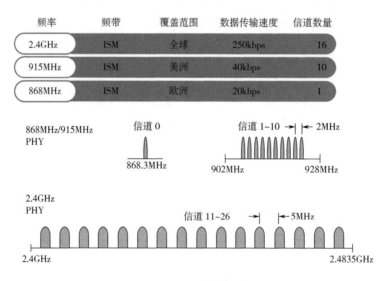

图 8.25　ZigBee 信道示意图

（5）ZigBee 特点

① 数据通信速率低。在 2.4GHz 的频段速率只有 250kbps，而且这只是链路上的速率，除掉帧头开销、信道竞争、应答和重传，真正能被应用所利用的速率可能不足 100kbps，并

且这余下的速率也可能要被邻近多个节点和同一个节点的多个应用所瓜分。所以我们不能奢望 ZigBee 去做一些如传输视频之类的高难度的事情，起码目前是这样，而应该聚焦于一些低速率的应用，比如人们早就给它找好的一个应用领域——传感和控制。

② 较高可靠性。ZigBee 有很多方面进行可靠性保证。首先是物理层采用了扩频技术，能够在一定程度上抵抗干扰；而 MAC 层和应用层（APS 部分）有应答、重传功能，另外 MAC 层的 CSMA 机制使节点发送之前先监听信道，也可以起到避开干扰的作用；网络层采用了网状网的组网方式，从源节点到达目的节点可以有多条路径，路径的冗余加强了网络的健壮性，如果原先的路径出现了问题，比如受到干扰，或者其中一个中间节点出现故障，ZigBee 可以进行路由修复，另选一条合适的路径来保持通信。在最新的 ZigBee 2007 协议栈规范当中，引入一个新的特性——频率捷变（frequency agility），这也是 ZigBee 加强其可靠性的一个重要特性。当 ZigBee 网络受到外界干扰，比如 Wi-Fi 的干扰，无法正常工作时，整个网络可以动态地切换到另一个工作信道上。

③ 时延不确定性。时延也是一个重要的考察因素。由于 ZigBee 采用随机接入 MAC 层，并且不支持时分复用的信道接入方式，因此对于一些实时的业务并不能很好支持，而且由于发送冲突和多跳，使得时延变成一个不易确定的因素。

④ 低功耗性。低功耗特性是 ZigBee 的一个技术优势。通常情况下，ZigBee 节点所承载的应用数据速率都比较低，在不需要通信的时候，节点可以进入很低功耗的休眠状态，此时能耗可能只有正常工作状态的千分之一。由于一般情况下休眠的时间占总运行时间的大部分，有时可能正常工作的时间还不到 1%，因此达到很高的节能效果。在这种情况下，ZigBee 的网络有可能依靠普通的电池连续运转一两年。当然，ZigBee 节点能够很方便地在休眠状态和正常运行状态之间灵活地切换，和它底层的特性是分不开的。ZigBee 从休眠状态转换到正常状态一般只需要十几毫秒，而且由于使用直接扩频而不是跳频技术，重新接入信道的时间也很快。

⑤ 自组网特性。最后是组网和路由特性，它们是属于网络层的特性，ZigBee 在这方面做得相当出色。首先是大规模的组网能力——ZigBee 可以支持每个网络达六万多个节点，相比之下，Bluetooth（蓝牙）只支持每个网络 8 个节点。这是因为 ZigBee 的底层采用了直接扩频技术，如果采用非信标模式，网络可以扩展得很大，因为不需要同步。而且节点加入网络和重新加入网络的过程也很快，一般可以做到 1s 以内甚至更快，而蓝牙通常需要 3s 时间。在路由方面，ZigBee 支持可靠性很高的网状网的路由，因此可以布设范围很广的网络，并且支持多播和广播的特性，能够给丰富的应用带来有力的支撑。

8.3.2 蓝牙技术

蓝牙是一种支持设备短距离通信（一般是 10m 之内）的无线电技术，是一种短程宽带无线电技术，是实现语音和数据无线传输的全球开放性标准。它使用跳频扩频（FHSS）、时分多址（TDMA）、码分多址（CDMA）等先进技术，在小范围内建立多种通信与信息系统之间的信息传输。蓝牙能在包括移动电话、掌上电脑（PDA）、无线耳机、笔记本电脑、相关外设等众多设备之间进行无线信息交换。蓝牙的标准是 IEEE 802.15，工作在 2.4GHz 频段，速率为 1Mbps。

蓝牙的创始人是瑞典爱立信公司，爱立信早在 1994 年就已进行研发。1997 年，爱立信与其他设备生产商联系，并激发了他们对该项技术的浓厚兴趣。1998 年 2 月，5 个跨国大公司，包括爱立信、诺基亚、IBM、东芝及 Intel 组成了一个特殊兴趣小组（SIG），他们共同的目标是建立一个全球性的小范围无线通信技术，即蓝牙。

蓝牙这个名称来自于第十世纪的一位丹麦国王哈拉尔蓝牙王，哈拉尔蓝牙王 Blatand 在英文里的意思可以被解释为 Bluetooth（蓝牙），因为国王喜欢吃蓝莓，牙龈每天都是蓝色的所以叫蓝牙。在行业协会筹备阶段，需要一个极具表现力的名字来命名这项高新技术。行业组织人员在经过一夜关于欧洲历史和未来无线技术发展的讨论后，有部分人认为用 Blatand 国王的名字命名再合适不过了。Blatand 国王将挪威、瑞典和丹麦统一起来。他的口齿伶俐，善于交际，就如同这项即将面世的技术，技术将被定义为允许不同工业领域之间的协调工作，保持各个系统领域之间的良好交流，例如计算机、手机和汽车行业之间的工作。

（1）Bluetooth 的主要技术特点

① 工作频段。2.4GHz 的工业、科学和医疗（ISM）频带，无需申请许可证。大多数国家使用 79 个频点，载频为 $(2402+k)$ MHz（$k=0$，1，2，…，78），载频间隔 1MHz。采用 TDD 时分双工方式。

② 传输速率。1Mbps。

③ 调试方式。$BT=0.5$ 的 GFSK 调制，调制指数为 0.28～0.35。

④ 采用跳频技术。跳频速率为 1600 跳/s，在建链时（包括寻呼和查询）提高为 3200 跳/s。蓝牙通过快跳频和短分组技术减少同频干扰，保证传输的可靠性。

⑤ 语音调制方式。连续可变斜率增量调制（continuous variable slope delta modulation，CVSD），抗衰落性强，即使误码率达到 4%，话音质量也可接受。

⑥ 支持电路交换和分组交换业务。蓝牙支持实时的同步的面向连接的链路（SCO 链路）和非实时的异步无连接链路（ACL 链路），前者主要传送语音等实时性强的信息，后者以数据包为主。语音和数据可以单独或同时传输。蓝牙支持一个异步数据通道，或三个并发的同步话音通道，或同时传送异步数据和同步话音的通道。每个话音通道支持 64kbps 的同步话音，异步通道支持 723.2/57.6kbps 的非对称双工通信或 433.9kbps 的对称全双工通信。

⑦ 支持点对点及点对多点通信。蓝牙设备按特定方式可组成两种网络：微微网（Piconet）和分布式网络（Scatternet）。其中微微网的建立由两台设备的连接开始，最多可由八台设备组成。在一个微微网中，只有一台为主设备（Master），其他均为从设备（Slave）。不同的主从设备对可以采用不同的链接方式，在一次通信中，链接方式也可以任意改变。几个相互独立的微微网以特定方式链接在一起便构成了分布式网络。所有的蓝牙设备都是对等的，所以在蓝牙中没有基站的概念。

⑧ 工作距离。蓝牙设备分为三个功率等级，分别是：100mW（20dBm）、2.5mW（4dBm）和 1mW（0dBm）。相应的有效工作范围为：100m、10m 和 1m。

（2）Bluetooth 的系统构成

蓝牙系统分为蓝牙模块和蓝牙主机两部分。其中，蓝牙模块分为射频单元、基带与链路控制器、链路管理器、主机控制器和蓝牙音频等部分组成，如图 8.26 所示。

① 蓝牙模块（Bluetooth module）

a. 射频单元（radio）。负责数据和语音的发送和接收，特点是短距离、低功耗、蓝牙天线一般体积小、重量轻，属于微带天线。

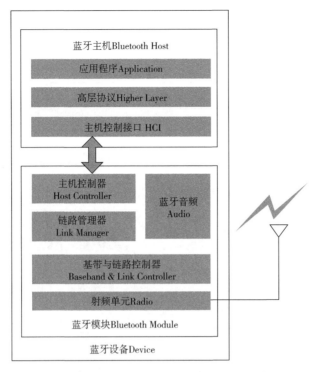

图 8.26　蓝牙系统构成图

b. 基带与链路控制器（baseband & link controller）。进行射频信号与数字或语音信号的相互转化，实现基带协议和其他的底层连接规程。

c. 链路管理器（link manager）。负责管理蓝牙设备之间的通信，实现链路的建立、验证、配置等操作。

d. 蓝牙主机控制器（host controller）。是一个逻辑实体，提供了一个低级的只有硬件设备才会使用的蓝牙堆栈。

e. 蓝牙音频（audio）。一般在蓝牙音频模块上会有，主要为音频 AD 和音频 DA。音频 AD 用于将采集到的模拟语音信号转变成数字语音信号；音频 DA 将数字语音信号转换成模拟语音信号，输出到耳机或者音箱。音频 AD 和音频 DA 的前端和后端都有放大和滤波电路，一般情况下，音频 AD 和音频 DA 集成到一个芯片上。

② 蓝牙主机（Bluetooth host）

指蓝牙协议栈，管理设备音如何进行通信。标准蓝牙和 BLE 蓝牙所使用到的协议不一样，但都使用了 L2CAP 协议和 SDP 协议。

（3）蓝牙协议规范与接口

① 传输协议。传输协议负责蓝牙设备间互相确认对方的位置，以及建立和管理蓝牙设备间的物理链路。

底层传输协议：蓝牙射频单元（radio）部分、基带与链路管理器（baseband & link controller）、链路管理协议（link manager protocol，LMP）。负责语言、数据无线传输的物理实现以及蓝牙设备间的联网、组网。

高层传输协议：逻辑链路控制和适配协议（logical link control and adaptation protocol，

L2CAP）、主机控制接口（host control interface，HCI）。为高层应用屏蔽了跳频序列选择等底层传输操作，为高层程序提供有效、有利于实现数据分组的格式。

层次示意如图 8.27 所示。

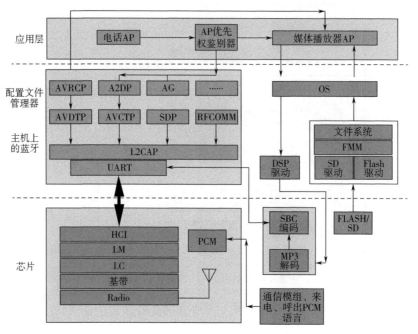

图 8.27　蓝牙协议层次图

② 中介协议。中介协议（如图 8.28 所示）为高层应用协议或者程序在蓝牙逻辑链路上工作，提供必要的支持，为应用提供不同标准接口。

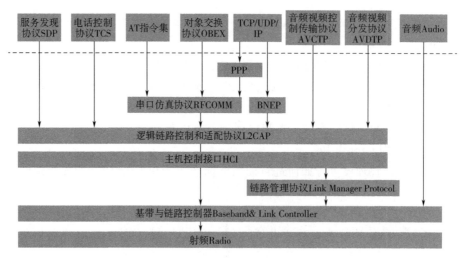

图 8.28　蓝牙中介协议示意图

串口仿真协议 RFCOMM，服务发现协议 SDP，互操作协议 IrDA，网络访问协议 PPP、IP、TCP、UDP，电话控制协议 TCS、AT 指令集。

③ 应用协议。应用协议是蓝牙协议栈之上的应用软件和所涉及的协议，如：拨号上网、

语言功能的应用程序。

蓝牙的应用框架如下：

a. 通用应用类框架：查询、建立连接服务等。

b. 蓝牙电话应用类框架：电话控制、语言。

c. 蓝牙连网应用类框架：网络应用相关。

d. 对象交互服务类框架：IrDA、OBEX。

e. 蓝牙音视频控制类框架。

④ 硬件接口。一般蓝牙芯片通过 UART、USB、SDIO、I2S、PcCard 和主控芯片通信。如图 8.29 所示，通过 UART 和主控芯片通信。

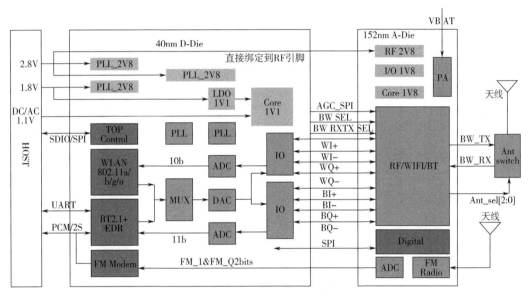

图 8.29　蓝牙接口示意图

8.3.3　Wi-Fi 技术

WLAN 是无线局域网络的简称，全称为 Wireless Local Area Network，是一种利用无线技术进行数据传输的系统，该技术的出现能够弥补有线局域网络的不足，以达到网络延伸的目的。

Wi-Fi 是无线保真的缩写，英文全称为 Wireless Fidelity，在无线局域网的范畴是指"无线兼容性认证"，实质上是一种商业认证，同时也是一种无线联网技术，与蓝牙技术一样，同属于在办公室和家庭中使用的短距离无线技术。同蓝牙技术相比，它具备更高的传输速率、更远的传播距离，已经广泛应用于笔记本、手机、汽车等众多领域中。

Wi-Fi 是无线局域网联盟的一个商标，该商标仅保障使用该商标的商品互相之间可以合作，与标准本身实际上没有关系，但因为 Wi-Fi 主要采用 IEEE 802.11b 协议，因此人们逐渐习惯用 Wi-Fi 来称呼 IEEE 802.11b 协议。从包含关系上来说，Wi-Fi 是 WLAN 的一个标准，Wi-Fi 包含于 WLAN 中，属于采用 WLAN 协议的一项新技术。

在 Wi-Fi 使用之初，在安全性方面非常脆弱，很容易被别有用心的人截取数据包，所以在安全方面成了政府和商业用户使用 WLAN 的一大隐患。

WAPI 是 WLAN 的另外一种标准，和 Wi-Fi 一样也是一种无线传输的协议，其英文全称是"Wireless LAN Authentication and Privacy Infrastructure"。WAPI 是由我国制定的无线局域网中的安全协议，它采用原国家密码管理委员会办公室批准的公开密钥体制的椭圆曲线密码算法和秘密密钥体制的分组密码算法，实现了设备的身份鉴别、链路验证、访问控制和用户信息在无线传输状态下的加密保护。2009 年 6 月 15 日，在国际标准组织 ISO/IEC JTC1/SC6 会议上，WAPI 国际提案首次获得包括美、英、法等 10 余个与会国家成员一致同意，将以独立文本形式推进其为国际标准，目前在中国加装 WAPI 功能的 Wi-Fi 手机等终端可入网检测并获得进网许可证。

(1) Wi-Fi 标准的演进

IEEE 802.11 是针对 Wi-Fi 技术制定的一系列标准，第一个版本发表于 1997 年，其中定义了媒体接入控制层和物理层。物理层定义了工作在 2.4GHz 的 ISM 频带上的两种无线调频方式和一种红外传输的方式，总数据传输速率设计为 2Mbps。1999 年加上了两个补充版本：IEEE 802.11a 定义了一个在 5GHz 的 ISM 频带上的数据传输速率可达 54Mbps 的物理层，IEEE 802.11b 定义了一个在 2.4GHz 的 ISM 频带上的数据传输速率高达 11Mbps 的物理层。IEEE 802.11g 在 2003 年 7 月被通过，其载波的频率为 2.4GHz（跟 IEEE 802.11b 相同），传输速率达 54Mbps。IEEE 802.11g 的设备向下与 IEEE 802.11b 兼容。而后有些无线路由器厂商应市场需要而在 IEEE 802.11g 的标准上另行开发新标准，并将理论传输速率提升至 108Mbps 或 125Mbps。IEEE 802.11n 是 2004 年 1 月 IEEE 宣布组成一个新的单位来发展的新的 IEEE 802.11 标准，于 2009 年 9 月正式被批准，最大传输速率理论值为 600Mbps，并且能够传输更远的距离。IEEE 802.11ac 是一个正在发展中的 IEEE 802.11 无线计算机网络通信标准，它通过 5GHz 频带进行无线局域网（WLAN）通信，在理论上，它能够提供高达 1Gbps 的传输速率，进行多站式无线局域网（WLAN）通信。

除了上述的标准，另外有一个被称为 IEEE 802.11b+ 的技术，通过 PBCC（Packet Binary Convolutional Code）技术在 IEEE 802.11b（2.4GHz 频段）的基础上提供 22Mbps 的数据传输速率。但这事实上并不是一个 IEEE 的公开标准，而是一项产权私有的技术，产权属于德州仪器。IEEE 的一个工作组 TGad 与无线千兆比特联盟联合提出 IEEE 802.11ad 的标准，即在 60GHz 的频段上面使用大约 2GHz 的频谱带宽，实现近距离范围内高达 7Gbps 的传输速率。

(2) Wi-Fi 物理层技术

Wi-Fi 是由无线接入点 AP（access point）、站点等组成的无线网络。AP 一般称为网络桥接器或接入点，它是当作传统的有线局域网络与无线局域网络之间的桥梁，因此任何一台装有无线网卡的 PC 均可透过 AP 去分享有线局域网络，甚至广域网络的资源。它的工作原理相当于一个内置无线发射器的集线器（HUB）或路由，而无线网卡则是负责接收由 AP 所发射的 CLIENT 端设备信号。

IEEE 802.11 发布之初，只支持 1Mbps 和 2Mbps 两种速率，工作于 2.4GHz 频段上，两个设备之间的通信可以自由直接的方式进行，也可以在基站（BS）或者访问点（AP）的协调下进行。

IEEE 802.11a 标准采用了与原始标准相同的核心协议，工作频率为 5GHz，使用正交频分多路复用副载波，最大原始数据传输速率为 54Mbps。如果需要的话，数据速率可降为 48Mbps、36Mbps、24Mbps、18Mbps、12Mbps、9Mbps 或者 6Mbps。它不能与 IEEE 802.11b 进行互操作，除非使用了对两种标准都采用的设备。由于 2.4GHz 频段已经被到处使用，采用 5GHz 的频段让 IEEE 802.11a 具有更少冲突的优点。然而，高载波频率也带来了负面效果。IEEE 802.11a 几乎被限制在直线范围内使用，这导致必须使用更多的接入点。同样还意味着 IEEE 802.11a 不能传播得像 IEEE 802.11b 那么远，因为它更容易被吸收。

IEEE 802.11g 的调制方式和 IEEE 802.11a 类似，但其载波的频率为 2.4GHz（跟 IEEE 802.11b 相同），共 14 个频段，原始数据传输速率也可达 54Mbps，IEEE 802.11g 的设备向下与 IEEE 802.11b 兼容。

IEEE 802.11n 引入了 MIMO 的技术，使用多个发射和接收天线来允许更高的数据传输速率，也增大了传输范围，并支持在标准带宽 20MHz 和双倍带宽 40MHz 内使用，4×4 MIMO 的传输速率最高可达 600Mbps。

IEEE 802.11ac 采用并扩展了源自 IEEE 802.11n 的空中接口概念，包括高达 160MHz 的射频带宽，最多 8 个 MIMO 空间流以及最高可达 256QAM 的调制方式。

(3) Wi-Fi 关键技术

为了尽量减少数据的传输碰撞和重试发送，防止各站点无序地争用信道，无线局域网中采用了载波监听多路访问/冲突避免协议。CSMA/CA 通信方式将时间域的划分与帧格式紧密联系起来，保证某一时刻只有一个站点发送，实现了网络系统的集中控制。送出数据前，监听媒体状态，等没有站点使用媒体，维持一段时间后，再等待一段随机的时间后依然没有站点使用，才送出数据。由于每个设备采用的随机时间不同，所以可以减少冲突的机会。

直接序列扩频（direct sequence spread spectrum，DSSS）技术是 IEEE 802.11b 所采取的主要调制技术。直接序列扩频技术是把使用 11 位的 Chipping Barker 序列来将数据进行编码并发送的技术。发送端通过 spreader 把 chips（就是一串的二进制码）添加入要传输的比特流中，称为编码；然后在接收端用同样的 chips 进行解码，就可以得到原始数据了。在相同的吞吐量下，直接序列扩频技术需要比跳频技术更多的能量。但以消耗能量为代价，它也能达到比跳频技术更高的吞吐量，IEEE 802.11b 能达到 5.5Mbps 和 11Mbps 就是采用 HR/DSSS 技术。

正交频分复用（orthogonal frequency-division multiplexing，OFDM）是一种基于正交多载波的频分复用技术，它是 IEEE 802.11a/g/n/ac 中都采取的调制技术，它将高速串行数据流经串/并转换后，分割成大量的低速数据流，每路数据采用独立载波调制并叠加发送，接收端依据正交载波特性分离多路信号。

OFDM 与传统频分复用 FDM 的区别在于：传统的频分复用技术需要在载波间保留一定的保护间隔，结合滤波来减少不同载波间频谱的重叠，从而避免各载波间的相互干扰；而 OFDM 技术的不同载波间的频谱是重叠在一起的，各子载波间通过正交特性来避免干扰，有效地减少了载波间的保护间隔，提高了频谱利用率。

扩展绑定技术是 IEEE 802.11n 中所引入的新技术，并在 IEEE 802.11ac 中得以继承和发展，它能够提高所用频谱的宽度从而提高数据传输速率。IEEE 802.11a/g 使用的频宽是 20MHz，而 IEEE 802.11n 支持将相邻两个频宽绑定为 40MHz 来使用。而当频宽是 20MHz 的时候，为了减少相邻信道的干扰，在其两侧预留了一小部分的带宽边界。而通过 40MHz 扩展绑定技术，这些预留的带宽也可以用来通信，可以将子载体从 104（52×2）提高到 108。在 IEEE 802.11ac 中频宽可以进一步扩展到 80MHz 和 160MHz，使得传输速率进一步提升。

多输入多输出（multiple input multiple output，MIMO）技术是 IEEE 802.11n 和 IEEE 802.11ac 采用的关键技术。传统单输入输出无线传输（single input single output，SISO），接收的无线信号中携带的信息量的多少取决于接收信号的强度超过噪声强度的多少，即信噪比。信噪比越大，信号能承载的信息量就越多，在接收端复原的信息量也越多。MIMO 结合复数的射频链路和复数的天线，即同时在多个天线上发送出不同的信号，而接收端则通过不同的天线将在不同的射频链路上将信号独立地解码出来。MIMO 在 IEEE 802.11n 中通常定义为 $M×N$，其中 M 为发射机天线数，N 为接收机天线数。空间流数是决定最高物理传输速率的参数，在 IEEE 802.11n 中定义了最高的流数为 4，流数越多速率就越高。在 IEEE 802.11n 中，在其他参数确定后，最高速率按空间流的倍数变化，如 1 个独立空间流最高可达 150Mbps，4 个独立空间流可达 600Mbps。空间流数与天线数一般是一致的。但也可采用不对称的天线数和空间流数，天线数量必须不小于空间流数，如 2 个空间流至少需要两个天线来支持。

智能天线技术也是 IEEE 802.11n 采用的一个新的技术，是通过多组独立天线组成的天线阵列，可以动态调整波束，保证让 WLAN 用户接收到稳定的信号，并可以减少其他信号的干扰。因此其覆盖范围可以扩大到好几平方公里，使 WLAN 移动性极大提高。在兼容性方面，IEEE 802.11n 采用了一种软件无线电技术，它是一个完全可编程的硬件平台，使得不同系统的基站和终端都可以通过这一平台的不同软件实现互通和兼容，这使得 WLAN 的兼容性得到极大改善。这意味着 WLAN 将不但能实现 IEEE 802.11n 向前后兼容，而且可以实现 WLAN 与无线广域网络的结合。

8.3.4　433MHz 专用通信技术与 LoRa 通信技术

(1) 433MHz 专用通信技术

433MHz 模块（工作频率 433～437.5MHz，ISM 频带）应用范围非常广泛，相对于 2.4GHz 技术，433MHz 通信有着自身独特的优势，如距离远、穿透力强、绕射能力出众等，适用于小数据量应用，如传感器数据采集、各种自动化控制等，对比如图 8.30 所示。

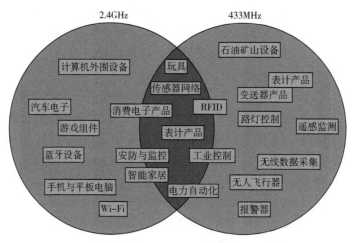

图 8.30　433MHz 与 2.4GHz 应用对比示意图

① 433MHz 无线传输通信方式

a. 调制方式：DSSS、GFSK。

b. 频率：433MHz（433～437.5MHz）ISM 频带。

c. 发射功率：20dBm，100mW。

d. 接收灵敏度：-117dBm。

e. 理想传输距离：2km。

f. 通信速率：1200～115200bps。

g. 信道数：30。

h. 星形网络结构为主。

i. 适用于不同楼层、车间、厂房之间的数据传输。

② 组网类型。433MHz 射频技术原本只支持星形网络结构，通过最近数年的高速发展，已经发展衍生出各种复杂应用，如 MESH 组网、超低功耗待机等，各种芯片的优势也得以充分利用，如图 8.31 所示。

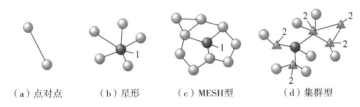

图 8.31 433MHz 组网示意图

1—集中控制器；2—路由器； 终端节点

③ 应用范围

a. 无线 POS 机、PDA 等无线智能终端。

b. 消防、安防、机房设备无线监控、门禁系统。

c. 交通、气象、环境数据采集。

d. 智能小区、楼宇自动化、停车场车辆管理。

e. 智能仪表、PLC 等工业自动化的无线控制。

f. 物流追踪、仓库巡检。

g. 油田、气田、水文、矿山数据采集。

433MHz 无线数据传输广泛地运用在车辆监控、遥控、遥测、小型无线网络、无线抄表、门禁系统、小区传呼、工业数据采集系统、无线标签、身份识别、非接触 RF 智能卡、小型无线数据终端、安全防火系统、无线遥控系统、生物信号采集、水文气象监控、机器人控制、RS-232 数据通信、RS-485/422 数据通信、数字音频、数字图像传输等领域中。

（2）LoRa 通信技术

LoRa 是一种基于扩频技术的超远距离无线传输方案，属于物联网技术的一种。它的名字来源于"Long Range"的缩写，从名字就能看出来，它的最大特点就是距离长。LoRa 因其功耗低、传输距离远、组网灵活等诸多特性与物联网碎片化、低成本、大连接的需求十分契合，因此被广泛部署在智慧社区、智能家居和楼宇、智能表计、智慧农业、智能物流等多个垂直行业，前景广阔。

① LoRa 通信技术发展历程。最初，LoRa 的技术原型是一家法国公司 Cycleo 研发的。2012 年，这家公司被美国 Semtech（升特）公司以约 500 万美元的价格收购。Semtech 基于这项技术，推出了现在的 LoRa。2013 年 8 月，Semtech 向业界发布了一种新型的基于 1GHz 以下的超长距离、低功耗数据传输技术的芯片，就是目前的 LoRa 芯片。

LoRa 一经推出，就凭借它惊人的灵敏度（-148dBm）、强悍的抗干扰能力、出色的系统容量表现，赢得了广泛的关注。它能够很好地实现远距离通信、长电池寿命、大系统容量、低硬件成本。

2015 年，Semtech 牵头成立了国际 LoRa 联盟（LoRa alliance）。创始成员中有 IBM、思科这样重量级巨头，也有知名半导体厂商 MicroChip。此外，联盟还拉拢了众多电信运营商，如：新加坡电信 SingTel、荷兰皇家电信 KPN、瑞士电信 Swisscom、比利时电信运营商 Proximus。

国际 LoRa 联盟成立之初，就特别注重生态系统建设。在联盟的推动下，LoRa 产业链已相当成熟，从底层的芯片、模组到设备制造、系统集成，都有相关厂商，如图 8.32 所示。

图 8.32　LoRa 生态示意图

在此基础上，LoRa 得到了快速的发展。根据最新的数据显示，全球 LoRa 联盟成员已发展到 500 多家，有 121 家运营商部署了 LoRa 网络，全球 LoRa 节点差不多有 1 亿个，如表 8.5 所示。像美国、法国、德国、澳大利亚、印度等国家，都有 LoRa。荷兰 KPN 电信、韩国 SK 电信早在 2016 年上半年就部署了覆盖全国的 LoRa 网络，提供基于 LoRa 的物联网服务。

表 8.5　LoRa 联盟的主要成员代表

	bouygues	法国三大移动网络运营商之一
	comcast	美国最大的有线电视运营商
	KPN	荷兰皇家电信集团
电信运营商	orange	法国电信运营商
	Proximus	比利时电信运营商
	SK telecom	韩国电信运营商

	gemalto	金雅拓，网络安全方案商，涉及网络加密设计，是中国移动合作伙伴
网络安全方案商	giesecke	捷德，支付安全方案商，涉及网络加密设计，是工行，建行等的 U 盾方案商
云平台方案商	actility	法国，ThingPark 云平台
	IBM	平台方案商
	ZTE	中兴，平台方案商，基站方案商
基站方案商	cisco	思科
	kerlink	基站方案商
	sagemcom	基站方案商
终端芯片方案商	semtech	LoRa 射频芯片供应商
	ST	微控制器供应商
	renesas	瑞萨，微控制器供应商
行业应用方案商	flashnet	能源管理应用商，如智慧路灯等应用
	homerider	水表应用商

在国内，2016 年 1 月，中兴通讯牵头并发起成立了"中国 LoRa 应用联盟（CLAA）"，旨在推动 LoRa 产业链在中国的应用和发展。目前，联盟成员已经超过 1200 多家。2018 年中国市场 LoRa 芯片出货量占全球一半以上，中国已成为 LoRa 产业生态最大的市场。

② LoRa 通信技术特点。LoRa 主要在全球免费频段运行（即非授权频段），包括 433MHz、868MHz、915MHz 等。LoRa 网络构架由终端节点、网关、网络服务器和应用服务器四部分组成，应用数据可双向传输。

LoRa 是创建长距离通信连接的物理层或无线调制，相较于传统的 FSK 技术以及稳定性和安全性不足的短距离射频技术，LoRa 基于 CSS 调制技术（chirp spread spectrum）在保持低功耗的同时极大地增加了通信范围，且 CSS 技术已经数十年广受军事和空间通信所采用，具有传输距离远、抗干扰性强等特点。此外，LoRa 技术不需要建设基站，一个网关便可控制较多设备，并且布网方式较为灵活，可大幅度降低建设成本。

LoRa 采用星形拓扑（TMD 组网方式），网关星形连接终端节点，但终端节点并不绑定唯一网关。相反，终端节点的上行数据可发送给多个网关。理论上来说，用户可以通过 MESH、点对点或者星形的网络协议和架构实现灵活组网。

LoRa 的网络架构比较简单：终端节点采集数据，然后把数据发送给网关、基站，再汇总到网络服务器，最终送到应用服务器。如图 8.33 所示。

LoRa 网络将终端设备划分成 A、B、C 三类：

Class A：双向通信终端设备。这一类的终端设备允许双向通信，每一个终端设备上行传输会伴随着两个下行接收窗口。终端设备的传输时隙是基于其自身通信需求，其微调基于 ALOHA 协议。

Class B：具有预设接收时隙的双向通信终端设备。这一类的终端设备会在预设时间中

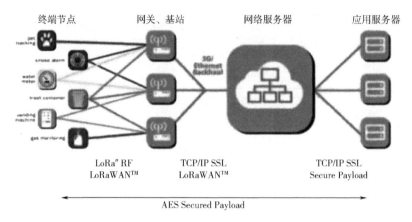

图 8.33　LoRa 网络架构

开放多余的接收窗口，为了达到这一目的，终端设备会同步从网关接收一个 Beacon，通过 Beacon 将基站与模块的时间进行同步。

Class C：具有最大接收窗口的双向通信终端设备。这一类的终端设备持续开放接收窗口，只在传输时关闭。

LoRa 的特性总结：

传输距离：城镇可达 2～5km，郊区可达 15km。

工作频率：ISM 频带包括 433MHz、868MHz、915MHz 等。

标准：IEEE 802.15.4g。

调制方式：基于扩频技术，线性调制扩频（CSS）的一个变种，具有前向纠错（FEC）能力，Semtech 公司私有专利技术。

容量：一个 LoRa 网关可以连接成千上万个 LoRa 节点。

电池寿命：长达 10 年。

安全：AES128 加密。

传输速率：几百到几十 kbps，速率越低传输距离越远。

8.4　智慧工厂中的通信

智慧工厂的网络通信架构如图 8.34 所示。

智慧工厂以工业互联网为平台，结合 IPv6、边缘计算、AI 技术、工业无线网等技术，打造一个 IT 化、内外网并重的智能化网络结构。智慧工厂网络架构为开放式架构，外网数据通过两种方式可以进入工厂内网。第一种接入方式为通过标准 API 接入网络，实现安全注册、登录和查看、发布指令。这种方式的优点为安全性高，接入所需要的开发成本低，不足是时延较大，不适合需要实时发布的指令数据。另一种接入方式为通过边缘计算平台的边缘云进入内网，对设备进行操作和监控。这种方式时延很小，可以对设备进行实时操作控制，如使用工业 APP 控制工厂内的工程车进行无人驾驶操作，这里对操作数据的传输时延要求非常高，需要用这种接入方式对生产流程进行控制和保障。

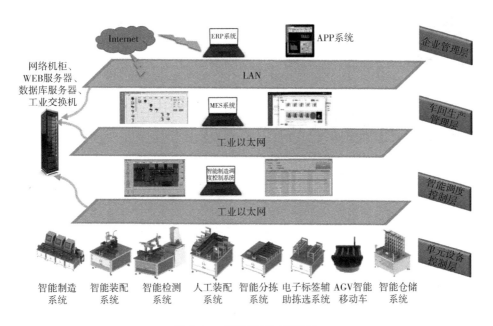

图 8.34 智慧工厂网络架构

8.5 本章小结

本章主要介绍了工业互联网的网络及通信接口知识。工业互联网是在计算机网络技术基础上发展起来的，因此本章首先介绍了计算机网络体系模型及拓扑结构，在此基础上介绍了工业互联网与传统互联网的差异及特点；然后介绍了工业互联网技术中常用的有线接口种类和各自的技术参数、性能特点，主要介绍了串行通信接口技术、PROFIBUS 现场总线和基金会现场总线；最后介绍了常用无线传输技术发展历史、技术特点和性能指标，主要介绍了 ZigBee 技术、蓝牙技术、Wi-Fi 技术、433MHz 专用通信技术与 LoRa 通信技术。

第9章

状态监测与环境控制

针对智能制造的定义，智能制造系统需要有自感知、自学习、自决策、自执行、自适应等功能，自感知能力就是对制造过程中各种生产、检测、销售等数据的监控感知，而自学习、自决策、自执行、自适应等功能都需要感知能力的支持。在智慧工厂所需技术中，可靠感知也是其所需要的重要技术，而信息服务、精准控制、智能计算、实时传输等技术都是对感知到数据的应用。由此可知，信息感知能力可以说是智能制造系统的基础，同样也是智慧工厂的基础，没有可靠的数据感知能力，针对智慧工厂或者智能制造系统上层的很多架构都将失去其原有的作用，或者无法完成应有的功能。而最基础的数据感知能力就是制造过程中数据的采集，包括制造设备状态、加工状态、生产环境等数据的采集与监控。

9.1　概述

针对智慧工厂环境下的数据采集与监控系统需求，可以将系统需要实现的功能分成以下几个大类，各大类中又有自己的功能模块：

(1) 数据采集系统

数据采集系统包括硬件与软件两部分。在硬件中，主要包括数控机床、可编程控制器、音视频设备等。同时，利用 PROFIBUS、RS-232、以太网等接口，并利用数据采集卡、通信卡等设备，将数控系统、PLC、音视频设备与数据采集系统相连接，构成数据采集与监控系统的硬件基础。

针对软件系统，以物理系统中的数控机床、可编程控制器、音视频设备为基础，针对每种设备，开发数据采集系统。

对数控系统而言，通过 OPC、现场总线等手段，对机床的运行情况进行采集，同时，将利用以太网通信，将采集到的信息传输到服务器进行保存、分析。

对可编程控制器而言，利用现场总线和通信卡，基于组态软件开发 PLC 的数据采集系统，并利用脚本编程，使得设备连接到服务器上，将采集到的数据上传。

对音视频设备而言，基于网络通信，使用音视频设备提供的二次开发包，开发音视频监控系统。

（2）服务器端数据通信与管理系统

在智能制造体系中，数据采集系统采集到的大量数据需要进行维护，而在采集系统本身进行维护难度较大，且很难进行统一管理，因此，需要服务器对数据进行管理、分析，并针对结果做出决策。在系统中，数据采集系统将采集到的信息经网络传输到服务器，服务器对接收到的信息进行解包分析，并将信息储存到数据库中。上层应用可以通过访问数据库的形式对设备进行监控，也可以通过 MES 等软件对数据进行调用分析。

（3）远程监控系统

针对智能制造的需求，对设备的监控不能仅停留在车间层，而必须要可以通过以太网、Wi-Fi、4G、5G 等形式对数据进行远程访问。因此，针对系统需求，需要实现对监控设备的远程访问。在智慧工厂体系中，利用客户端的形式，连接到数据库，对数据库进行读取，使数据以可视化的形式展现在操作者面前。

9.2 生产加工过程监控

车间是制造企业组织结构中最为重要的生产环节和基层生产行政管理单位。制造企业的生产经营活动是通过其内部各生产经营机构去具体展开的，其中最基本的一级生产和行政组织就是车间。车间执行制造企业最核心的功能，即将企业的各种资源（包括材料、能源和信息）有效地结合起来，转化为市场需要的半成品或成品。车间的这个过程，即车间生产过程，是制造企业创造价值的一个重要环节，也是制造企业的一个重要利润来源。因此，车间生产过程的管理也是制造企业生产管理中的重要内容，在一定程度上决定了整个企业的发展水平。

目前，制造企业车间生产过程管理存在的问题主要表现在以下几个方面。

（1）车间生产过程信息不透明

传统制造企业车间生产现场管理如同黑箱作业，对车间生产状况信息，诸如在制品、设备状态和加工进度等，缺乏有效的监控。因此，不能及时地了解车间生产中出现的问题。对于问题一般也是采取事后补救，无法满足市场环境多变的需求。

（2）车间生产过程决策基本靠管理者的经验

生产过程中最重要的决策应该是生产作业调度。在传统制造企业车间，由于车间管理者缺乏及时、有效的方式准确地掌握车间现场情况以及对各种资源的有效监控，车间管理者一般依靠经验来完成调度。由于受车间管理者经验影响，生产作业调度的结果一般都不是最优，甚至可能无法执行。

（3）车间生产过程信息的获取、 反馈低效

传统的制造企业车间常常在生产过程中通过纸制单据对生产信息进行记录，然后定期地将收集的数据信息录入计算机进行简单的分析处理。这种数据获取和处理方式有多个缺点。首先，数据处理周期长，使得管理层得到的反馈数据明显滞后于车间生产现场的实际情况。其次，由于主要是利用人工纸质单据采集数据，因此其工作效率低，而且数据的准确性也无法保证。

因此，如何将车间生产过程透明化，及时监控和反馈车间生产过程中的细节，从而为车间生产过程的决策提供有用信息，提高车间管理水平已成为制造企业所关注的一个重要

问题。

制造业信息化是当今世界制造业发展的大趋势。在党的十六大会议上,我国也制定了以信息化带动工业化,以工业化促进信息化。到党的十七大,进一步上升为促进信息化与工业化融合,走新型工业化道路,进一步强调了制造业信息化在我国工业化道路上的重要战略地位。

近年来,我国制造企业在 ERP 和 SCM 等企业信息化的建设方面取得了巨大的成绩,也有效地提升了制造企业的核心竞争力。这些信息化建设大多数是针对企业的设计层和管理层。目前,将信息化从企业设计层和管理层向车间执行层延伸,提升企业生产车间的管理水平和生产过程能力,已成为当前制造业信息化领域的一个研究热点。

由于车间生产过程牵涉比较广泛,不同车间生产过程的监控系统监控的重点不一样,但一般都实现了对车间生产过程某一个或几个方面的监控,如对车间生产过程质量的监控、进度的监控、在制品的监控和设备的监控等。

从监控系统功能来说,车间生产过程监控系统主要强调两类不同监控功能。

一类是监控系统的数据分析功能,这类系统的代表是 MES。事实上 MES 是一个面向车间层的全面管理的系统,生产过程监控只是其功能的一部分。另一类是监控系统的数据采集功能,这类监控系统的代表是 SCADA (supervisory control and data acquisition)。下面对这两个系统进行简单的介绍。

(1) MES 系统

制造执行系统(MES)是 20 世纪 90 年代提出的概念。美国先进制造研究机构(advanced manufacturing research, AMR)将 MES 定义为"位于上层的计划管理系统与底层的工业控制之间的面向车间层的管理信息系统",它为操作人员和管理人员提供计划的执行、跟踪以及所有资源(人、设备、物料、客户需求等)的当前状态。制造执行系统协会(manufacturing execution system association, MESA)对 MES 所下的定义:"MES 能通过信息传递对从订单下达到产品完成的整个生产过程进行优化管理。当工厂发生实时事件时,MES 能对此及时做出反应、报告,并用当前的准确数据对它们进行指导和处理。这种对状态变化的迅速响应使 MES 能够减少企业内部没有附加值的活动,有效地指导工厂的生产过程,从而使其既能提高工厂及时交货能力,改善物料的流通性能,又能提高生产回报率。MES 还通过双向的直接通信在企业内部和整个产品供应链中提供有关产品行为的关键任务信息。"

虽然关于 MES 的定义存在几种不同的表述,但都包含了以下的共识:

① MES 与计划层和控制层进行信息交互,是沟通车间生产现场和企业管理层的桥梁;

② MES 提供实时采集生产过程中数据的功能,并做出相应的分析和处理;

③ MES 是对整个车间生产过程的优化,而不是单一地解决某个生产瓶颈。

(2) SCADA 系统

SCADA 系统,全名为数据采集与监视控制系统。它是以计算机为基础的生产过程控制与调度自动化系统。可以对现场的运行设备进行监视和控制,以实现数据采集、设备控制、测量、参数调节以及各类信号报警等各项功能。在车间生产过程监控中,SCADA 系统通过连接车间每一个独立运行的设备,自动采集数据并实时反馈,为计划控制和动态调度提供及时、准确的信息支持,使车间管理与控制真正做到实时。但是 SCADA 系统广泛应用的领域主要集中于流程型行业，如石油、化工等领域，因为这些行业的自动化水平比较高，数据采集与监视控制比较容易通过计算机实现。在离散制造行业，由于大量车间还是基于传统的制造设备进行加工制造，实施 SCADA 的难度和成本都比较大，应用还不是很广泛。目前，比较知名的已开发出的商用离散制造的 SCADA 系统有 GE Fanuc 的 Proficy HMI/SCADA-CI-MPLICITY 和 Wonderware 的 HMI/SCADA 等。通过分析比较可以看出，这些用于离散制造的 SCADA 系统的一个显著发展趋势是人机交互和数据自动采集技术相互补充与融合。

9.2.1　生产过程监测

生产过程是指从投料开始，经过一系列的加工，直至成品生产出来的全部过程。在生产过程中，主要是劳动者运用劳动工具，直接或间接地作用于劳动对象，使之按人们预定目的变成工业产品。车间生产过程是一个复杂的过程。其复杂性主要来自于两个方面：一是过程本身的复杂性，完成一个产品的加工需要经过许多相互制约的流程；二是过程中的随机因素，例如机器设备故障、操作者失误、需求变化、物料短缺等。这些因素导致了车间生产过程的波动和车间生产系统性能的退化。车间生产过程监控是指对车间的生产过程和车间的各种资源（包括设备、物料和人员等）的物理信息的获取，以及对生产过程和车间的各种资源所进行的实时控制和协调。

传统生产过程监控主要体现在两个方面。

首先，对最能反映车间生产系统效率的各种指标的监控，如产出率、在制品数量和周期时间等。一般是通过将实际生产过程的参数输入各种分析模型检验车间系统的各种性能指标，从而识别车间生产系统的限制和瓶颈，并快速做出反应，从而维持一个相对平稳的生产过程和理想的产量水平。

其次，为了提高生产系统的性能，车间生产过程监控的另外一个关键的因素是设备。完好的设备状态使生产系统保持在一个健康的状态，从而保证生产系统可以满足市场需求。在过去的研究中，设备的监控主要作用是为设备维护提供有效的数据和支撑。大量学者对生产系统的有效性和设备的优化维护做了研究。大量设备维护模型是基于策略的，这些策略一般都来自过去生产系统和维护操作的统计数据。这种基于统计数据的方法一般都不能使维护操作对动态变化的生产系统、设备状态、可用资源做出最优的反应。随着技术的发展，关于系统的动态行为的信息（设备状态、物料流动、资源可获得性）变得越来越容易获取，设备监控越来越强调监控的实时性。

随着计算机技术、网络技术、通信技术的发展，车间生产过程监控系统大致经历了三个阶段，分别为独立单元阶段、集成单元阶段和集成系统阶段。它们是随着车间生产系统管理信息化和车间生产设备自动化程度的提高不断升级。在信息化和制造自动化程度不高之前，车间生产过程监控系统以独立模块的形式存在，只能完成单项或少量的监控功能，称这种监控系统为独立监控单元，是独立单元阶段。随着生产设备复杂性的增加，以加工中心、柔性制造单元等单元化的形式出现，车间生产过程监控对生产设备的监控和生产过程信息的集成要求也相应地提高，从而形成了集成的监控单元，是集成单元阶段。随着以 CIMS（计算机/现代集成制造系统）等新一代先进生产系统为代表的企业集成化生产系统出现，车间生产过程监控系统更加注重与企业其他各种系统的集成，从而进入集成系统阶段。

智慧工厂中的生产加工过程监控，如图 9.1 所示。

图 9.1　智慧工厂中的生产加工过程监控

9.2.2　设备运行状态监测

随着现代工业的不断发展，工业设备的自动化、智能化、集成化、复杂化水平也在不断提高，及时对工业设备的状态进行监测已经变得越来越重要。设备状态监测技术是一门涵盖了多个领域的实用性工程学科，该技术运用各种传感器采集运行过程中的设备的各种参数，并且通过诊断仪或者上位机软件对参数进行处理和分析，最终判别设备的运行状况，确定设备故障发生的准确部位及原因。对设备进行状态监测不仅可以确保设备健康运行并延长其使用寿命，而且可以减少工厂因设备突然损坏而造成的经济损失。

设备的状态监测主要有以下三种方式：

(1) 离线监测

工作人员定期对运行中的设备进行数据采集，然后把采集的数据存储起来，数据可以在专门的监测仪器上进行处理，也可以用计算机软件进行处理。该方式的优点就是简单方便；缺点为采集工作烦琐，既不能及时辨识设备的运行状态，也不能及时避免设备发生故障。

（2）在线监测离线分析

这种方式就是通过现场微处理器实时在线采集设备的运行状态参数，在采集数据的同时也对数据进行处理，最后再由工作人员根据处理后的数据分析和判断设备的运行状态。这种方式优点是能够进行在线监测、及时报警、不用频繁更换测点；缺点为依然需要专业的工作人员对数据进行分析和判断。

（3）自动在线监测

这种方式能够实时在线监测设备的运行状态，运行异常时能够及时报警，并且自动对数据进行处理和分析，能够智能化地识别设备运行状态和故障。这种方式智能化程度最高，能够自动地识别运行状态并报警，无需专业的工作人员分析和判断。

美国是世界上最先研究状态监测与故障诊断技术的国家。在20世纪50年代，美国宇航局基于太空飞行器的安全运行的考虑成立了机械故障预防小组，该小组在设备状态的信号采集、信号处理、设备的故障诊断识别等方面投入了巨大的人力和物力，并且得到了丰硕的科研成果，为现代状态监测与故障诊断技术的发展打下扎实的理论基础。后来由于机械设备朝着大型化、复杂化发展，设备的故障率高及带来的经济损失一直阻碍着企业发展，状态监测技术因此迅速普及到航空、钢铁、化工等工业领域。20世纪60年代末，英国成立了机械保健协会，并开始着手对设备状态监测与故障诊断技术进行研究，其后英国许多大学及公司也相继投入到该技术的研究中，尤其是沃森工业维修公司和斯旺西大学的摩擦磨损研究中心在诊断研究领域取得了瞩目成就。欧洲其他国家也在20世纪70年代前后加入到设备状态监测与故障诊断技术研究中，这些国家都取得了很大的进展并拥有各种独特的技术与优势。例如瑞典IDHAMAR公司擅长于推进维修管理和状态监测；丹麦的B&K公司擅长声学和振动的测试技术，并开发了大量性能优良的诊断仪。日本在状态监测与故障诊断领域起步较晚，但其一直积极学习欧美等国家最新的监测诊断技术，并在企业大规模推广应用，日本也在诊断仪器的研发上投入了巨大的资金并在这方面具有独特的竞争优势。

由于各方面原因限制，我国从1979年才开始研究和应用状态监测与故障诊断技术。我国在发展该技术时，采用学习、实践、创新相结合的策略，不断学习借鉴欧美等国家的先进技术经验，并把这些先进技术经验首先用于电力、冶金及钢铁等支柱行业，再对某些故障机理、诊断方法加以创新，这极大地缩小了我国与欧美等发达国家在监测诊断领域的差距。20世纪80年代，我国相继成立了专业化的状态监测与故障诊断技术研究组织——中国设备管理协会和中国机械设备诊断技术学会，这两个组织极大地推动了我国监测诊断技术的发展。目前，我国的诊断技术的理论研究和智能诊断仪器的研发已经基本接近世界先进水平，国内许多高等院校和科研机构也在如火如荼地开展故障诊断方面的研究工作。目前我国的设备诊断技术主要使用在一些国民支柱行业和国家主导的工程，诸如电力行业、钢铁行业和登月工程等。

9.2.3 智慧工厂设备智能管理系统

智能设备在线管理是一款通用性极强的设备接入联网监控平台，快速方便接入设备、可视化监控管理设备。通过运用工业知识融合互联网技术与数据科学，为客户打造设备联网监控一站式解决方案，提供设备的状态监测、关键参数监测、能效管理、异常报警、在线维保等服务，协助技术人员评估关键设备的实时性能，为维护人员维修保养设备提供数据支持。

可有效降低设备运行能耗，提高设备运维效率，有效减少企业设备非计划停机，减少因为停机带来的产能损失，提高设备寿命，实现生产设备全生命周期健康管理，满足客户设备实时监控、在线维保、数据统计分析等需要，如图9.2所示。

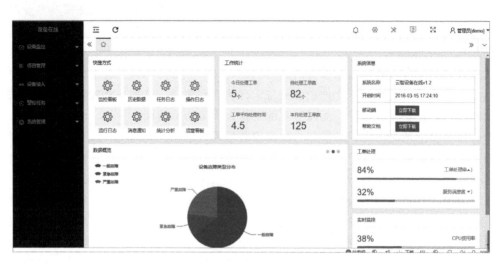

图9.2　智能设备在线管理

(1) 系统架构

Web端：通用物联网监控H5网站，无需二次开发，只需配置对应项目或设备，即可在PC端对单位各项目设备进行总览、实时监控、参数分析、维保管理、用户权限管理、设备建模等，可以满足大屏运营监控需求。

APP端：可查看单位基本概况、进行综合分析、对设备进行实时监控、进行多维度分析、查看故障报警提醒、查看实时曲线及日志等；还可在APP上对网关进行绑定，对设备进行远程控制，如图9.3所示。

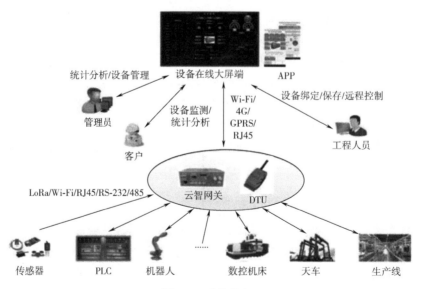

图9.3　系统构架

（2）系统特点

① 简便灵活的接入方式。只需在设备在线上进行简单配置就可实现设备快速接入，设备在线既支持云智网关，也支持 DTU 透传方式，如图 9.4 所示。

（a）

（b）

图 9.4　设备接入

② 丰富多样的监测界面。设备在线既有卡片列表和地图分布两种通用设备监控界面，进行多设备列表及其指标监测显示；也支持云组态的客户个性化监控界面定制，如图 9.5～图 9.8 所示。

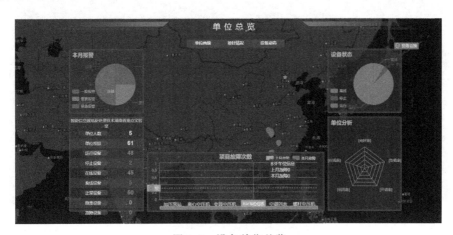

图 9.5　设备单位总览

图 9.6　智维运营监控界面

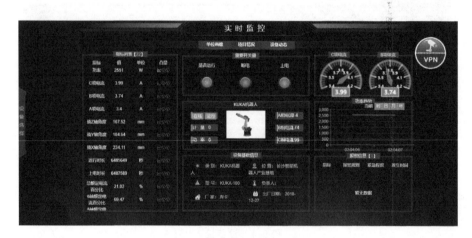

图 9.7　单机设备实时监控

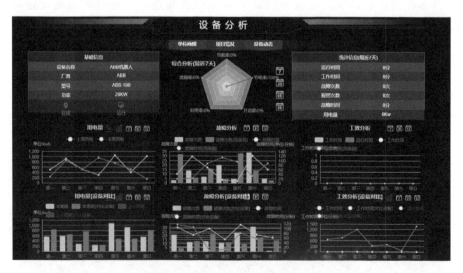

图 9.8　设备状态实时分析

③ 方便快捷的远程控制。客户端支持各品牌控制系统的远程编程、远程上下载程序，支持可配置的设备远程控制，如图9.9、图9.10所示。

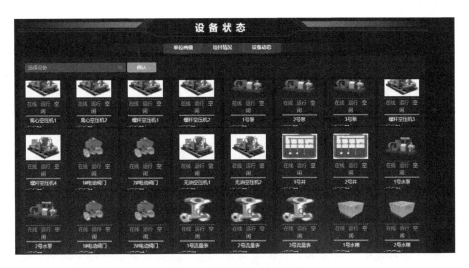

图 9.9　设备状态实时控制

图 9.10　设备日志远程查询

④ 系统性能和安全性。系统基于大数据、云计算，对于服务能力可以按需扩展，只要增加相应的服务器即可。采用业内目前最安全的体系架构，利用专业的云安全服务体系，保障企业数据安全。通信采用强加密的非对称加密变码协议，任何操作均有日志可查。

9.3　环境控制

现代化工厂生产流程控制、人员管理、资金控制等方面有着严格的要求，拥有现代化的管理方式、运营模式和生产方法，才能在日益激烈的市场竞争中不断发展壮大，在高智能自动化生产过程中，机器取代人力，使得生产工作无需人员值守即可顺利进行，与之而来的生产安全问题逐渐成为现代化生产中的重要环节。需要建立一套由现代高新技术组成的安全防范及预警系统的现代化工厂。该类系统能够有效确保厂区生产环境、生产设备、原材料安全，避免由人员入侵、火灾、水灾等破坏性灾难造成的经济损失。遇到恶意入侵、火灾、水灾等紧急灾难时，及时进行报警、执行预案、自救并通知相关人员人为干预救援流程化应急方案。

一般工厂所采用的安全防护措施包括以下几种：

① 厂区通过人工巡逻方式，测量固定敏感区域数据，记录并比较。缺点：消耗大量人力，巡逻周期较长。

② 厂区通过摄像头视频监控作业区情况。缺点：对于较微弱不可见物理参数失去监控作用。

③ 传感器有线网络监测。缺点：布线密集烦琐，占用面积较大。通过对大部分工厂厂区监控方案的常见种类分析可知：传统监测方案仍存在缺点，可能导致灾难误报或不报，造成难以估量的损失。

结合工厂厂区环境数据特点和常见灾难类型，建立的环境数据监测系统应具备：

① 灾难预警。对厂区监测环境中意外出现的火灾、水灾、人员入侵等高危害灾难，预警并记录灾难信息。

② 传感器数据采集。利用传感器感知采集环境数据，可达到数据监测实时性强、定位准、精度高的目的。

③ 易于实施。传统有线网络布线布局烦琐，布线范围受限，工厂厂区中维护和更换也极为不便，选用无线网络可以有效解决这些问题。

④ 稳定可靠。系统对于灾难报警应准确、及时，尽量避免出现误报或不报，有效保证环境监测数据的正确性。

⑤ 高安全性。对于涉密工厂和军工工厂应完善安全机制，避免系统遭到入侵和破坏。

⑥ 软硬件结合。系统除监测网络外应结合计算机软件系统方便管理和调度，并能够实现远程监控。

⑦ 扩展灵活性。系统可根据实际情况更改监测网络，增加或减少监测点，扩大或缩小监测范围，修改预警阈值等。

系统设计应有效避免由单点环境参数意外变化或因传感器故障造成夸大性灾难误报，减少不必要的频率采集次数，保证系统的生存周期。

9.4 安全管控

安全管控是指在生产过程中消除或控制危险及有害因素，保障人身安全健康、设备完好无损及生产顺利进行。在安全管控中，消除危害人身安全和健康的因素，保障员工安全、健康、舒适地工作，称之为人身安全；消除损坏设备、产品等的危险因素，保证生产正常进行，称之为设备安全。

总之，安全管控就是使生产过程在符合安全要求的物质条件和工作秩序下进行，以防止人身伤亡和设备事故及各种危险的发生，从而保障劳动者的安全和健康，以促进劳动生产率的提高。

9.4.1 安全管控基本原理

安全管控作为管理的主要组成部分，遵循管理的普遍规律，既服从管理的基本原理与原则，又有特殊的原理与原则。

安全管控原理是从生产管理的共性出发，对生产管理中安全工作的实质内容进行科学分析、综合、抽象与概括所得出的安全管控规律。

安全管控原则是指在生产管理原理的基础上，指导安全生产活动的通用规则。

9.4.1.1 系统原理

(1) 系统原理的含义

系统原理是现代管理学的一个最基本原理。它是指人们从事管理工作时，运用系统理论、观点和方法，对管理活动进行充分的系统分析，以达到管理的优化目标，即用系统的管理、理论和方法来认识和处理管理中出现的问题。

(2) 运用系统原理的原则

① 动态相关性原则。动态相关性原则告诉我们，构成管理系统的各要素是运动和发展的，它们相互联系又相互制约。如果管理系统的各要素都处于静止状态，就不会发生事故。

② 整分合原则。它是指在整体规划下明确分工，在分工基础上有效综合。运用该原则，要求企业管理者在制定整体目标和进行宏观决策时必须将安全生产纳入其中，在考虑资金、人员和体系时，都必须将安全生产作为一项重要内容来考虑。

③ 反馈原则。反馈是控制过程中对控制机构的反作用。成功、高效的管理，离不开灵活、准确、快速的反馈。企业生产的内部条件和外部环境在不断变化，所以必须及时捕获、反馈各种安全生产信息，以便及时采取措施。

④ 封闭原则。在任何一个管理系统内部，管理手段、管理过程等必须构成一个连续、封闭的回路，才能形成有效的管理活动。封闭原则告诉我们，在企业安全生产中，各管理机构之间、各种管理制度和方法之间，必须具有紧密的联系，形成相互制约的回路，才能有效。

9.4.1.2 人本原理

(1) 人本原理的含义

在管理中必须把人的因素放在首位，体现以人为本的指导思想。以人为本有两个含义：一是一切管理活动都是以人为本展开的，人既是管理的主体，又是管理的客体，每个人都处于一定的管理层面上，离开人就无所谓管理；二是管理活动中，作为管理对象的要素和管理系统各环节，都是需要人去掌管、运作、推动和实施。

(2) 运用人本原理的原则

① 动力原则。推动管理活动的基本力量是人，管理必须有能够激发人的工作能力的动力，这就是动力原则。对于管理系统，有三种动力，即物质动力、精神动力和信息动力。

② 能级原则。是指在管理系统中，建立一套合理能级，根据单位和个人能量的大小安排其工作，发挥不同能级的能量，保证结构的稳定性和管理的有效性，这就是能级原则。

③ 激励原则。管理中的激励就是利用某种外部诱因的刺激，调动人的积极性和创造性。以科学的手段，激发人的内在潜力，使其充分发挥积极性、主动性和创造性。人的工作动力来源于内在动力、外部压力和工作吸引力。

④ 行为原则。需要与动机是人的行为的基础，人类的行为规律是需要决定动机，动机产生行为，行为指向目标，目标完成需要得到满足，于是又产生新的需要、动机、行为，以实现新的目标。安全生产工作的重点是防治人的不安全行为。

9.4.1.3 预防原理

(1) 预防原理的含义

安全管控应该做到预防为主，通过有效的管理和技术手段，减少和防止人的不安全行为和物的不安全状态，从而使事故发生的概率降到最低。

(2) 运用预防原理的原则

① 偶然损失原则。事故后果以及后果的严重程度，都是随机的、难以预测的，而且反复发生的同类事故不一定产生完全相同的后果。

② 因果关系原则。事故的发生是许多因素互为因果连续发生的最终结果，只要诱发事故的因素存在，发生事故是必然的，只是时间或早或迟而已。

③ 三E原则。造成人的不安全行为和物的不安全状态的原因可归纳为四个方面：技术原因、教育原因、身体和态度原因以及管理原因。针对这四个方面的原因，可以采取三个防止对策，即工程技术对策、教育对策和法制对策，即所谓三E原则。

④ 本质安全化原则。是指从一开始和从本质上实现安全化，从根本上消除事故发生的可能性，从而达到预防事故发生的目的。本质安全化原则不仅可以应用于设备、设施，还可以应用于建设项目。

9.4.1.4 强制原理

(1) 强制原理的含义

采取强制管理的手段控制人的意愿和行为，使个人的活动、行为等受到安全管控要求的约束，从而实现有效的安全管控。

(2) 运用强制原理的原则

① 安全第一原则。安全第一就是要求在进行生产和其他工作时把安全放在一切工作的首要位置。当生产和其他工作与安全发生矛盾时，要以安全为主，生产和其他工作要服从于安全。

② 监督原则。监督原则是指在安全工作中，为了使安全生产法律法规得到落实，必须明确安全生产监督职责，对企业生产中的守法和执法情况进行监督。

9.4.2 安全生产影响因素与安全管控内容

9.4.2.1 安全生产影响因素

安全管控的主要部分在于安全生产，影响安全生产的因素有很多，既有客观因素，又有主观因素；既有企业管理者的因素，又有员工自身的因素。

影响安全生产的因素可以从两个方面分析：

(1) 主观因素

影响安全生产的主观因素主要是指人的因素，根据企业中员工的职务不同，又可分为两种：

① 管理者的因素。管理者的因素主要体现在三个方面：

第一，没有忠于职守，有渎职、玩忽职守等行为。

第二，没有对员工进行安全意识教育和安全技术教育。

第三，没有对安全生产工作及时地检查、监督。

② 员工自身的因素。影响安全生产的另一个主观因素是员工自身的因素，主要体现在以下方面：

第一，安全意识不强。不注意阅读、了解安全警示标志和安全守则，不使用劳动保护用品等都是安全意识不强的表现。

第二，未能很好地掌握操作方法、技巧或未严格按规程操作。

第三，生产时注意力不集中或工作情绪不稳定。有的员工由于不注意劳逸结合，长期加班，过度疲劳，其结果是在生产过程中容易产生注意力不集中或工作情绪不稳定的现象，从而造成生产事故的发生。

第四，工作责任心和纪律性不强。这主要表现为不遵守劳动纪律，工作时闲聊；配合不够协调，不执行岗位责任制，如串岗、漏岗等等。

（2）客观因素

影响安全生产的客观因素主要是超出主观意志之外的原因，一般可分为两类：

① 生产过程中的客观因素一般有以下几种形式：

a. 生产设备、仪器的防护、保险及信号等装置缺乏或不良。

b. 设备、仪器、工具及附件或材料等有缺陷。

c. 生产工艺本身没有充分的安全保障，工艺规程有缺陷。

d. 生产组织和劳动组织不合理。

e. 个人劳动保护用品缺乏或不良。

② 工作环境的不安全因素：

a. 工作地通道不好；材料、半成品、成品混堆；工作场所过分拥挤或布置不当；地面不平；有障碍物存在或地面过滑。

b. 厂房或车间平面或立体布局不合理，未提供紧急出口，或出口不足。

c. 工作地光线不足或光线太强，容易造成视觉失误，从而引起动作出错。

d. 工作地有超标准噪声，引起员工心情烦躁，无法安心工作；温度、湿度、空气清洁度不符合标准。

e. 有毒、有害物品在班组存放超定额或保管不当，无急救或保险措施。

f. 厂房年久失修，厂区污染严重等。

9.4.2.2　安全管控内容

各单位安全管控措施各不相同，分别有详细的规定，但一般说来，都具有以下几项内容：

（1）安全生产教育

安全生产教育一般要从思想上、法规上和安全技术上对企业员工进行教育培训，使员工不仅意识到安全生产的重要性，而且能在技术上了解如何进行安全操作，这样就可以减少或避免事故的发生，从而为减少员工的伤亡和企业的损失提供保障。

（2）安全检查

安全检查也是企业安全生产中事先防范措施的一种，安全检查的执行能在很大程度上降低事故的发生率。安全检查必须由专门的技术人员进行，而且要发动员工做好配合工作，如对安全检查工作的监督、对存在隐患的报告等等。

（3）意外事故的抢救

意外事故的发生一般有突然性和意外性，因此必须事先准备好应急抢救方案。在事故发生时，要保持头脑冷静，按预定方案有条不紊地进行抢救。在事故抢救后，要及时地进行调查分析，总结经验教训，并加强安全措施，防止意外事故的发生。

9.4.3 全要素安全管控方法

20世纪50年代末美国工程师海因里希对美国75000起工伤事故进行调查发现，88％的事故是由"人"的原因造成的，10％是由"物"的不安全状态造成的，仅有2％是由不可控因素造成的。而"物"的不安全状态引起的事故，其不安全状态的产生也是由"人"的错误所致。国际劳工组织的研究表明，在工业事故中，由"人"的原因而导致的不安全因素占到了80％以上。

9.4.3.1 人因安全管理要素分析

海因里希以及国际劳工组织研究中的"人"是指对安全负有直接责任的组织中的人，包括作业者以及管理者。在"人"的原因造成的事故中，违章是事故的直接祸首。海因里希法则表明，每一起事故的背后，必然有29起轻微事故和300起违章（事故隐患）。对于违章行为的解释，海因里希认为是由员工天生缺陷所导致的，目前尚没有一个系统的理论解释发生违章不安全行为的直接原因。

事故案例研究和企业走访显示，"安全知识""可知觉到的控制感"以及"安全态度"的缺失是由"人"的原因导致违章行为和事故发生的三个关键要素。

要素一：安全知识缺失。"安全知识"是指作业者必须具备的安全作业的知识和技能。在"安全知识"缺失情况下，作业者不知道正确的、安全的作业方式和方法，这种工作状态是"无知"作业，处于"糊涂"作业状态，极具危险性。这里"安全知识"不仅包含了我们通常意义上理解的应知、应会，还包含了在特殊环境和条件下安全作业的技能，以及识别安全隐患所具备的知识，尤其是能够识别不安全的"物"和不安全的"环境"的知识，同时还要具备在发现隐患时，能够及时做出正确决策的能力和采取正确措施的能力。澳大利亚的一项研究显示，在安全知识缺乏时，作业者工作压力大大增加，同时，受伤的概率显著高于安全知识丰富的员工。

要素二：可知觉到的控制感缺失。"可知觉到的控制感"是作业者在知觉和体力上对工作的驾驭能力，在"可知觉到的控制感"缺失状态下，作业者在知觉、意识和体力上不能正常地驾驭作业。通常在喝酒、生病、吸毒、疲劳、极度饥饿，以及处于极端愤怒等状态下时，作业者的"可知觉到的控制感"大大降低，反应能力大大降低，严重状态下将失去控制感。实验表明，酒后人的各种感觉能力降低，如驾车者血液中的酒精含量达到酒驾标准时，驾车者的反应能力较正常时慢2～3倍。在微醉状态时，发生事故的概率是未饮酒状态下的16倍。澳大利亚一项模拟研究显示，健康的驾车者在持续驾车超过6小时后，驾车者对车的控制能力显著降低，在持续不睡眠24～26小时时，发生碰撞的次数达到正常情况的30倍。

要素三：安全态度缺失。"安全态度"是作业者对安全作业的态度和自我认知，安全态度缺失是指在具备安全知识、可知觉到的控制感的情况下，不按安全规程和要求进行作业，导致违章。通常情况下，安全态度不端正是作业者认为"我"的违章是安全的，不会产生事故。如我们很多人在过马路时，如果对面行驶的车辆离我们距离较远，在判断没有危险性存在的前提下，会闯红灯。在工业活动中，也有很多类似我们过马路闯红灯的违章行为。如果认为违章没有关系的话，那就错了，因为次数多了违章会成为习惯，海因里希法则显示，违章次数达到一定的次数必然会有大的事故发生。

因此，针对上述"人因"导致安全事故的三要素，需要从强化企业安全管理、人员身体状态和心理状态三方面，加大对员工"安全知识""可知觉到的控制感"和"安全态度"三要素的管理。

在"安全知识"管理上，企业需要对作业者进行技术和安全知识培训，严格做到培训考试不通过不上岗，没有证书不上岗。对技术不熟练和经验不足的新员工，公司可以在前半年请有经验的师傅带一下，以便使员工熟悉各种可能的情况。在国家的监管上，需要加大对无证作业的查处力度。在一些特殊环境和条件下作业有时需要特别的技能和知识，尽管有些情况作业者不经常遇到，但仍然需要企业不断总结安全管理中的经验，并将经验普及到所有的作业人员和安全管理人员中。

在"可知觉到的控制感"的管理上，我国的扬汽集团（"宁停三分、不抢一秒"警句的发源地）有独到的经验。他们采用"委托"家属管理其客运司机的方法，在公司 24 小时有人值班，司机如果晚上不按时休息，在家属劝阻无效的情况下，家属可以向公司请求帮助。值得注意的是，管理好"可知觉到的控制感"不仅对客运作业重要，其他很多作业，如高空作业、机电作业等都需要作业者有清醒的控制感，这些都需要企业加大这方面的管理。

对"安全态度"的管理是许多企业遇到的管理中的难题，一些成功企业的做法是将企业的安全制度与奖惩制度严格结合起来，并通过各种形式，如标语、口号、家属送温暖、安全小册子等，将企业的安全理念深入地宣传到员工心目中，形成公司自己的安全文化，使不安全行为弱化，同时强化正确的安全行为，从而达到端正安全态度的目的。我们经常讲，态度决定一切，态度端正了，事情也就好办了。

但任何时候做到态度端正并不是一件容易的事，态度的改变也不是一朝一夕就能见效，对安全态度的管理需要企业管理者首先自身将安全放在首要位置，自身端正安全态度，才能使企业广大员工摆正安全的位置。

9.4.3.2 基于危险源监测的安全管控

针对由"物"导致的安全事故，则需要对重大危险源实时监控预警，从而有效降低危险事故发生率。

危险源对象是指工业生产过程中所需的以及各种生产场所拥有的设施或设备，如罐区、库区、生产场所等对象。可通过各种传感器对危险源对象进行监测，从而做出相应安全管控措施。基于危险源监测的安全管控系统一般结构，如图 9.11 所示。

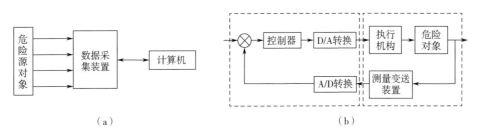

（a）　　　　　　　　　　　　　　　（b）

图 9.11　重大危险源监控预警系统主体框架

(1) 危险源数据采集系统

首先从危险源数据采集系统开始，分析哪些因素是造成事故的原因，找到需要采集的危险源对象和参数。将标准信号通过数据采集装置，转换成计算机能够识别的数字信号，用于控制或预警系统的后处理。

(2) 计算机监控预警系统

危险源对象大多数时间运行在安全状况下。监控预警系统的目的：主要是监视其正常情况下危险源对象的运行情况及状态，并对其实时和历史趋势作一个整体评判，对系统的下一时刻做出一种超前（或提前）的预警行为。

① 正常运行阶段。正常工况下，危险源运行模拟流程，进行主要参数（温度、压力、浓度、油/水界面、泄漏检测传感器输出等）的数据显示、报表、超限报警，并根据临界状态判据自动判断是否转入应急控制程序。

② 事故临界状态。当被实时监测的危险源对象的各种参数超出正常值的界限时，监控系统一方面给出声、光或语言报警信息，由应急决策系统显示排除故障系统的操作步骤，指导操作人员正确、迅速恢复正常工况，另一方面发出应急控制指令。

③ 事故初始阶段。如果上述预防措施全部失效，或因其他原因致使危险源及周边空间起火，为及时控制火势，应与消防措施结合，可从两个方面采取补救措施：

a. 应用早期火灾智能探测与空间定位系统及时报告火灾发生的准确位置，以便迅速扑救；

b. 自动启动应急控制系统，将事故抑制在萌芽状态。

9.5　本章小结

本章主要介绍了制造设备状态、加工状态、生产环境等数据的采集与监控和安全管控的相关内容。首先介绍了生产加工过程监控的基本原理，分别对生产过程和设备运行状态的监测进行了介绍。同时，针对环境控制进行了分析。最后，在安全管控原理的基础上，给出了安全管控基本原则，分析了安全生产影响因素，针对各项因素给出了一般化的安全管控内容，并且针对安全管控的人因要素和物因要素，介绍了全要素安全管控方法。

第10章

虚拟仿真技术

虚拟仿真是智能制造领域的一门新兴技术，该技术在计算机上通过 CAD、CAM、CAE 等技术将产品信息集成到计算机提供的可视化虚拟环境中，在实际产品制造之前实现产品的仿真、分析与优化过程。

10.1 基本概念

虚拟仿真技术一般指模拟技术，亦称"模拟决策技术"。虚拟仿真技术高度依赖各种先进软硬件设备，包括：高性能计算机、通用软件及操作系统、数据处理芯片、专用电子模块及电子元器件等。

10.1.1 定义

虚拟仿真技术是应用虚拟仿真硬件或虚拟仿真软件，以仿真实验的形式，通过数据的运算，表达系统行为或程序的虚拟仿真模型技术。从狭义上来讲，虚拟仿真是指 20 世纪 40 年代伴随着计算机技术的发展而逐步形成的一类试验研究的新技术；从广义上来讲，虚拟仿真则是指人类在认识自然界客观规律的历史中一直被有效地使用着的一种技术。由于计算机技术的发展，仿真技术逐步自成体系，成为继数学推理、科学实验之后，人类认识自然界客观规律的第三类基本方法，而且正在发展成为人类认识、创造和改造客观世界的一项通用性、战略性技术。

虚拟现实（virtual reality）技术，简称 VR，是 20 世纪 80 年代新崛起的一种综合集成技术，涉及计算机图形学、人机交互技术、传感技术、人工智能等。它是由计算机硬件、软件以及各种传感器构成的三维信息的人工环境——虚拟环境，可以逼真地模拟现实世界（甚至是不存在的）的事物和环境，人投入到这种环境中，立即有"身临其境"的感觉，并可以亲自操作，自然地与虚拟环境进行交互。VR 技术主要有三方面的含义：第一，借助于计算机生成的环境是虚幻的；第二，人对这种环境的感觉（视、听、触、嗅等）是逼真的；第三，人可以通过自然的方法（手动、眼动、口说、其他肢体动作等）与这个环境进行交互，虚拟环境还能够实时地做出相应的反应。

虚拟仿真技术是在多媒体技术、虚拟现实技术与网络通信技术等信息科技迅猛发展的基础上，将仿真技术与虚拟现实技术相结合的产物，是一种更高级的仿真技术。虚拟仿真技术以构建全系统统一的完整的虚拟环境为典型特征，并通过虚拟环境集成与控制为数众多的实体。实体可以是模拟器，也可以是其他的虚拟仿真系统，也可用一些简单的数学模型表示。实体在虚拟环境中相互作用，或与虚拟环境作用，以表现客观世界的真实特征。虚拟仿真技术的这种集成化、虚拟化与网络化的特征，充分满足了现代仿真技术的发展需求。

其基本的优点有：

① 能解决很多需进行破坏性试验或危险性试验才能决策的实际问题（如核电站的核能外泄问题）；

② 可将年、月、日缩减到分、秒计算，避免试验周期过长（如汽车寿命测定要跑几十万公里）；

③ 可用来检验理论分析结论的完善性，以及对实际问题研究中所做各种假定的有效性；

④ 给决策者提供了"实验室"，可以重复多次试验以研究单个变量或参数的变化对实际问题总体系统的影响，而这在实际问题中是不可能做到的；

⑤ 与传统的内容和知识的表现形式（如：文字、图片、视频）相比，虚拟仿真最大的特点是使用者可以进行交互；

⑥ 简单易懂，结果比较直观。

10.1.2 特点

虚拟仿真技术具有一些特点，即沉浸性（immersion）、交互性（interaction）、虚幻性（imagination）和逼真性（reality）。

(1) 沉浸性

在虚拟仿真环境里，使用者可获得视觉、听觉、嗅觉、触觉、运动感觉等多种感知，进而能获得身临其境的感受。完整的虚拟仿真环境应该能够提供给用户完备的感知信息的功能。

(2) 交互性

虚拟仿真环境中，不仅环境可以让人感知到，人也可以反作用于环境，并对其进行控制，而且人是以接近真实环境的行为（自身的语言、肢体的动作等）来进行控制的，虚拟环境还能够对人的动作给予及时的反馈。

(3) 虚幻性

又称创造性和想象性。虚拟仿真环境是用计算机生成的一种特殊交互环境，不仅可以再现真实存在的环境，也可以生成想象中实际不存在的，甚至根本不可能实现的环境。

(4) 逼真性

虚拟仿真环境的逼真性体现在两个方面：一是虚拟环境给予用户的感觉与所模仿的客观世界极其相似，一切都是如此逼真，就像在真实的世界一样；二是当人以真实环境的动作作用于虚拟环境时，环境做出的反馈也恰好符合客观世界的相关规律。就像当给虚拟物体一个作用力，该物体的运动就会符合力学定律，就会沿着力的方向产生相应的加速度，当遇到相应的障碍物时，也会被阻挡。

10.1.3 发展历程

虚拟仿真技术，严格地来说，是伴随着第一台电子计算机的诞生而问世的。虚拟技术是在仿真技术发展较昌盛时期而衍生出来的。

总体来说，虚拟仿真技术经历了以下四个阶段：

(1) 物理仿真阶段

20 世纪 20～30 年代：在此期间，虚拟仿真技术是实物仿真和物理效应仿真方法。仿真技术在航天领域中得到了很好的应用。在此际，一般是以航天飞行器运行情况为研究对象的面向复杂系统的仿真，并取得了一定的效益，如 1930 年左右，美国陆、海军航空队采用了林克仪表飞行模拟训练器。据说当时其经济效益相当于每年节约 1.3 亿美元而且少牺牲了524 名飞行员。以后，固定基座及 3 自由度飞行模拟座舱陆续投入使用。

(2) 模拟仿真阶段

20 世纪 40～50 年代：在这期间，虚拟仿真技术采用模拟计算机仿真技术，到 50 年代末期采用模拟/数字混合仿真方法。模拟计算机仿真是根据仿真对象的数字模型将一系列运算器（如放大器、加法器、乘法器、积分器和函数发生器等等）以及无源器件，如电阻器件、电容器、电位器等等相互连接而形成仿真电路。通过调节输入端的信号来观察输出端的响应结果，进行分析和把握仿真对象的性能。模拟计算机仿真对分析和研究飞行器制导系统及星上设备的性能起着重要的作用。在 1950～1953 年美国首先利用计算机来模拟战争，防空兵力或地空作战被认为是具有最大训练潜力的应用范畴。

(3) 数字仿真阶段

20 世纪 60～80 年代：在这二十年间，虚拟仿真技术大踏步地向前进。到了 60 年代，数字计算机的迅速发展和广泛应用使仿真技术由模拟计算机仿真转向数字计算机仿真。数字计算机仿真首先在航天航空中得到了应用。

(4) 虚拟仿真阶段

20 世纪 80 年代到今天：在这之际，虚拟仿真技术得到了质的飞跃，虚拟技术诞生了。虚拟技术的出现并没有意味着仿真技术趋向淘汰，而恰恰有力地说明仿真和虚拟技术都随着计算机图形技术而迅速发展，系统仿真、方法论和计算机仿真软件设计技术在交互性、生动性、直观性等方面取得了比较大的进步。先后出现了动画仿真、可视交互仿真、多媒体仿真和虚拟环境仿真、虚拟现实仿真等一系列新的仿真思想、仿真理论及仿真技术和虚拟技术。

10.1.4 发展趋势

作为一种内容和知识的载体，虚拟仿真的发展趋势可以从内容的表现形式和传播方式两个维度来分析。

首先，随着计算机软硬件技术的发展，互联网内容的表现形式不断进化，从文字到图片，再到音视频，但都只能单向地向用户传输信息，人们只能被动地接受内容的传播。虚拟仿真的出现为人们展现了一种全新的内容表现形式，它具有真实性和交互性，使用户不再是被动地接受内容，而是身临其境地感知和支配这些内容。因此，虚拟仿真逐渐开始应用于与人们生活紧密相关的领域，如：文化、娱乐、科普、教育等。未来，这种交互式的内容表现形式，有望成为人们获取内容和知识的主流方式。

其次，文字、图片、音视频这几种表现形式，都经历了从介质复制、网络下载到在线实时浏览三个阶段。其中，互联网的传播，才是当前内容极大丰富的根本原因。但是虚拟仿真这种表现形式，却还停留在介质复制或者网络下载的阶段，远做不到在线实时浏览，因此限制了内容的发展。其主要原因是虚拟仿真系统计算要求高、数据量大、需要专用的图形计算设备，一般只存在于线下的、单机模式的应用中，不具备嫁接到互联网环境的条件，无法实现内容的广泛传播和快速积累，严重约束了虚拟仿真的应用推广和市场扩大。

10.1.5 应用

(1) 虚拟仿真在城市规划中的应用

城市规划一直是对全新的可视化技术需求最为迫切的领域之一，虚拟现实技术可以广泛地应用在城市规划的各个方面，并带来切实且可观的利益。展现规划方案——虚拟现实系统的沉浸性和交互性不但能够给用户带来强烈、逼真的感官冲击，获得身临其境的体验，还可以通过其数据接口在实时的虚拟环境中随时获取项目的数据资料，方便大型、复杂工程项目的规划、设计、投标、报批、管理，有利于设计与管理人员对各种规划设计方案进行辅助设计与方案评审。规避设计风险——虚拟现实所建立的虚拟环境是基于真实数据建立的数字模型组合而成，严格遵循工程项目设计的标准和要求建立逼真的三维场景，对规划项目进行真实的"再现"。用户在三维场景中任意漫游，人机交互，这样很多不易察觉的设计缺陷能够轻易地被发现，减少由于事先规划不周全而造成的无可挽回的损失与遗憾，大大提高了项目的评估质量。运用虚拟现实系统可以加快设计速度，我们可以很轻松、随意地进行修改，改变建筑高度，改变建筑外立面的材质、颜色，改变绿化密度，只要修改系统中的参数即可。从而大大加快了方案设计的速度和质量，提高了方案设计和修正的效率，也节省了大量的资金，提供了合作平台。

(2) 虚拟仿真在地产行业的应用

通过楼盘虚拟可体现楼盘在未来的真实景观、周边的环境及配套设施，可以验证客户所购买的楼盘与周边环境的协调关系，通过该户型的窗户可真切地看到未来属于自己的景观。给客户提供一种崭新的方式展示、宣传楼盘；完美体现了客户的设计方案，通过第一人称角色切换，给予购房者以真实在场、身临其境的感受；在同一角度，对同一户型尝试不同的装潢设计；实时变换房间的装修材料，使购房者体验不同的装修风格设计。

(3) 虚拟仿真在数字校园方面的应用

通过三维仿真技术、数字技术、信息技术、网络技术在校园生活各个方面的渗透和融合，建立了基于 GIS 平台的三维数字校园管理系统。实现在图形化、可视化和形象化状态下的校园信息查询定位、教学教育设施管理、学区规划管理和部件管理等。学校管理部门能够通过系统对校园的任意角落进行全方位的管理和掌控，为可持续发展提供解决方法、手段和决策支持。学生和社会大众可以通过该系统了解学校的详细情况，是学校面向社会宣传的快速通道。

(4) 虚拟仿真在旅游业的应用

随着科技的高速发展，虚拟旅游逐渐走入人们的生活，利用虚拟现实技术可以通过互联网和制作的仿真场景使人们到达自己想去的地方，即虚拟旅游。可以通过实地拍照、现场测量，真实地再现旅游景点，让人们通过 VR 场景的漫游了解和体验旅游景点。

（5）虚拟仿真在娱乐、艺术与教育方面的应用

丰富的感觉能力与 3D 显示环境使得 VR 成为理想的视频游戏工具。由于在娱乐方面对 VR 的真实感要求不是太高，故近些年来 VR 在该方面发展最为迅猛。如 Chicago（芝加哥）开放了世界上第一台大型可供多人使用的 VR 娱乐系统，其主题是关于 3025 年的一场未来战争；英国开发的称为 "Virtuality" 的 VR 游戏系统，配有 HMD，大大增强了真实感；1992 年的一台称为 "Legeal Qust" 的系统由于增加了人工智能功能，使计算机具备了自学习功能，大大增强了趣味性及难度，使该系荣获该年度 VR 产品奖；中国的易绚网为需求企业提供个性化项目外协平台，减少项目中间环节，降低项目执行成本，提高项目质量，打造了中国最大的线上新媒体数字技术协作平台。另外在家庭娱乐方面 VR 也显示出了很好的前景。

（6）虚拟仿真在工业方面的应用

当今世界工业已经发生了巨大的变化，大规模人海战术早已不再适应工业的发展，先进科学技术的应用显现出巨大的威力，特别是虚拟现实技术的应用正对工业进行着一场前所未有的革命。虚拟现实已经被世界上一些大型企业广泛地应用到工业的各个环节，对企业提高开发效率，加强数据采集、分析、处理能力，减少决策失误，降低企业风险起到了重要的作用。虚拟现实技术的引入，将使工业设计的手段和思想发生质的飞跃，更加符合社会发展的需要，可以说在工业设计中应用虚拟现实技术是可行且必要的。

工业仿真系统不是简单的场景漫游，是真正意义上用于指导生产的仿真系统，它结合用户业务层功能和数据库数据组建一套完全的仿真系统，可组建 B/S、C/S 两种架构，可与企业 ERP、MIS 系统无缝对接，支持 SQL Server、Oracle、MySQL 等主流数据库，从而实现企业利用虚拟平台，实时管理工厂的目的。工业仿真所涵盖的范围很广，从简单的单台工作站上的机械装配模拟与多人在线协同演练系统，到利用虚拟环境管理与控制工厂生产和设备运行。

仿真技术可以处理利用数学模型无法处理的复杂系统，能够准确地描述现实情况，确定影响系统行为的关键因素，因此在现代制造企业中得到了广泛的应用。

① 加工仿真。如加工路径规划和验证、工艺规划分析、切削余量验证等。

② 装配仿真。如人因工程校核、装配节拍设计、空间干涉验证、装配过程运动学分析等。

③ 物流仿真。如物流效率分析、物流设施容量、生产区物流路径规划等。

④ 工厂布局仿真。如新建厂房规划、生产线规划、仓储物流设施规划和分析等。

10.2 智慧工厂虚拟仿真系统

智慧工厂虚拟仿真系统将工业机器人、电气及周边设备进行三维虚拟仿真，根据用户需求快速地建立智能生产线的仿真模拟，并进行工程规划、工程验证、工艺分析、逻辑验证等工作，整合物流、人机工程及物理仿真模拟功能。虚拟仿真系统是智能制造的重要环节，可应用于生产线节拍控制分析、机器人运动控制、动力学分析、轨迹和路径规划离线编程、机器人与工作环境的相互作用等方面。随着目前智能数字化制造及工业 4.0 等先进制造技术的发展，智慧工厂虚拟仿真系统也成为围绕产品生命周期管理（PLM）的整个数字化设计、

验证及制造环境的重要组成部分。研究与开发智慧工厂虚拟仿真系统，可以在虚拟环境中完成以上方面的研究工作，为智能制造的发展提供新的手段。

该系统涉及多个系统的运动学与动力学建模理论及技术实现，是基于数字和运动控制建模、仿真、信息管理、交互式用户界面和虚拟现实的综合应用技术。在智慧工厂设计的初级阶段——概念阶段就可以对整个系统进行完整的分析，观察并试验各组件的相互运动情况。通过系统虚拟仿真软件在相应虚拟环境中真实地模拟生产线的运动和节拍，在计算机上可方便地修改设计缺陷，仿真不同的布局方案，对生产线系统进行不断的改进，直至获得最优的设计方案以后，再做出物理样机。

虚拟仿真的设计方法体现出并行工程的概念和思想，是今后智能制造技术的发展方向。与传统方法相比具有诸多优势，即在智慧工厂设计时期即确定关键的参数，更新产品开发过程，缩短开发周期，降低成本和提高产品质量。

智慧工厂虚拟仿真系统是一套以虚拟仿真技术构建的实验实训系统，与书中所列举的智慧工厂实训平台相配套，具有 3D 教学演示、生产与物流过程仿真、离线编程与仿真、智慧工厂虚拟现实等功能，可用于智慧工厂系统的认知学习、操作演练、编程仿真、物流仿真、实验方案的设计与验证研究等，如图 10.1 所示。

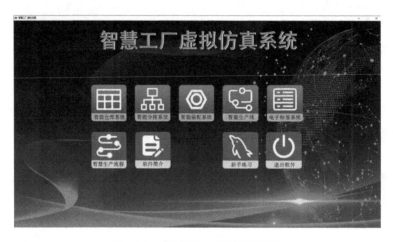

图 10.1　智慧工厂虚拟仿真系统

该平台虚拟模型与智慧工厂实训平台实物保持一致，如图 10.2 所示。基于专业的 Unity3D 引擎、C++程序软件的开发平台，系统界面采用专业的游戏界面 UI 技术，可支持多种屏幕比例自适应，支持 UI 动画。采用专业的 3D MAX 图形烘焙技术，展示了逼真的 3D 效果和光影效果。系统采用专业的遮挡剔除技术（occlusion culling）和模型网格合并技术，让软件在效果绚丽的同时保证运行流畅。

系统主要包括设备认知体验、设备操作、系统流程仿真操作、虚实数据交付四大模块。具体内容如下：

（1）设备认知体验

智慧工厂教学与科研综合实训平台认知体验模块提供的沉浸式场景，里面包括自动化仓库、电子标签辅助拣选、AGV 物流小车等设备，100％三维立体还原真实微型智慧工厂实训平台的布局，为学生提供更直观的教学内容，如图 10.3 所示。

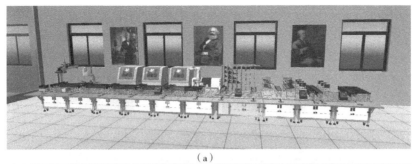

（a）

（b）

图 10.2　虚拟模型与智慧工厂实训平台实物保持一致

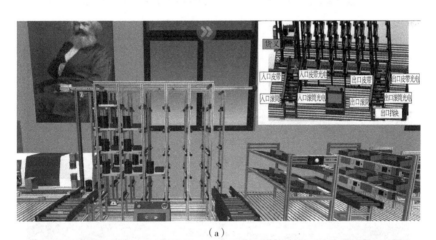

（a）

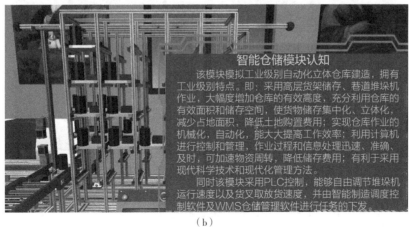

（b）

图 10.3　单元设备认识

（2）设备操作

该模块与实际硬件操作完全一致，100％再现了硬件设备的操作流程与方法，如图 10.4 所示。主要模拟自动化仓库的出入库流程、电子标签辅助拣选系统的拣选流程、港口物流的操作流程等。主要特色包括以下几方面：

① 真实模拟货物运输场景，传送带上会有源源不断的真实货物运输。

② 场景中会设有专门的操作界面。

③ 场景中每个物体都采用了真实物理事件模拟，以达到真实性。

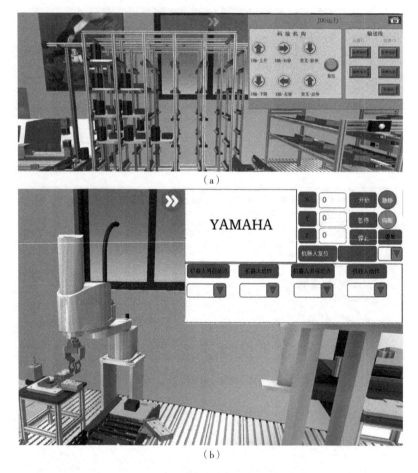

（a）

（b）

图 10.4　单元设备虚拟操作

（3）系统流程仿真操作

该模块为沉浸式课堂学习，能够为学生提供生动、逼真的学习环境，采用全景拍摄方法展示全景影像，能够提供真实的带有沉浸感的学习环境，另外教学内容可以不断更新，使实践训练及时跟上技术的发展。同时，虚拟现实的沉浸性和交互性，使学生能够在虚拟的学习环境中扮演一个角色，全身心地投入到学习环境中去，这非常有利于学生的技能训练，能够对智慧工厂的运营流程有一个较为直观的了解，打破了传统的图片、视频的展示，让学生有身临其境的效果。同时通过虚拟软件操作系统的操作，可实现与真实硬件设备相似的运行操作流程，如图 10.5 所示。

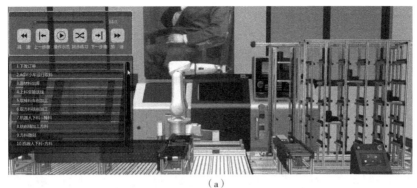

（a）

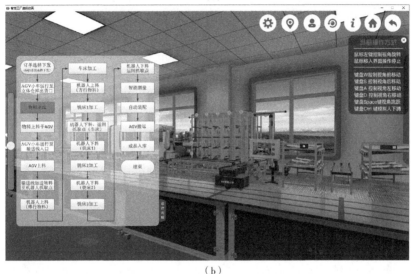

（b）

图 10.5　智慧工厂生产运营流程仿真操作

（4）虚实数据交付

系统以 3D 仿真平台为基础，通过网络系统连接智慧工厂软硬件资源，如 MES 系统、智能传感器、设备控制单元等，可导入智慧工厂真实数据，进行在线实时仿真，如图 10.6 所示。

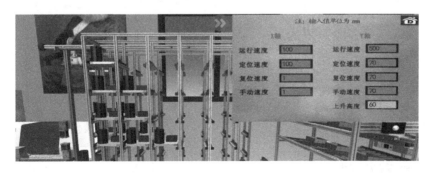

图 10.6　单元设备参数设定

（5）虚拟工业控制仿真

现代工业机器人、PLC（可编程逻辑控制器）等是自动化生产线中常见的可用于控制的设备。用户在通过仿真系统快速地进行生产线流程编辑和运行之后，还需要在此基础上进行半工业化的仿真，即用工业控制设备程序中的逻辑代替系统内置的流程控制系统中的逻辑，来完成生产线的运动。这里的工业控制程序是指生产线中带有控制功能的设备所对应的可读程序，如机器人程序、PLC 程序等。

工业机器人和工业中的其他控制设备一样，带有 I/O 接口，可与生产线上的设备连接并传递信号，并在机器人程序内部处理逻辑信号。工业机器人可在自动化生产线中抽象为"人"，就像在传统生产线中的操作员去启动一台机床一样，工业机器人通过执行编好的程序，在一定条件下传递和接收 I/O 信号，达到控制其他设备运动的目的。

对工业中的控制程序进行解析是通过一个对应的程序解析器完成的。解析器的主要工作模块有词法解析器和语法解析器两部分。它们可以将工业控制程序转化为仿真系统可读的数据结构，并由此映射到设备的相应动作函数上。

系统能与智慧工厂硬件进行组态连接，具有 C++开发接口，支持 PLC 硬件设备编程，通过局域网连接到智慧工厂现场总线，可实时访问设备状态以及 MES 管理系统数据库，具有设备控制、PLC 逻辑验证、虚拟校验功能。用于智慧工厂控制流程的调试与设计验证，真实展示 PLC 控制逻辑，检测系统集成的准确性和完备性，如图 10.7 所示。

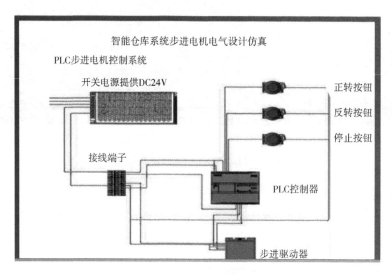

图 10.7　PLC 系统控制

智慧工厂虚拟仿真技术对于智能制造非常重要，该项技术的研究和开发，拓展了虚拟仿真技术的研究与应用范围，同时在虚拟环境下对产品的设计与分析也是今后数字化设计、制造的发展方向。在智慧工厂构建中通过应用虚拟仿真技术，可使工程师在计算机上就能分析与优化过程，有效地进行智慧工厂系统评估，在工厂建设之前提供最优化的产品设计。

10.3　本章小结

本章主要介绍了虚拟仿真技术相关知识，同时对微型化智慧工厂中的虚拟仿真系统进行了介绍。

参考文献

［1］ 王喜文．中国制造 2025 解读：从工业大国到工业强国：from the large industrial country to the powerful industria［M］．北京：机械工业出版社，2015.

［2］ 托马斯・保尔汉森，米夏埃尔・腾・洪佩尔．实施工业 4.0［M］．北京：电子工业出版社，2015.

［3］ 吴为．工业 4.0 与中国制造 2025 从入门到精通［M］．北京：清华大学出版社，2015.

［4］ 罗鸿．ERP 原理・设计・实施［M］.5 版．北京：电子工业出版社，2020.

［5］ 陈启申．ERP：从内部集成起步［M］.3 版．北京：电子工业出版社，2012.

［6］ 纳罕姆斯．生产与运作分析（第 5 版）［M］．高杰，贺竹磬，孙林岩，译．北京：清华大学出版社，2008.

［7］ 王志新，金寿松．制造执行系统 MES 及应用［M］．北京：中国电力出版社，2006.

［8］ 李梦群，庞学慧，王凡．先进制造技术导论［M］．北京：国防工业出版社，2005.

［9］ 冯宪章．先进制造技术基础［M］．北京：北京大学出版社，2009.

［10］ 梁迪．柔性制造系统生产运作与管理策略［M］．北京：中国水利水电出版社，2018.

［11］ 陆林玉，陆骥．企业资源计划（ERP）的研究综述［J］．中国集体经济，2018（26）：64-65.

［12］ 程浩，袁红兵．基于智慧工厂实验平台的制造执行系统（MES）软件系统设计［J］．制造业自动化，2017，39（07）：142-146.

［13］ 程浩．基于智慧工厂实验平台的制造执行系统设计与实现［D］．南京：南京理工大学，2018.

［14］ 蔡自兴．机器人学基础［M］.3 版．北京：机械工业出版社，2021.

［15］ 张奇志，周亚丽．机器人学简明教程［M］．西安：西安电子科技大学出版社，2013.

［16］ 龚仲华．工业机器人结构及维护［M］．北京：化学工业出版社，2017.

［17］ 李慧，马正先，逄波．工业机器人及零部件结构设计［M］．北京：化学工业出版社，2017.

［18］ 朱大昌，张春良，吴文强．机器人机构学基础［M］．北京：机械工业出版社，2020.

［19］ 曹胜男，朱冬，祖国建．工业机器人设计与实例详解［M］．北京：化学工业出版社，2019.

［20］ 韩建海．工业机器人［M］.4 版．武汉：华中科技大学出版社，2019.

［21］ 柯武龙．工业机器人集成应用（机构设计篇）速成宝典［M］．北京：机械工业出版社，2021.

［22］ 林燕文．工业机器人系统集成与应用［M］．北京：机械工业出版社，2018.

［23］ 李俊文．工业机器人基础［M］．广州：华南理工大学出版社，2016.

［24］ 杨林伟．数控加工中心电主轴故障排除方法［J］．金属加工（冷加工），2014（06）：87-88.

［25］ 张少民．数控冲床的数控系统设计及编程［D］．大连：大连理工大学，2014.

［26］ 房连琨．基于数控加工中心孔加工方法［J］．煤矿机械，2014，35（07）：137-138.

［27］ 李伟．数控机床的原理分类及数控技术的发展［J］．湖南农机，2013，40（01）：93-95.

［28］ 汤伟文．数控机床加工技术（加工中心）一体化精品课程建设［J］．新课程学习（中），2012（05）：26-27.

［29］ 林福兴．数控加工机床与加工中心在家具制造业中的应用［J］．林业机械与木工设备，2014，42（06）：56-57，53.

［30］ HARTLEY R，ZISSERMAN A. Multiple View Geometry in Computer Vision/2nd ed［M］. Cambridge University Press，March 2003.

［31］ WEI G Q，Song D M. Implicit and Explicit Camera Calibration：Theory and Experiments［J］. IEEE Transactions on Pattern Analysis and Machine Intelligence，1994，16（5）：469-480.

［32］ ZHANG，Z Y. A Flexible New Technique for Camera Calibration［J］. IEEE Transactions on Pattern Analysis & Machine Intelligence，2000.

［33］ 王欣，高焕玉，张明明．一种基于 Kruppa 方程的分步自标定方法［C］//第四届中国 Agent 理论与应用学术会议．2012.

［34］ 洪启松．基于三维视觉技术的物体深度测量系统的研究［D］．广州：华南理工大学，2010.

［35］ 高翔．视觉 SLAM 十四讲：从理论到实践［M］．北京：电子工业出版社，2018.

［36］ 甘利杰，孔令信，马亚军．大学计算机基础教程［M］．重庆：重庆大学出版社，2017.

［37］ 冯大春．大学信息技术基础［M］．北京：中国农业大学出版社，2017.

［38］ 李永忠．现代微机原理与接口技术［M］．西安：西安电子科技大学出版社，2013.

[39] 耿茜，沈国荣，季秀霞，等．微机原理与接口技术 [M]．北京：国防工业出版社，2016．

[40] 吴玲达，杨冰，杨征．计算机通信原理与系统 [M]．长沙：国防科技大学出版社，2008．

[41] 葛翠艳．物联网中的无线传感 ZigBee 技术 [J]．电子世界，2019（10）：133-134．

[42] 朱昭华．浅析蓝牙技术 [J]．电声技术，2018，42（04）：70-72．

[43] 王莹．浅谈蓝牙技术应用及其发展展望 [J]．黑龙江科技信息，2011（14）：90．

[44] 吴昊，胡博．通信中的蓝牙技术 [J]．魅力中国，2018，（33）：242．

[45] 拉帕波特．无线通信原理与应用（英文版）[M]．2 版．北京：电子工业出版社，2009．

[46] 阎毅，贺鹏飞，李爱华，等．无线通信与移动通信技术 [M]．北京：清华大学出版社，2014．

[47] 武智强．面向智慧工厂的柔性数据采集监控系统的研究 [D]．济南：山东大学，2017．

[48] 李佳璇．面向智能工厂的设备数据采集与远程监控系统研究 [D]．南京：南京航空航天大学，2018．

[49] 何学秋．安全工程学 [M]．徐州：中国矿业大学出版社，2000．

[50] 段瑜，张开智．安全工程导论 [M]．北京：冶金工业出版社，2019．

[51] 娄岩．虚拟现实与增强现实技术概论 [M]．北京：清华大学出版社，2016．

[52] 曹雨．虚拟现实：你不可不知的下一代计算平台 [M]．北京：电子工业出版社，2016．